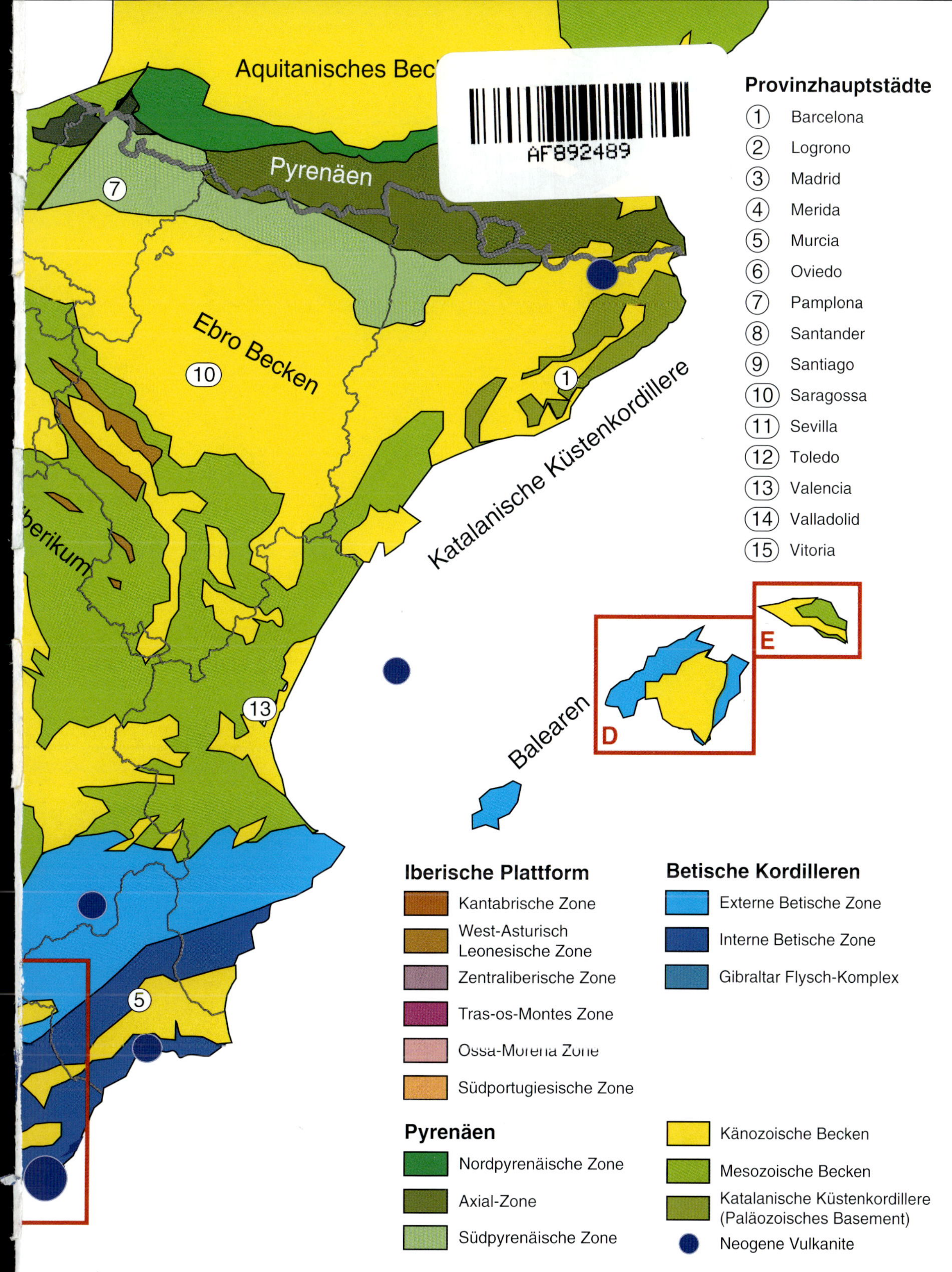

Wanderungen in die Erdgeschichte

A, Andalusien erster Band (47); **B**, Andalusien zweiter Band; **C**, Andalusien dritter Band; **D**, Mallorca (30); **E**, Menorca (35)

Bibliografische Information der Deutschen Nationalbibliothek

Die Deutsche Nationalbibliothek verzeichnet diese Publikation in der Deutschen Nationalbibliografie; detaillierte bibliografische Daten sind im Internet über http://dnb.dnb.de abrufbar.

Titelbild

Cimbarra-Wasserfälle (Wanderziel (19), Stop 3)

Umschlaginnenseite Vorne

Geologische Übersichtskarte von Spanien

Umschlaginnenseite Hinten

Geologische Übersichtskarte von Andalusien

Rückseite

Südufer des Guadalquivir bei San Lúcar de Barrameda. Im Bildhintergrund sind am Nordufer des Flusses ein Teil des Wanderdünengürtels und die südwestlichen Ausläufer des Nationalparks Doñana zu erkennen.

Druckvorstufe: Verlag Dr. Friedrich Pfeil, Günding
Druck: PBtisk a.s., Příbram I – Balonka

Printed in the European Union

ISBN 978-3-89937-306-6

Verlag Dr. Friedrich Pfeil, Hauptstraße 12 B, 85232 Bergkirchen OT Günding
Tel.: +49 8131 614659-0 – Fax: +49 8131 614659-1 – E-Mail: info@pfeil-verlag.de – www.pfeil-verlag.de

Wanderungen in die Erdgeschichte

47

Sierra Morena und Guadalquivir-Becken

Faszination Andalusien
Landschaften • Geologie • Kultur

MONIKA HUCH und KLAUS REICHERTER

Erster Band der Andalusien-Trilogie

Verlag Dr. Friedrich Pfeil · Günding 2025

Inhalt

Vorwort: Ein Geologischer Führer für Andalusien 6

Geologische Entwicklung im Überblick 8

Besonderheiten eines alten Gebirges 8

Das geologische Inventar Andalusiens 8

Meeressedimente im Gebirge 10

Eine Senke zwischen zwei Gebirgen 11

Geologische Wanderziele 13

Unruhige Zeiten: Iberischer Pyritgürtel 14

Reichtum aus der Erde 15

1 Gigantisch – Minas de Riotinto 18

Ausflug 1: Museo Minero und Fahrt mit der Eisenbahn 20

Ausflug 2: Peña del Hierro 22

Ausflug 3: San Miguel 26

Ausflug 4: Vulkanische und sedimentäre Gesteine 28

2 Ausgeerzt – Minas de Tharsis 32

3 Zeugen aus dem Neolithikum – Geschichte am Rand 38

Subduktion und Gebirgsbildung: Sierra de Aracena 40

4 Auf der Subduktionszone – Almonaster la Real 42

5 Magmatite im Übergang – Cerro de la Grana und Campofrío 48

6 Ausgehöhlter Marmor – Aracena 50

7 Auf gelöstem Marmor – Zufre 54

8 Vererzter Marmor – Minas de Cala 56

Altes Grundgebirge mit Granitintrusionen: Sierra Norte de Sevilla 60

9 Am Weg nach Santiago – Umgebung von Almadén de la Plata 62

Ausflug 1: Los Covachos von Almadén de la Plata 64

Ausflug 2: Cuesta del Chorro 66

Ausflug 3: Granitlandschaft von El Berrocal 69

10 Marmor, Stein und Eisen – Umgebung von Constantina 72

11 Unterkambrium bis Perm – Geologie entlang der Straße 84

Kollision und Dehnung: Sierra de Albarrana und Karbonbecken des Río Guadiato 88

12 Geprägt durch Metamorphose und Tektonik – Sierra de Albarrana 90

13 Geologische Synergient – Bergbaugeschichte in der zentralen Ossa-Morena-Zone 94

14 Hydrothermal geprägt – Cerro Muriano 98

15 Medina Azahara – Geschichte am Rand 100

Blick in ein tiefes erdgeschichtliches Stockwerk: Der Batholith von Los Pedroches und sein Nebengestein 102

16 Spätorogene Erscheinungen – Sierra Cardeña y Montoro 104

17 Granit ohne Ende – Sierra de Andújar 107

(18) Vererzung und Bergbaugeschichte – Das Revier von La Carolina 112
(19) Quarzite von Despeñaperros und Cimbarra 116
(20) Der Iberische Südrand in der Permotrias 122
Ausflug 1: Von Andújar nach Westen 122
Ausflug 2: Permotrias zwischen La Carolina, Vilches und Úbeda ... 125

Das Guadalquivir-Becken 126
(21) Entlang des Guadalquivir von der Quelle bis Montoro – Einsenkung durch Auflast 130
(22) UNESCO-Welterbestädte Úbeda und Baeza – Geschichten am Rand . 134
Das Guadalquivir-Becken zwischen Montoro und Villa del Río – Einsenkung und Verlandung 136
(23) Córdoba – Geschichte am Rand 137
Das Tal des Guadalquivir zwischen Ecija und Sevilla – Sedimente und Terrassen 138
(24) Geschichten am Rand 140
Ausflug 1: Sevilla 140
Ausflug 2: Carmona 142
Ausflug 3: Itálica 144

Doñana und Küstenentwicklung 146
Küstendynamik und menschliche Interaktion 148
(25) Marismas – Landschaften im Gezeitenbereich 152
(26) Doñana – natürlicher Landschaftswandel unter Schutz gestellt 156
(27) Geschichten am Rand 159
Vom Jagdgebiet der Doña Ana zum UNESCO-Weltnaturerbe 159
Ausflug 1: El Rocío 160
Ausflug 2: Das Kloster La Rábida und die Schiffe des Columbus – Wo Weltgeschichte geschrieben wurde 161

Kurzer Abriss der neuzeitlichen Bergbaugeschichte Andalusiens 164
Besitzrechte und technischer Fortschritt 165
Bergbau und Naturzerstörung 166
Ein Unfall und seine Folgen 166

Ausblick 167

Glossar und Stichwortverzeichnis 168

Literatur und Quellen 176

Über die Autoren 184

Vorwort

Andalusien verfügt über eine landschaftliche Vielfalt, die in Europa einzigartig ist. An einem Tag können Halbwüsten, liebliche mediterrane Küstenlandschaften, waldreiche Mittelgebirge und das Hochgebirge der bis 3500 Meter aufsteigenden Sierra Nevada besucht werden. Ebenso abwechslungsreich sind die geologischen Gegebenheiten, die in den ansonsten ausgezeichneten spanischen Naturführern meist nur wenige Zeilen einnehmen. In diesem geologischen Führer stellen wir berühmte, aber auch weniger bekannte, zum Teil spektakuläre Orte aus der geologischen Vielfalt Andalusiens vor.

Bei der Fülle der interessanten geologischen Ziele in Andalusien wurden drei Bände erforderlich. Im vorliegenden Band 1 unserer Andalusien-Trilogie stellen wir die Sierra Morena von der Provinz Huelva im Westen über die Provinzen Sevilla und Córdoba bis zur Provinz Jaén im Osten vor. Ausgehend von der Quelle des Guadalquivir in der Sierra Cazorla beschreiben wir das Guadalquivir-Becken von Osten nach Westen bis zu seiner Mündung in den Atlantik.

Das sehr umfangreiche geologische und geotektonische Inventar der Betischen Kordilleren behandeln wir in weiteren zwei Bänden. Band 2 umfasst die westlichen Provinzen Cadíz und Málaga sowie den Süden Córdobas mit der Sierra de Grazalema im Zentrum. In diesem Band gehen wir vor allem auf die Prozesse ein, die am Beginn einer Gebirgsbildung stattfinden. Diese können in diesem Teil Andalusiens hervorragend angesehen werden. Im Band 3 können wir, ausgehend von der Sierra Nevada, in den Provinzen Granada, Jaén und Almería die jüngsten geologischen und geotektonischen Ereignisse studieren, die das Ende der Alpidischen Gebirgsbildung markieren, durch die das Betische Kettengebirge entstand.

Mit diesem Werk wollen wir keine „Geologie von Andalusien" bieten. Vielmehr möchten wir mit einer leicht verständlichen Beschreibung der geologischen und landschaftsformenden Phänomene Lust darauf machen, dieses spannende und faszinierende Inventar eines riesigen Landes zu erkunden. Dabei orientieren wir uns an den Phasen einer Gebirgsbildung, wie sie in den Gesteinen erhalten sind. Nach einem Überblick über die geologische Geschichte Andalusiens gehen wir in detaillierten Beschreibungen von insgesamt 30 Wanderzielen auf die geologischen Besonderheiten der jeweiligen Regionen ein. Bei der Beschreibung der einzelnen Aufschlüsse als Tagestouren beziehen wir an geeigneten Stellen kulturelle, bergbauliche und landschaftsformende Besonderheiten als „Geschichte am Rand" mit ein. Zusätzliche Informationen stellen wir als PDF im Internet bereit. Der Zugang hierzu erfolgt einerseits über die angegebenen QR-Codes und andererseits über die Internetseite www.geokultur-erleben.de/AND.

Die Gesteine, die den Untergrund Andalusiens bilden, sind bis zu mehr als 500 Millionen Jahre alt. Der größte Teil Andalusiens wird durch die Betischen Kordilleren mit der Sierra Nevada sowie das Guadalquivir-Becken bestimmt, die im Zuge der Alpidischen Gebirgsbildung entstanden. Die ältesten Gesteine Andalusiens sind aus dem Präkambrium. Sie befinden sich als metamorphe Komplexe innerhalb der Betischen Kordilleren sowie in der Sierra Morena, die im Norden und Nordwesten über alle Nordprovinzen reicht. Ihre Geschichte hängt mit der Variszischen Gebirgsbildung zusammen, die vor rund 300 Millionen Jahren durch die Kollision von zwei riesigen Kontinentblöcken den Gebirgszug entstehen ließ, der heute weite Teile West- und Mitteleuropa und damit auch Deutschlands prägt. Die in den Betischen Kordilleren vorkommenden Sedimentgesteine stammen aus dem Tethys-Ozean zwischen Europa im Norden und Afrika im Süden, der im Laufe des Miozäns während der Alpidischen Gebirgsbildung zusammengeschoben wurde. Sie enthalten aber auch erstarrte basaltische Schmelzen, die am Ozeanboden gebildet wurden und heute als Deckenkomplexe mit den Sedimentgesteinen vergesellschaftet sind. In einem über mehrere Millionen Jahre anhaltenden Prozess türmten sich diese Gesteine zu dem rund 600 Kilometer langen Kettengebirge auf.

Der Abtragungsschutt der Betischen Kordilleren sammelte und sammelt sich vor allem im Guadalquivir-Becken, das zwischen der paläozoisch geprägten Sierra Morena im Norden und Nordwesten und den mesozoischen Ketten im Süden liegt, aber auch in mehreren kleineren Becken innerhalb des jungen Gebirges. Im späten Tertiär waren diese Binnensenken meist noch von Meer überflutet, aber an der Grenze zum Quartär verlandeten sie nach und nach. Seitdem wurden dort terrestrische Sedimente abgelagert. Es sind meist Konglomerate, die auf einen hohen Niederschlag und eine hohe Reliefenergie während der letzten großen Vereisung hindeuten. Die Vergletscherung der Sierra Nevada ist ein Überbleibsel aus dieser Zeit.

Andalusien ist reich an mineralischen Rohstoffen. Silber war bereits bei den Phöniziern begehrt, aber sie waren vor allem auf der Suche nach Zinnstein, mit dem Kupfer zu Bronze veredelt wird. Eine der größten Sulfiderzlagerstätten der Erde liegt im Westen Andalusiens, das Bergbaurevier von Riotinto in der Provinz Huelva. Hier wurden Kupfer, Eisen sowie Gold und Silber in großem Maßstab abgebaut. Im Verlauf der Variszischen Gebirgsbildung drangen Schmelzen aus der Tiefe in das neue Gebirge ein und brachten Lösungen mit, die zu vielfältigen Lagerstätten führten. In Cerro Muriano wurde Kupfer abgebaut, im Bergbaurevier von Linares-La Carolina waren es Blei und Zink. In Cala wurde Magnetit aus einer Skarn-Vererzung gewonnen. Bis auf Riotinto, wo der Bergbau 2017 nach einer Pause von rund 20 Jahren wieder aufgenommen wurde, sind alle Bergbaureviere der Sierra Morena ausgeerzt oder nicht mehr wirtschaftlich. An einigen Orten werden die Hinterlassenschaften als Freiluftmuseen der Öffentlichkeit zugänglich gemacht.

Die Reihenfolge der Wanderziele in der Sierra Morena richtet sich im wesentlichen nach den geologisch-tektonischen Prozessen vom Beginn der Variszischen Gebirgsbildung ab dem oberen Devon bis zu der Zeit direkt nach dem Ausklingen der tektonischen Deformationen. Die Beschreibung der Entwicklung des Guadalquivirbeckens beginnt nahe der Quelle des Flusses und endet am Atlantik, dem Ziel des großen Flusses. Unsere Vorschläge können als Abwechslung während eines Urlaubs an den Küsten und/oder zu kulturellen Highlights dienen. Um eine Region näher kennen zu lernen, können sie für passionierte Geologen – auch Freizeit-Geologen! – aber auch einen ganzen Urlaub ausmachen. In diesem Zusammenhang denken wir an Peter Wagenplast (Stuttgart), der mehrere Grundsteine für das Vorhaben dieses Werkes gelegt hat und dem wir an dieser Stelle ganz herzlich für seine Vorarbeiten danken.

Unser Dank geht darüber hinaus an alle Personen, mit denen wir im Gelände waren und die uns Hinweise auf besondere geologische Erscheinungen gegeben haben. Hierbei geht mein besonderer Dank an Silvia und Antonio in Zalamea la Real. Viele Personen haben uns vor Ort auf vielfältige Weise geholfen, die eine oder andere Lokalität ausfindig zu machen, standen uns in verschiedenen Nöten mit Rat und Tat zur Seite und gewährten großzügig Unterkünfte, für die wir ganz herzlich danken. Auch allen Studierenden der RWTH Aachen, die an diesem Projekt beteiligt waren, danken wir für ihre tatkräftige Beteiligung an der Verwirklichung.

Unsere Erkundungen für diesen geologischen Führer begannen vor mehreren Jahren. Aus verschiedenen Gründen, unter anderem auch die Covid-Pandemie, verzögerte sich die Fertigstellung dieses Bandes. Wir haben die Beschreibungen des Zugangs zu den geologischen Wanderzielen nach bestem Wissen vorgenommen, können aber nicht dafür garantieren, dass sie heute noch so bestehen. Wir bitten dies, bei der Planung zu berücksichtigen. Aktuelle Informationen zu allen Bänden gibt es bei http://www.geokultur-erleben.de/buecher.html

Wietze/Aachen, im Frühjahr 2025

Monika Huch und Klaus Reicherter

Geologische Entwicklung im Überblick

Besonderheiten eines alten Gebirges

Geologisch junge Gebirge haben ein eher schroffes Erscheinungsbild. Die Alpen, der Himalaja und die Betischen Kordilleren (die wir in den Bänden 2 und 3 unserer Andalusien-Trilogie vorstellen werden) sind markante Beispiele. Hinzu kommt, dass sie auch heute noch im Aufsteigen begriffen sind, also nach wie vor ein isostatischer Ausgleich stattfindet.

Im Gegensatz dazu enthalten alte Gebirge nicht nur vor sehr langer Zeit gebildete Gesteine, sondern sie befinden sich in einem isostatischen Gleichgewicht und sind oftmals weitgehend erodiert. Zeugnisse dafür sind Vorkommen von Graniten an der Erdoberfläche, die am Ende der Gebirgsbildung in die aufgetürmten Gesteine eingedrungen waren und in 2 bis 3 Kilometer Tiefe erkalteten. Ein weiteres Merkmal alter Gebirge ist, dass sie ein relativ flaches, eingeebnetes Relief aufweisen. Die Höhen der Sierra Morena liegen im Osten bei knapp 1000 Meter, im Westen noch bei rund 600 Meter.

In diesem Band sehen wir uns die geologischen und geotektonischen Besonderheiten dieses alten Gebirges genauer an.

Das geologische Inventar Andalusiens

Die geologische Geschichte der Iberischen Halbinsel hängt auch mit der geologischen Geschichte Mitteleuropas zusammen. Über einen langen Zeitraum der Erdgeschichte lagen die Gesteinseinheiten der Iberischen Meseta am Nordrand von Gondwana, genauso wie die Gesteine des Rheinischen Schiefergebirges, der Ardennen und des Hunsrücks, die heute in Mitteleuropa liegen. Während der Variszischen Gebirgsbildung wurden sie zusammengeschoben, zu Bergen gefaltet und gehoben. Die Iberische Halbinsel gelangte in ihre heutige Position durch die Öffnung des Atlantiks in der Trias. Auf diese Entwicklung gehen wir etwas weiter unten genauer ein.

Andalusien bildet den gesamten Süden der Iberischen Halbinsel zwischen Ayamonte am Río Guadiana an der Grenze zu Portugal bis San Juan de los Terreros an der Grenze zur Provinz Murcia am Mittelmeer. Drei große strukturelle Einheiten teilen diese größte autonome Region Spaniens (knapp 90 000 km^2, ca. 530 km E-W- und ca. 250 km N-S-Erstreckung) in drei völlig unterschied-
1 liche geologische und landschaftliche Einheiten: die variszische Iberische Meseta, die alpidischen Betischen Kordilleren und die neogenen, postorogenen Becken. Damit beherbergt Andalusien ein außergewöhnlich reichhaltiges Inventar an geologischen Besonderheiten.

Im Norden und Nordwesten Andalusiens kommen in der Sierra Morena als Teil der Iberischen Meseta die ältesten Gesteine vor, deren Alter bis in das Präkambrium zurückreicht.

Die paläozoische Iberische Meseta ist durch klassische Blattverschiebungen und tektonische Suturen zwischen sehr unterschiedlichen Terranen gekennzeichnet. Sie erstreckt sich in einem breiten Gürtel von der nördlichen Algarve bis in den nördlichsten Teil der autonomen Region Andalusien und der südlichen Extremadura. Während der variszischen Orogenese vor rund 300 bis 250 Millionen Jahren wurden hochgradig überprägte Gesteinspakete mit niedriggradigen metamorphen Sedimentgesteinen deformiert und aneinander geschweißt. Die Sierra Morena in Andalusien besteht überwiegend aus paläozoischen Gesteinseinheiten. Es handelt sich vor allem um ehemalige Meeressedimente, die das gesamte Paläozoikum umfassen und bis ins Präkambrium hineinreichen (ca. 500–300 Millionen Jahre). Im Zuge der Variszischen Gebirgsbildung wurden diese einstmals horizontal liegenden Meeressedimente in einem lang anhaltenden Prozess deformiert, überschoben und aufgefaltet, so dass die Falten zum Teil fast senkrechte Flanken haben. Sie sind heute als Schiefer, Grauwacken und Quarzite erhalten. Typische Kennzeichen der flachmarinen Quarzsandsteine sind Schrägschichtung, Rippelmarken und Spurenfossilien (z. B. *Cruziana*). In der Sierra Morena treten in diesen Schiefer-Grauwacken-Serien vereinzelt größere Marmorkörper auf, die meist aus Riffkalken entstanden sind.

Der Kontakt der verschiedenen paläozoischen Gesteinseinheiten ist an vielen Stellen tektonisch. Die zwischen zwei großen tektonischen Suturen liegenden Zonen werden als eigenständige kontinentale Blöcke angesehen, die während der variszischen Gebirgsbildung zusammengeschoben wurden. Die Zentraliberische Zone im Norden Andalusiens, die vor allem aus magmatischen und metamorphen Gesteinen besteht und bis in den Nordwesten der Provinz Jaén hineinreicht, grenzt südwestlich an die Ossa-Morena-Zone, die sehr komplex aufgebaut ist. Im Übergang der Ossa-Morena-Zone zur südwestlich anschließenden Südportugiesischen Zone kommen in der Sierra de Aracena zwischen den paläozoischen Turbiditserien magmatische Intrusionen vor. Sie reichen von Gabbros über Diorite bis zu Graniten. Im Mesozoikum standen diese Gesteine bereits an der Erdoberfläche an und wurden erodiert. Es gibt einzelne Stellen (Wanderziel 4), wo Granit *in situ* verwittert ist und in der jetzt sandigen Grundmasse einzelne kleinere und größere Granitkörper „schwimmen“. Weiter nach Osten intrudierten die Plutonite in die paläozoischen Schiefer-Grauwacken-Serien und führten dort zu bedeutenden Skarn-Lagerstätten, zum Beispiel am Cerro Muriano 14 in der Provinz Córdoba oder bei Cala 8 in der Provinz Huelva.

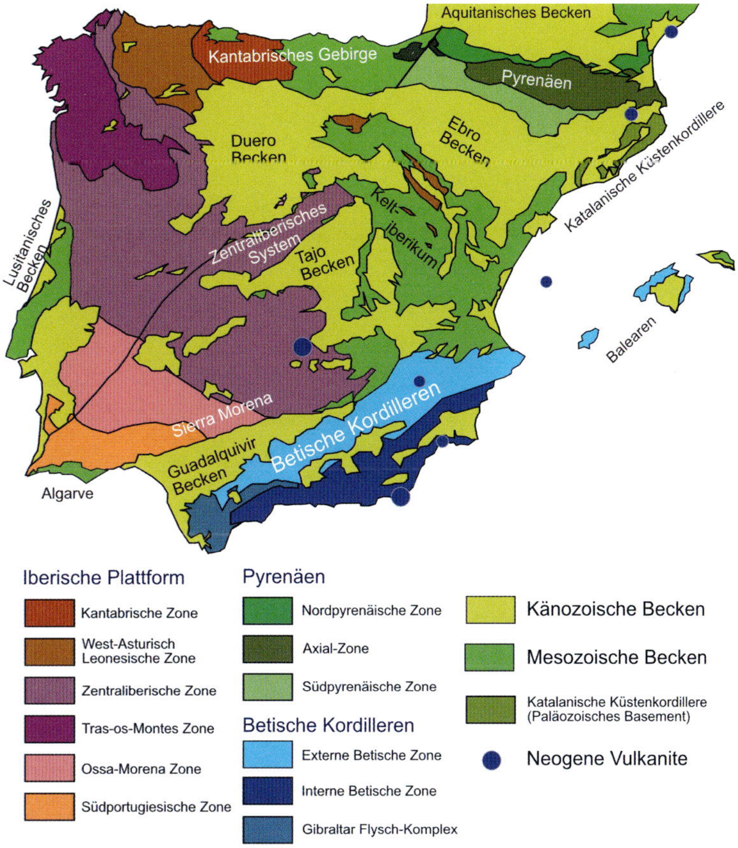

Abb. 1. Die wesentlichen Struktureinheiten der Iberischen Halbinsel (nach Reicherter 1999)

Charakteristisch für den Westen Andalusiens ist aber der mit der Gebirgsbildung verbundene Vulkanismus im Süden des entstehenden Gebirges. Bereits an der Wende vom Devon zum Karbon vor rund 340 Millionen Jahren entstand eine Vererzungszone, die vom Guadalquivir bis fast zur portugiesischen Atlantikküste reicht - der so genannte Iberische Pyritgürtel der Südportugiesischen Zone, 1 und 2. In dieser etwa 40 Kilometer breiten Zone liegen die berühmten Lagerstätten Rio tinto und Tharsis, aber auch eine Vielzahl kleinerer Lagerstätten, die jeweils einen Vulkankomplex darstellen. Den Namen erhielt diese Zone nach dem am häufigsten vorkommenden Mineral Pyrit, einer Verbindung aus Eisen und Schwefel (FeS_2). Die Pyrit-Blei-Zink-Vorkommen enthalten geringe Mengen Silber und Gold, die sich einerseits natürlich durch Verwitterung anreichern, aber auch hüttentechnisch gewonnen werden können.

Nach dem Bruch des Staudamms eines Spülbeckens bei Aznalcóllar am 24. April 1998, bei dem giftige Rückstandswässer ein Gebiet von 3500 Hektar Ackerland verwüsteten und das Vogelschutzgebiet Doñana bedrohten, kam der Bergbau in dieser Region zum Erliegen. Die Lagerstättenbezirke in den Provinzen Sevilla, Córdoba und Jaén sind inzwischen alle aufgelassen. Erst allmählich werden einzelne Bezirke für touristische Besuche zugänglich gemacht.

Meeresedimente im Gebirge

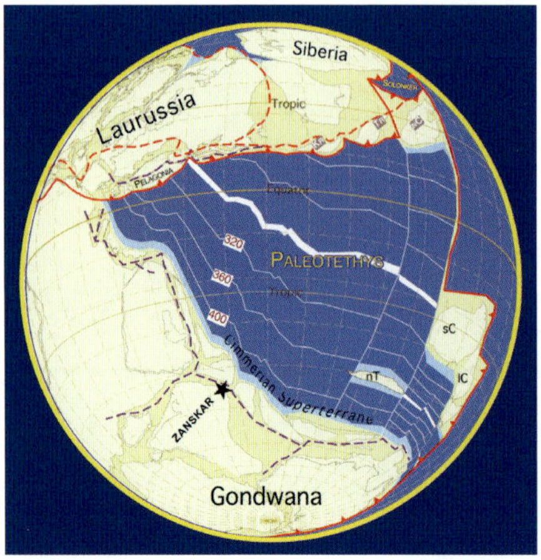

Abb. 2. Entwicklung der Paläotethys (Quelle: Wikipedia, PhDthesis of Pierre Dèzes (1999; Institut de Mineralogie et Petrographie, Université de Lausanne, http://www-sst.unil.ch/research/plate_tecto/alp_tet.htm)

Die variszische Gebirgsbildung markiert die Zusammenführung von zwei großen Kontinentblöcken - Gondwana, der Südkontinent, war mit Laurussia im Norden kollidiert, hatte den Superkontinent Pangäa gebildet und entlang einer tausende Kilometer langen Naht ein Gebirge aufgetürmt. Teile davon bilden die heutigen Gebirgszüge der Iberischen Meseta. Östlich dieser Nahtstelle befand sich ein breiter Schelfgürtel eines Meeresarmes 2
der Paläotethys, der sich nach Osten zum Pazifik öffnete. Der neu entstandene Superkontinent Pangäa war zwar eine einzige Kontinentmasse, aber nicht alle Teile lagen über dem Meeresspiegel. Pangäa hatte nur rund 100 Millionen Jahre Bestand. Ein Grabensystem brach während der mittleren und oberen Trias ein, das heute den Zentralatlantik bildet. Der Bruch setzte sich nach Norden und später nach Süden fort und bildete immer wieder Abzweige nach rechts und links (Tripelpunkte von Riftsystemen). Diese Riftzonen vereinigten sich mit der Tethys im Osten. Der Süden der Iberischen Halbinsel liegt genau am Übergangsbereich von Atlantik und Tethys.

In diesem mesozoischen Becken zwischen Afrika und Iberia wurden die überwiegend marinen Sedimente abgelagert, die heute die Betischen Kordilleren aufbauen. Dieses Becken in der Scharnierzone der beiden Kontinente ist sehr komplex aufgebaut. Es verfügt über mehrere karbonatische Kontinentränder und krustale Inselblöcke, zum Beispiel den Alcapeca-Mikrokontinent, der dieAlboran-Gegend im westlichen Mittelmeer (Betikum und Rif), die Kabylei in Algerien (Tell-Atlas), das Peloritan auf Sizilien und letztlich Kalabrien in Süditalien umfasst. In den Betischen Kordilleren sind heute also nicht-metamorphe Gesteine des Mesozoikums und des Paläogens aufgeschlossen (Externzone oder Subbetikum), die um einen metamorphen Kern aus paläozoischen und triassischen Sedimenten unterschiedlicher Überprägung liegen (Internzone).

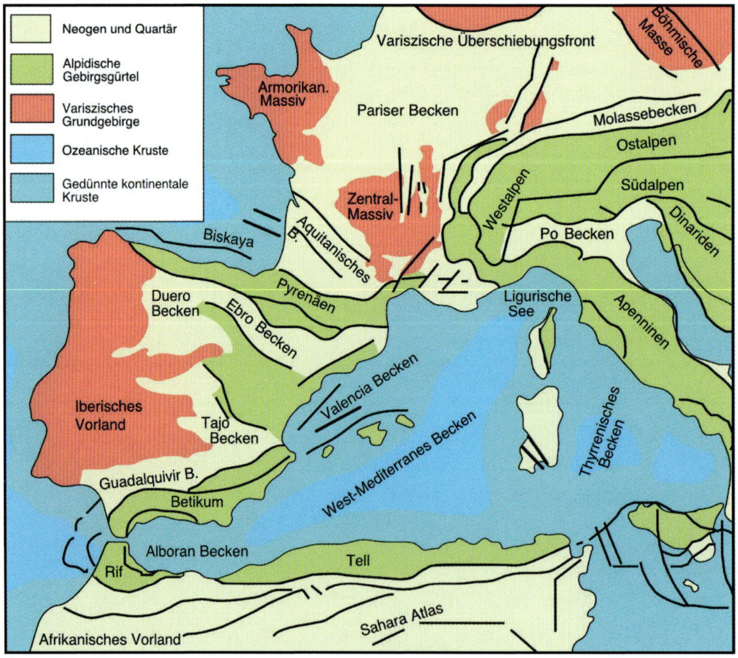

Abb. 3. Die durch die Alpidische Gebirgsbildung im Miozän entstandenen Gebirgszüge in West- und Zentraleuropa (nach Reicherter 2001).

Durch die fortdauernde Öffnung des Südatlantiks in der mittleren Kreidezeit und die gleichzeitig beginnende schnelle Öffnung des Indischen Ozeans wurde der afrikanische Kontinent nach Norden verdriftet. Da sich der Atlantik aber auch nach Norden weiter öffnete, bewegte sich die Iberische Halbinsel auf Afrika zu - der gerade erst entstandene Zweig des Tethys-Ozeans wurde bereits nach etwas mehr als 100 Millionen Jahren wieder zugeschoben. Das geschah aber nicht einheitlich, sondern mehrphasig in einem langen Prozess an verschiedenen Stellen über weitere 100 Millionen Jahre und hält bis heute an. Die Schließung der Neotethys wird als Alpidische Orogenese bezeichnet, während der die Faltengebirge von Rif und Betikum im Westen über die Alpen bis in den Himalaja entstanden.

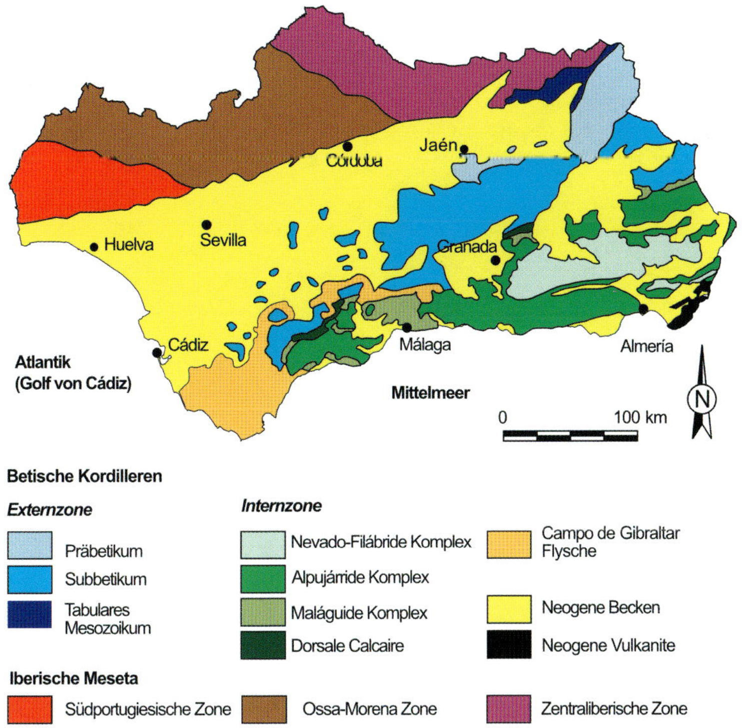

Abb. 4. Das Guadalquivir-Becken formt ein riesiges Dreieck zwischen der Sierra Morena im Norden und dem Vorland der Betischen Kordilleren im Süden.

Im Süden der Iberischen Halbinsel begann diese Kollision bereits in der Oberkreide und hatte ihren Höhepunkt im Miozän, vor rund 20–15 Millionen Jahren. Die Gesteinsschichten, die sich im Mesozoikum auf dem Meeresboden der Tethys abgelagert hatten, wurden – wie schon die Tiefseesedimente des Paläozoikums – zusammen- und übereinandergeschoben. Dadurch entstand ein Gebirge mit sehr komplizierten Strukturen. Das Alter der Hauptüberschiebungen kann bisher nicht eindeutig bestimmt werden, allerdings ist der Höhe- 3
punkt der alpidischen Metamorphose erst im Miozän bei ca. 21 Millionen Jahren erreicht. Es gibt aber Hinweise darauf, dass wichtige Deformationsphasen bereits in der oberen Kreide („eoalpine Phase“) stattfanden.

Eine Senke zwischen zwei Gebirgen

Am Ende der Kollision Afrikas mit der Iberischen Halbinsel kam es schon wenige Millionen Jahre später im Süden des neu entstandenen Gebirges zu einer Dehnung der kontinentalen Kruste, die
ein neues Meer entstehen ließ – das heutige Mittelmeer. Im Norden des Kettengebirges zum stabilen 4
Meseta-Block hin brach die Kruste ebenfalls ein und wurde überflutet. Außerdem nahm diese Rinne, das spätere Guadalquivir-Becken, den Abtragungsschutt der aufsteigenden Betischen Kordilleren während der Gebirgsbildung auf (Kasten 1).

Insgesamt wird die Füllung dieses Sedimentbeckens nach Westen mächtiger und besteht dort aus insgesamt fünf marinen Sequenzen (Kasten 10). Die Ablagerungen begannen im unteren Tortonium und reichen bis in das untere Pliozän hinein. Danach verlandete das Becken und es wurde weiterhin mit dem Abtragungsschutt der Betischen Kordilleren gefüllt und gleichzeitig vom Guadalquivir ausgeräumt.

Die Füllung des Beckens ist zweigeteilt. Im nördlichen Teil wurden im mittleren und jüngeren Känozoikum marine Sedimente abgelagert, die im Bereich der Küste und im Guadalquivir-Becken von jüngsten känozoischen Sedimenten bedeckt sind. Das südliche Guadalquivir-Becken besteht überwiegend aus Olisthostromen und Olistholithen, großen abgerutschten Gesteinspaketen des paläogenen und mesozoischen Subbetikums. Das Becken hat die Form eines spitzwinkligen Dreiecks, da es von Südosten her erneut eingeengt wurde. Bei einer Länge von 330 Kilometer beträgt die maximale Breite an seinem westlichen Ende, an der Küste zum Atlantik, rund 200 Kilometer.

Kasten 1: Vom Gebirge zum Sand zum Gebirge

Wasser allgemein und das Meer im Besonderen spielen eine wesentliche Rolle bei der Entstehung der Gesteine. Wind und Wasser arbeiten beständig daran, dass die Berge nicht in den Himmel wachsen. Über die Flüsse wird das abgetragene Gesteinsmaterial bis ins Meer transportiert. Auf diesem Weg wird es mechanisch zerkleinert und aufbereitet, bis nur noch kleinste Partikel übrig bleiben. Der Sand an der Küste stellt dabei schon die gröbere Kornfraktion dar. Je feiner das Gesteinsmaterial ist, umso weiter kann es ins offene Meer hinausgetragen werden. Tiefseetone sind die feinsten Ablagerungen, die wir kennen.

Kräfte im Erdinnern schieben die ozeanischen und kontinentalen Platten auf dem Globus gegeneinander und sorgen dafür, dass diese Ablagerungen aus dem Meer wieder gehoben und „Land" werden. Bei dem Vorgang der Subduktion werden die schwereren ozeanischen Platten unter die leichteren kontinentalen Platten geschoben. Die dabei entstehende Wärme führt zur Bildung von Vulkanen, wie dies heute in den Anden Südamerikas geschieht. Kollidieren nach dem Zusammenschub eines Ozeanbeckens zwei Kontinentalplatten miteinander, türmen sich die dazwischen liegenden Gesteinsschichten zu einem Gebirge auf (Gebirgsbildung oder auch Orogenese). An anderen Stellen bricht Erdkruste auf und flüssiges Magma tritt aus. Durch die dabei neu entstehende ozeanische Kruste wird der Ozeanboden auseinandergeschoben und es entsteht ein neuer Ozean (Ozeanspreizung). Beide Prozesse führen im Wechselspiel dazu, dass sich die Größe des Globus nicht verändert, auch wenn die Kontinentmassen immer wieder neu angeordnet werden.

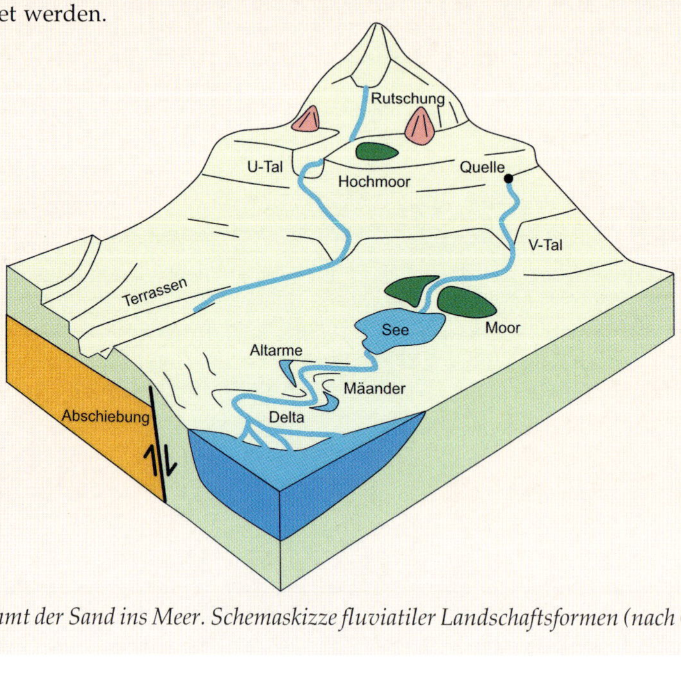

Abb. 5. So kommt der Sand ins Meer. Schemaskizze fluviatiler Landschaftsformen (nach Genske 2006).

Geologische Wanderziele

Die Sierra Morena bildet den südlichen Bereich der Iberischen Meseta. Hier kommen die Struktureinheiten Zentraliberische Zone, Ossa-Morena-Zone und Südportugiesische Zone vor. Die zugehörigen Gesteinseinheiten wurden im Laufe der Variszischen Gebirgsbildung zusammengeschoben. Jede dieser Gesteinseinheiten hat eine besondere Geschichte konserviert, die wir bei unseren Wanderungen entdecken können. Die Umschlagseiten vorne geben den geologischen Überblick, in den Umschlagseiten hinten sind die wesentlichen Städte und Straßen in einer Übersicht für ganz Andalusien ersichtlich.

Wir beginnen unsere Wanderungen im Westen, im jüngsten Teil der Sierra Morena, immerhin rund 300 Millionen Jahre alt. Hier sind Gesteine vorhanden, die am Beginn einer Gebirgsbildung entstehen. Wir beschreiben sie in dem Kapitel „Unruhige Zeiten" (Wanderziele (1) bis (3)).

In der Sierra de Aracena ist die Subduktionszone erhalten, an der die Kontinent-Kontinent-Kollision stattfand, die die Gesteinseinheiten des Variszischen Gebirges erzeugte. Wir beschreiben ihre Auswirkungen bei den Wanderzielen (4) bis (8). Bereits nahe der Subduktionszone kam es zu Magmenintrusionen (Wanderziele (4) und (5)), aber auch in der östlich angrenzenden Ossa-Morena-Zone kam es zur Intrusion von Graniten. Sie bestimmen weite Bereiche der Sierra Norte de Sevilla (Wanderziele (9) bis (11)).

Im Norden der Provinz Córdoba ist der Kernbereich der Ossa-Morena-Zone aufgeschlossen. Hier wurden durch die Kollision bereits deformierte Gesteinseinheiten erneut deformiert und dabei metamorphisiert. Das unwegsame Gelände lässt ausgedehnte Wanderungen hier nicht zu (Wanderziel (12)). In diesem Teil der Sierra Morena kann aber eine weitere Großstruktur erkundet werden. Es handelt sich um ein intramontanes Becken, das nach der Kollision durch anschließende Dehnung der übereinandergeschobenen Gesteinseinheiten entstand. Die darin angehäuften Sedimente stammen aus dem Westfal, als die Gebirgsbildung bereits ausklang (Wanderziel (13)). In diesem Zusammenhang entstand auch die Vererzung am Cerro Muriano (Wanderziel (14)). Am Rand zum Guadalquivir-Becken liegt die archäologische Ausgrabung Medina Azahara, der wir ein eigenes Wanderziel ((15)) widmen.

Die Wanderziele (16) bis (19) erlauben uns einen Blick in ein weiteres tiefes erdgeschichtliches Stockwerk. Neben einem ausgedehnten Granitmassiv, an das eine reichhaltige Pb-Ag-Vererzung gebunden war, bezeugen andere Gesteinseinheiten eine ruhige, lang anhaltende Sedimentation, die eine langsame Absenkung oder langsamen Meeresspiegelanstieg markieren. Das Ende der Variszischen Gebirgsbildung wird durch terrestrische Rotsedimente von Perm und Trias markiert (Wanderziele (11) und (20)).

Im Nordosten Andalusiens treffen das Variszikum der Sierra Morena und die Gesteinseinheiten der Betischen Kordilleren zusammen (siehe Abb. 169, S. 103 und Band 3 unserer Andalusien-Trilogie). Hier beginnt aber auch das Becken des Guadalquivir, das im Laufe der Alpidischen Gebirgsbildung entstand. Die Entwicklung des Beckens rekonstruieren wir bei den Wanderzielen (21) bis (24).

Die Wanderziele (25) bis (27) gehen auf die jüngste Entwicklung der andalusischen Atlantikküste westlich der Mündung des Guadalquivir ein. In diese Zeit fallen auch geschichtliche Ereignisse, die die Welt maßgeblich verändert haben und die in dieser Gegend ihre Spuren nachdrücklich hinterlassen haben und zum Teil noch heute nachwirken. Auf sie gehen wir in den Geschichten am Rand näher ein.

Für einige Wanderziele gab es viel zusätzliches Material, das wir in ausgelagerten PDFs auf der Internetseite www.geokultur-erleben.de/buecher.html zur Verfügung stellen. Sie sind auch über die jeweiligen QR-Codes einzusehen.

Das ausführliche Glossar am Ende des Buches fungiert gleichzeitig als Stichwortverzeichnis.

Unruhige Zeiten: Iberischer Pyritgürtel

In der westlichen Sierra Morena können charakteristische Anzeichen für den Beginn einer Gebirgsbildung, die Kollisionsphase sowie Phänomene der ausklingenden Orogenese angesehen werden. Im
6 mittleren Devon begann die Ablagerung von Turbiditen, einer Wechsellagerung von gröberen Sandsteinen/Grauwacken und feineren Tonsteinen in einem Meeresbecken am Nordrand von Gondwana (Kasten 3, S. 36). Nach einer beginnenden Kompression der Gesteinsschichten, die zur Schließung dieses Meeresbeckens führte, kam es zu einer kurzen extensiven Phase. Auf dem Meeresboden rissen dadurch Spalten auf, die sauren (örtlich auch basischen) Magmen als Aufstiegswege dienten, an die zum Teil Vererzungen gebunden sind. In der Umgebung der Ausbruchsstellen entstanden submarine Pyroklastite und Laven, während gleichzeitig von benachbarten Hochgebieten Ton und Sand in das Meeresbecken transportiert und abgelagert wurden. Mit dem Ende der divergierenden Plattenbewegungen klang die vulkanische Aktivität aus.

Zuletzt wurden feinkörnige Aschen gefördert, die in violette und grünliche Schiefer umgewandelt wurden und einen gut erkennbaren Leithorizont bilden. Diese Schicht enthält vulkanogene Linsen und Schlieren aus Jaspis sowie Eisen- und Manganoxiden. Durch die Jaspiseinlagerungen bildeten diese Schiefer eine gering durchlässige Deckschicht über den hohlraumreichen vulkanischen Tuffen. Die Zufuhrschlote der Vulkane waren wesentlich heißer als die Randbereiche der Pyroklastite und die mit ihnen verzahnten Sedimente. Das in den Hohlräumen der Tuffe vorhandene Meerwasser stieg in den erhitzten Bereichen auf, wodurch kühleres Wasser aus den Nachbargesteinen nachgezogen wurde. Die relativ dichte Deckschicht aus bunten Schiefern verhinderte meist ein Ausfließen dieser hydrothermalen Wässer am Meeresboden, wodurch Wasserkreisläufe in zahlreichen Konvektions-

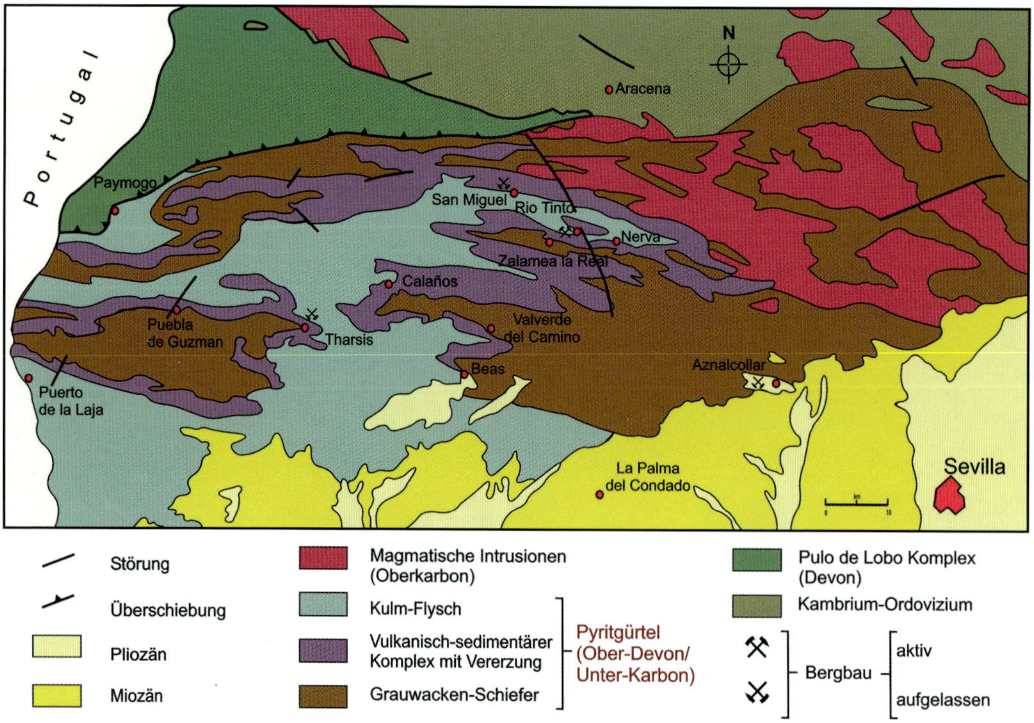

Abb. 6 Sehr vereinfachte geologische Übersichtskarte des andalusischen Teils des Pyritgürtels 1:1 Million (nach Regionalschema der Geologischen Karten MAGNA50 937 Andévalo und 938 Nerva).

zellen in Gang gesetzt wurden. Das schwefelsäurehaltige Meerwasser löste bei dieser Zirkulation durch die Vulkanite unter reduzierenden Bedingungen vor allem Eisenverbindungen. Nach der Abkühlung dieses Wassers und der Änderung des reduzierenden Milieus am Kontakt mit frischem Meerwasser wurden die Schwefel- und Eisenionen an der Basis der Schiefer und am Meeresboden als Pyrit (FeS_2) ausgefällt.

Die Bildung von Pyrit an hydrothermalen Quellen am Meeresboden, die zum Beispiel heute im Bereich der *Black Smokers* am Grunde des Roten Meeres erfolgt, ist vermutlich gegenüber der Pyritablagerung innerhalb der hohlraumreichen vulkanisch-sedimentären Gesteine mengenmäßig von untergeordneter Bedeutung. Für diese Annahme sprechen im Iberischen Pyritgürtel die riesige Ausdehnung der Lagerstätten und das Fehlen von eingelagerten Oxiden. Vor allem die häufig auftretenden Stockwerksvererzungen (siehe Abb. 27) sind sicherlich innerhalb der Vulkanite entstanden. Diese Erzstöcke bstehen aus einem dichten Netz von pyritgefüllten Adern und Gängchen, die das Muttergestein durchziehen. Untersuchungen der Sauerstoffiosotopen-Verhältnisse in erzbegleitenden Mineralen (z. B. Quarz) lassen auf Bildungstemperaturen von 200 bis 270°C schließen. Bei einer Ausfällung am Meeresboden wären niedrigere, bei einer magmatischen Herkunft der hydrothermalen Lösungen höhere Temperaturen zu erwarten. Ähnliche Bildungstemperaturen von etwa 200°C wurden für die ausgedehnten massiven Pyritkörper in der Nachbarschaft der Stockwerksvererzungen ermittelt.

Der Bergbau auf diesen Erzreichtum begann schon vor 4700 Jahren. Auf der Grundlage des Kupferreichtums aus den vulkanischen Erzen von Riotinto, Tharsis und anderen Minen entwickelte sich in Südspanien um 2700 v. Chr. eine bedeutende Metallindustrie. In den südlichen Ausläufern der Sierra Morena wurde nicht weit von der heute aufgelassenen Mine Aznalcóllar bei Valencina de la Concepción eine bedeutende Siedlung gefunden. Das riesige Areal diente vor allem der Metallverarbeitung (Details über den QR-Code zu Valencina, S. 17). Die iberischen Metallurgen übernahmen das ägyptische Wissen, Kupfer durch Zusatz von Zinn zu Bronze zu härten (Details über den QR-Code zur Kupfermetallurgie, S. 16). Bis zur Mitte des 3. Jahrtausends waren die bedeutendsten Kupfererzlagerstätten des Altertums auf der Iberischen Halbinsel sowie in Südportugal erreicht und untersucht.

Wir sehen uns die Auswirkungen dieser unruhigen Zeiten auf zwei Routen an. Die Ausflüge von Wanderziel ① führt in den Iberischen Pyritgürtel um Riotinto, während die von ② in den westlichsten Teil Andalusiens in die Bergbauregion von Tharsis führen. Neben dem Erzreichtum und der Bergbaugeschichte finden wir in dieser Region eine große Zahl prähistorischer Zeugnisse, die auch mit der Nutzung des Mineralreichtums zusammenhängen (Wanderziel ③).

Reichtum aus der Erde

7 Die anthropogenen Landschaften um Riotinto (Wanderziel ①) sowie Tharsis (Wanderziel ②) weiter
8 im Südwesten zeugen von einer gigantischen Ausbeutung und Umweltzerstörung. Nach dem Durchfließen der natürlichen Erzvorkommen gab es im Wasser des Río Tinto schon vor dem Einfluss des Menschen kein höheres Leben. Aber der Erzabbau in großem Stil führte dazu, dass die an der Luft und durch Wasserzufuhr leicht verwitternden Erzminerale offen gelegt wurden und so die Auswirkungen der Verwittung verstärken. Auf schwefelhaltigen Böden wächst nun mal nichts, und Schwermetalle wie Antimon, Arsen, Cadmium und Zinn werden im sauren Milieu ausgewaschen und reichern sich im Boden an oder werden
9 mit dem Flusswasser abtransportiert (Wanderziel ①; Kasten 2, S. 24).

Abb. 7. Minas de Riotinto – eine Landschaft von Händen gestaltet

Abb. 8. Blick in den Tagebau Cerro Colorado nach einer Sprengung, Minas de Riotinto (November 2018)

Kupfermetallurgie

Es ist aber gerade dieser Erzreichtum, der seit vor-phönizischer Zeit mehrere Blütephasen Andalusiens begründete. Das Interesse der aus dem östlichen Mittelmeer (Ägypten, Vorderasien) stammenden Völker galt zunächst Gold und Silber, aber auch dem Kupfer und später dem Zinn zur Herstellung von Bronze, sowie Eisen, Blei und Quecksilber (siehe QR-Code zur Kupfermetallurgie). Diese Erze fanden sie an einigen Stellen in der Iberischen Meseta, beispielsweise in der Extremadura, um Córdoba, in den südlichen Vorbergen der Sierra Morena zwischen Riotinto, Tharsis und Aznalcóllar sowie in den Betischen Kordilleren.

Abb. 9. Das Wasser des Río Tinto enthält acidophile Bakterien, die eine rote Farbe produzieren. Sie kommen im Río Tinto natürlich vor (siehe Kasten 2).

In den Kupfererzen der Iberischen Halbinsel war der Zinngehalt offenbar ausreichend, um daraus eine qualitativ hochwertige Bronze herzustellen. Die Phönizier kannten dieses Erz bereits und die Römer beuteten es in großem Stil weiter aus. Sie betrieben in Verwitterungszonen der vulkanischen Erzanreicherungen intensiven Bergbau auf Silber, Gold und Eisen. Sie folgten dabei offensichtlich zunächst den Abbauspuren
aus tartessischer Zeit, explorierten aber vor 10
allem die durch Verwitterung entstehenden Anreicherungszonen über den Buntmetallvorkommen, die so genannten „Eisernen Hüte“ (Wanderziel 1, Ausflug 2). In diesen Oxidationszonen war das Eisen auf natürliche Weise aus der sulfidischen in eine oxidische Bindung übergegangen. Dieses oxidierte Eisenerz ist einfacher zu verhütten

als das sulfidische. Gleichzeitig reicherten sich in dieser Verwitterungszone Gold und Silber an, die beim Schmelzen der Brocken abgeschöpft
11 werden konnten.

Die Sulfidvererzungen liegen ausschließlich in der so genannten Südportugiesischen Zone. Die ältesten hier vorkommenden Gesteine sind Phyllite, Sandsteine und Quarzite, die im obersten Devon als tonig-sandige Sedimente in einem Schelfmeer abgelagert wurden. Darüber folgen an der Grenze zum Karbon vulkanische Laven (Rhyolithe und Dazite) und vor allem Tuffe (Pyroklastite). Diese Vulkanite verzahnen sich mit gleichzeitig abgelagerten schwarzen Tonschiefern und Quarziten. Die vulkanisch-sedimentäre, submarin gebildete Gesteinsserie erreicht in der Nähe der vulkanischen Eruptionszentren Mächtigkeiten bis zu 600 Metern. Im Hangenden schließt die Serie mit violetten und grünlichen vulkanogenen Schiefern ab, die zahlreiche aus Jaspis sowie Eisen- und Manganoxiden bestehende Linsen enthalten.

Abb. 10. Sandsteine und Phyllite aus dem Unterkarbon (Kulm-Fazies) sind das Nebengestein der Sulfidvererzungen im Iberischen Pyritgürtel.

Abb. 9. Bunte Schichten am Cerro Colorado

Über diesem Erz führenden Niveau folgt eine Tonstein-Grauwacken-Serie aus dem Unterkarbon (Kulm-Fazies). In diese bis über 1000 Meter mächtigen Flyschsedimente sind örtlich größere Blöcke (Olistholithe) eingebettet. Die Gesteinstrümmer sowie turbiditische Sedimente lassen auf starke Reliefunterschiede am ehemaligen Meeresboden schließen und bezeugen den Beginn unruhiger Zeiten. Im Laufe des Karbon wurden diese Ablagerungen im Zuge der Variszischen Gebirgsbildung intensiv gefaltet; die Falten sind nach Süden und Südwesten geneigt.

Valencia

(1) Gigantisch – Minas de Riotinto

Es gibt weltweit nur ganz wenige Sulfiderzlagerstätten, die größer sind als Riotinto. Das Lagerstättenrevier von Riotinto allein umfasst eine Fläche von über 200 Quadratkilometern. Auch heute noch lagern dort große Mengen an Pyrit, Bleiglanz, Kupferkies und Zinkblende. Aber die Umweltauflagen sind inzwischen so hoch, dass die Verhandlungen zu einer Wiedereröffnung der Mine über 20 Jahre angedauert haben. Seit 2017 werden die Bergbauanlagen in Riotinto aktiviert und im Tagebau am Cerro Colorado wird wieder Pyriterz abgebaut (siehe Abb. 8).

Auf dem Weg von Riotinto nach Aracena oder Santa Ollalla durchquert man die Hinterlassenschaften des Abbaus von der 2. Hälfte des 19. bis zum ausgehenden 20. Jahrhunderts. Von einer Aussichtsterrasse aus (nur von Campofrío aus anzufahren) geht der Blick in den 230 Meter tiefen, 2200 Meter langen und 1000 Meter breiten Tagebau Cerro Colorado. Die Lagerstätte besteht aus dunkelgrauen bis grünlichgrauen, chloritisierten Dazit-/Rhyolith-Tuffen, die von einem mit Pyrit verfüllten Spaltennetz durchzogen sind (Stockwerksvererzung). Beim Blick über den Tagebau fällt die aus rotbraunen Eisenoxiden und -hydroxiden bestehende Oxidationszone über dem Erzkörper auf (siehe Abb. 10).

Am Cerro Colorado hatte sie eine Mächtigkeit von 20 bis 40 Meter. Der Name des Höhenrückens („Farbiger Berg") leitet sich von diesem „Eisernen Hut" ab (siehe auch Ausflüge 2, 3 und 4). In oberflächennahen Bereichen wurden die Sulfide (vor allem Pyrit und Kupferkies) oxidiert, wobei Eisenverbindungen sowie geringe Mengen von Cuprit und gediegenem Kupfer entstanden. Zu den für diese Zone charakteristischen schwer löslichen Mineralen gehören auch Edelmetalle. Die von den spanischen Bergleuten übernommene englische Bezeichnung „Gossan" für die Oxidationszone leitet sich von „gold and silver" ab. Am Cerro Colorado betrug der Goldgehalt 2,4 Gramm pro Tonne und der Silbergehalt 42 Gramm pro Tonne. Sie ermöglichten eine Jahresproduktion von 4 Tonnen Gold und 60 Tonnen Silber. Die Edelmetalle wurden durch Cyanidlaugung extrahiert.

Unterhalb der Oxidationszone folgt die Zementationszone, die am Cerro Colorado etwa 10 Meter mächtig war. Hier wurden unter dem Einfluss von sauerstoffarmem und chemisch neutralem Grundwasser die edlen Metalle Kupfer und Silber ausgefällt. Die kupferreiche Zementationszone mit den Mineralen Kupferglanz, Covellin und Bornit (sowie Silberglanz) wurde bevorzugt abgebaut. Geringe Mengen des Erzes dienten der Schwefelsäureherstellung, der größte Teil wurde wegen des relativ hohen Kupfergehalts (0,5 bis 0,8 %) abgebaut. Nach dem Brechen und Mahlen des Erzes erfolgte im Flotationsverfahren eine Anreicherung des Kupfergehalts auf 24 Prozent. Aus dem konzentrierten Erz wurde Kupfer in Schmelzöfen gewonnen.

Abb. 12. Blick aus der Museumsbahn auf den Río Tinto

Mit dem Verfall des Kupferpreises Anfang der 1980er Jahre erreichte auch Riotinto die ökonomische Krise. Um Arbeitsplätze zu erhalten, übernahmen 1995 die Arbeiter die Mine. Auch eine Trennung von Förderung und Aufbereitung des Erzes konnte die wirtschaftlichen Probleme nicht lösen. Der Bergbau in Minas de Riotinto wurde 2001 endgültig eingestellt.

Südlich der A-476 Richtung Nerva liegen die aufgelassenen Aufbereitungsanlagen. Hier befand

sich auch ein Verladebahnhof, wo das auf riesigen LKWs angelieferte Erz auf Eisenbahnwagen umgeladen wurde. Die Eisenbahn führte zu einem weiteren Verladebahnhof am Río Tinto, circa
10 Kilometer südlich, wo die Waggons von einer weiteren Bahn übernommen und nach Huelva 12
transportiert wurden. Bis zu diesem Verladebahnhof erlaubt eine Museumsbahn, die gigantischen 13
Auswirkungen des jahrhundertelangen Bergbaus in Riotinto anzusehen. Seit 2019 folgt ein Wanderweg vom Endpunkt der Museumsbahn bis zur Brücke Cachán dieser Trasse (siehe QR-Code).

Anfahrt Ausflug 1:

Von Sevilla aus auf der A-66 Richtung Madrid und Mérida, am Abzweig nach Portugal auf die N-433 wechseln, nach circa 20 Kilometer nach links auf die A-476 Richtung Nerva und Riotinto abbiegen

Zeitaufwand (ohne Anfahrt, mit Eisenbahnfahrt und Museum)**:**

1 Tag;

Alle Ausflüge dieses Wanderziels:

3–4 Tage

Koordinaten:

Mirador Cerro Colorado
37°42'28,85" N, 6°35'33,85" W

Eingang Museo Minero
37°41'37,07" N, 6°35'47,8" W

Abzweig zum Ferrocaril
37°41'29,3" N, 6°33'49,43" W

Ferrocaril-Bahnhof
37°41'18,86" N, 6°33'36,35" W

Camino Polivalente

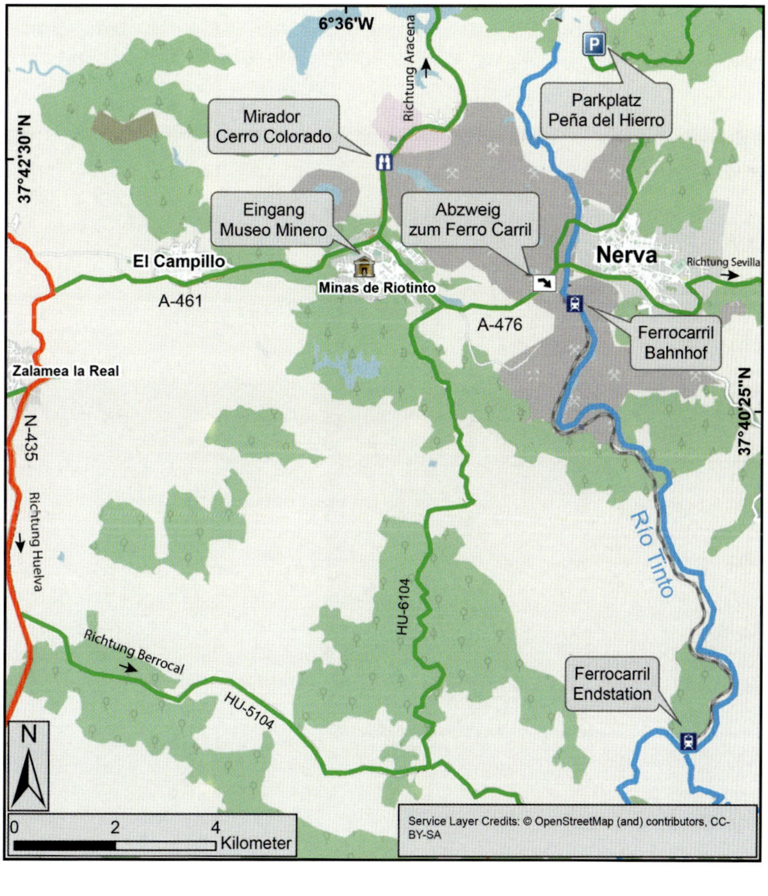

Abb. 13. Übersicht der Wanderziele um Minas de Riotinto

Ausflug 1: Museo Minero und Fahrt mit der Eisenbahn

Das *Museo Minero* in Minas de Riotinto (von der Hauptstraße aus ausgeschildert) zeigt die wechselvolle Geschichte dieser Region, in der seit der frühen Bronzezeit, also seit über 4000 Jahren, nahezu ohne Unterbrechung Bergbau betrieben wurde. Vermutlich besitzt Riotinto die längste Bergbautradition der Welt. Auf die Phönizier folgten die Römer, Mauren und in der Neuzeit ab 1873 englische Bergbaugesellschaften. Vor allem das Unglück von Aznalcóllar führte dazu, nach den Umweltauswirkungen der Bergbautätigkeit im Pyritgürtel zu fragen.

Abb. 14. Alter Förderturm vor dem Haupteingang des Bergbaumuseums in Minas de Riotinto

Im April 1998 war der Damm eines Schlammteichs gebrochen und eine toxische Mischung aus Aufbereitungsschlamm ergoss sich in den Norden des Vogelschutzgebietes der Doñana. In der Folge wurde der Nationalpark Doñana zum Weltkulturerbe erklärt (vgl. Wanderziel (27)), die Mine Aznalcóllar geschlossen und zum Beispiel in Riotinto und Tharsis begannen umfangreiche Aufräumarbeiten (siehe Abb. 284, S. 166).

Das Museum wurde von der Fundación Riotinto 14
aufgebaut und 1992 für die Öffentlichkeit geöffnet. 15
Die Stiftung betreibt auch die Museumsbahn, die seit November 1994 durch die Aufbereitungsanlagen bis
zur Umladestation am Río Tinto fährt. Die verfallenden 16
Schlackehalden und Aufbereitungsanlagen sind bei einer unvergesslichen Fahrt mit der Museumsbahn zu sehen, die auf ihrer 11 Kilometer langen Fahrt zum Verladebahnhof am Río Tinto auch einen alten Eisenbahn-Verladebahnhof quert. Auf schwarzen Halden erkennt man Schlacken und gelbe Schwefelnester zeigen, dass immer noch große Gehalte an fein verteiltem Pyrit im Abraum vorhanden sind.

Nach der Ausmusterung der Lokomotiven und Waggons gelangten sie in ein Eisenbahnmuseum in Riotinto, das heute Teil des *Museo Minero* ist. Hier können neben den alten Lokomotiven auch luxuriöse Waggons zur Personenbeförderung angesehen werden. 1987 wurde die Stiftung Río Tinto Minera gegründet, um das Erbe des Bergbaus zu bewahren. In diesem Zusammenhang wurden umfangreiche Arbeiten durchgeführt, um den Betrieb für die Öffentlichkeit zu gewährleisten.

Die Museumsbahn endet an der Station Los Frailes. Seit März 2019 verbindet der Camino Polivalente del Río Tinto die Endstation der Museumsbahn mit der Brücke, die Valverde del Camino mit Berrocal verbindet (siehe QR-Code vorherige Seite). Dieser Weg soll entlang der alten Eisenbahntrasse weiter nach Süden ausgebaut werden.

Abb. 15. Logo der Museumsbahn. Die Fahrt kann zusammen mit dem Museumsbesuch gebucht werden. Sie kann vor oder nach dem Besuch im Museum unternommen werden.

Abb. 16. Eindrücke zu den Hinterlassenschaften des Bergbaus in Riotinto von der Fahrt mit der Bergwerksbahn aus: Umladestation von Lkw auf Eisenbahnwaggons, verfallende Absetzbecken, verfallende Aufbereitungsanlagen und Schlackehalden mit gelben Schwefelausblühungen.

Ausflug 2: Peña del Hierro

Dieser Ausflug führt zu einer stillgelegten Mine, aber auch in die Nähe des Ortes, wo der Río Tinto entspringt. Die Landschaft ist stark von früherer Bergbautätigkeit geprägt, sowohl auf dieser Seite des Tales als auch am westlichen Horizont, wo man quasi auf den Hinterhof von Minas de Riotinto blickt, die alten Halden von Cerro Colorado und Corta Atalaya.

Bergbauaktivitäten am Peña del Hierro (Eisenhügel) gehen bis in römische Zeit zurück. Der moderne, systematische Bergbau begann Mitte des 19. Jahrhunderts mit ununterbrochener Tätigkeit bis zur Schließung 1972. Das Erz von Peña del Hierro wies nicht nur in den heute noch obertägig gut zu erkennenden knallroten Zonen über der eigentlichen Vererzung, dem so genannten „Eisernen Hut", hohe Metallgehalte auf, vor allem Eisen, aber auch Kupfer. In der hier sehr ausgedehnten Verwitterungszone hatte über die Jahrmillionen, die der Erzkörper nahe der Erdoberfläche lag, eine sekundäre, aber natürliche Anreicherung auch der Wertmetalle Gold und Silber stattgefunden. Sie sind in den feinkörnigen Mineralen Pyrit, Kupferkies, Bleiglanz und Zinkblende gebunden, werden aber durch die Oxidation der Metalle herausgelöst und können sich in dem schwefelsauren Milieu anreichern.

Anfahrt Ausflug 2:
Von Riotinto auf der A-476 Richtung Nerva, am westlichen Ortseingang dem Hinweisschild „Sendero Montero" beziehungsweise „Peña del Hierro" folgen (Hv-5011, ca. 3,5 km)

Koordinaten:

Abzweig von der A-476 auf die Hv-5011
37°41'35,79" N, 6°33'44,00" W

Brücke über Hv-5011
37°43'17,83" N, 6°33'2,58" W

Parkplatz am ehemaligen Minengelände
37°43'26,53" N, 6°33'21,97" W

Zeitaufwand (ohne Anfahrt):
Circa 1-2 Stunden (Rundgang ca. 5 km)

im Internet:
www.parquemineroderiotinto.es

Ein Rundweg, der einen Höhenunterschied von 120 Metern überwindet, erschließt mehrere Aspekte
dieses spektakulären Geländes. Am Parkplatz und 17
dem projektierten Besucherzentrum befinden sich
Ruinen der früheren Gebäude. Von hieraus beginnt 18
eine geführte Besichtigung in den Stollen Santa María circa 200 Meter in den Berg hinein (Buchung im Museum in Riotinto). Der Stollen erreichte die

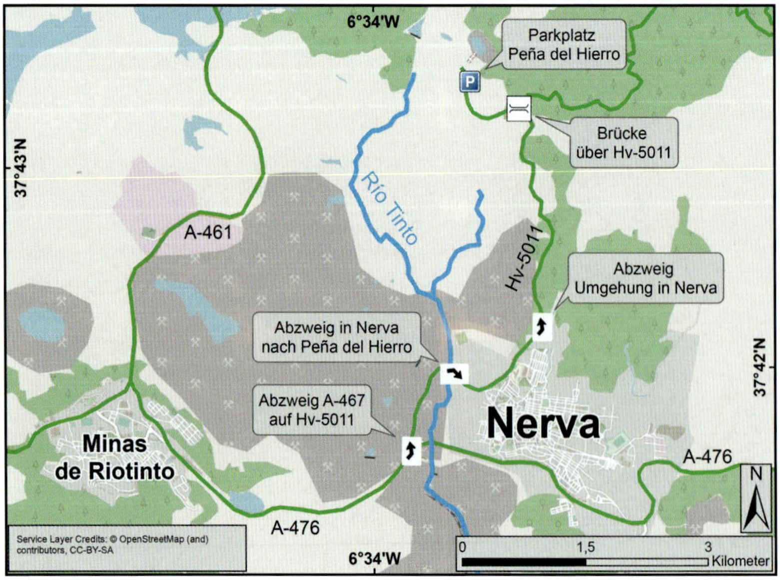

Abb. 17. Überblick der Umgebung von Peña del Hierro

Abb. 18. Parkplatz des Parque Minero Peña del Hierro. Außerhalb des linken Randes des Fotos liegt der Stollen Santa María.

2. Sohle des Tagebaues. Der Schacht, dessen Aufbau oberhalb des Tunneleingangs zu sehen ist, hatte eine Endtiefe von 155 Meter und endete an der 12. Sohle.

In Peña del Hierro wurde auf einer Fläche von circa 474 Hektar (bzw. 474 000 km^2) aber nicht nur der Eiserne Hut abgebaut. Zunächst erfolgte der Abbau über einen Hauptschacht und Stollen, die in die vererzte Zone führten. 1883 wurde dort mit dem Tagebau begonnen, wo das Erz mehr als 3 bis 5 Meter mächtig war. Der obertägige Abbau erfolgte bis auf die Sohlen 6 und 9, der Abtransport fand über den Hauptschacht statt. Am Ende hatte der Tagebau eine Ausdehnung
19 von 330 auf 190 Metern und eine Tiefe von circa 85 Metern. Wahrscheinlich war der Tagebau bereits um die Jahrhundertwende wieder eingestellt worden, weil die Wände zu steil wurden und zuviel Abraum hätte weggeschafft werden müssen. Im Untergrund ging der Abbau bis zur 11. Sohle (-125 m) weiter.

Eine Stromversorgung trieb u.a. die Förderkörbe an. Allein der Hauptschacht brauchte enorm viel Strom. Er war für Waggons mit 1400 Kilogramm Fassungsvermögen und einer normalen Geschwindigkeit von 4 Metern pro Sekunde ausgelegt.

Abb. 19. Tagebau Peña del Hierro – Südseite (Tafel 8 des Rundgangs). Deutlich ist etwa in der Mitte des Fotos der tief eingeschnittene »Eiserne Hut« (tiefrot) zu erkennen. Das Erz befindet sich in der grauen Zone im linken Teil des Fotos.

Das Erz wurde zunächst physikalisch zerkleinert und anschließend chemisch behandelt. Von diesen Anlagen sind noch einige Ruinen in Parkplatznähe erhalten.

Entlang des Weges kommen tiefrote
20 Gesteinsbruchstücke vor. Sie sind Bestandteil des Eisernen Hutes. Der Weg führt auf eine weite Plattform, eingeebnete Halden. Von dort geht der Blick in westliche Richtung auf die Halden von Cerro Colorado und Corta Atalaya.

Abb. 20. Haldenmaterial entlang des Weges zu einer weiten Plattform. Teile des Eisernen Hutes (rot) mit Pyriterz (grau bis beige).

Kasten 2: Das Wasser des Rio Tinto

Es gibt mehrere Stellen, um an das Wasser des Río Tinto zu gelangen. Sehr nahe kommt man der Quelle des Río Tinto beim Ausflug 2 des Wanderziels (1). Am Ziel der Fahrt mit der Museums-Eisenbahn Ferrocaril besteht die Möglichkeit, zum Río Tinto hinunterzugehen (Ausflug 1 des Wanderziels (1)). Eine dritte Gelegenheit ist eine Wanderung entlang des Flusses an der Brücke der HU-5104 die von der N-435 nach Berrocal führt. Hier beginnt bzw. endet der Camino Polivalente entlang des Río Tinto nach Los Frailes, der Endstation der Museumsbahn (siehe QR-Code auf S. 19)

In der Sierra de Padre Caro entspringt der Fluss, der Synonym für eine der größten Sulfiderzminen der Welt ist und fast 100 Kilometer durch die Provinz Huelva fließt, bis er kurz vor dem Atlantik in den Río Odiel mündet – der Río Tinto. In der klassischen Literatur wird als Ursprung
21 des Río Tinto zwar der Corta del Lago, weiter im Südosten, angegeben, aber – zumindest heute – liegt seine Quelle hier. Wenn wir uns dem Rand der weiten, eingeebneten Halde nähern, können wir weit unten ein kleines Fließgewässer sehen. Einen besseren Blick darauf haben wir auf dem Rückweg, wenn wir kurz nach der Brücke auf der rechten Seite auf einen kleinen Parkplatz fahren und auf die Brücke zurückgehen. Hier befinden sich mehrere Informationstafeln.

Abb. 21. Rote Flecken in gelbem Wasser – der Río Tinto nahe seiner Quelle südwestlich von Peña del Hierro an der Brücke der HU-5011 (Foto unten: G. Rapczinska, 2018).

Die Einzigartigkeit des Río Tinto soll durch eine Schutzzone entlang des Flusses erhalten bleiben, damit Wissenschaftler seine besonderen Bedingungen studieren können.

Die charakteristische rote Farbe des Flusses wird durch die natürlichen Verunreinigungen aus der Mineralisation im Untergrund des Flusses verursacht. Ursprünglich lösten die Wässer des Río Tinto die Sulfiderze an, die er auf seinem Weg durchfloss, und nahmen Sulfate und Schwermetalle auf, vor allem Eisen und Kupfer, wodurch der pH des Wassers Werte unter 3 erreichte. Aus diesem Grund ist im Río Tinto kein höheres Leben zu erkennen.

Mit Hilfe von Mikroskopen und biochemischen Untersuchungen konnte aber nachgewiesen werden, dass in diesem roten Wasser tatsächlich Leben existiert, und dass diese rote Farbe gerade von diesen Lebewesen verursacht wird. Pyrit ist eine Eisen-Schwefel-Verbindung (FeS_2). Die Mikroorganismen ernähren sich von dem Mineral, oxidieren es und produzieren dabei sozusagen als Abfall je einen Ionentyp von Eisen und Schwefel, also Eisen-Ionen und Schwefel-Ionen. Sie verursachen diese spezielle blutrote Farbe des Flusses. Die Protonen, die bei diesem Prozess frei werden, sind für die Säure des Wassers verantwortlich (pH zwischen 1,7 und 2,5). Der größte Teil der Biomasse des Flusses befindet sich an der Oberfläche des

Sediments, das das Flussbett bedeckt, und besteht im Wesentlichen aus Pilzen, Faseralgen und Säure liebenden Bakterien. Diese Besonderheit des Río Tinto hatten Wissenschaftler der NASA erkannt und hier Untersuchungen gemacht, die der Mars-Mission helfen sollen, dort entsprechende Umweltbedingungen identifizieren zu können.

Richtig rot bis sehr dunkelrot wird das Wasser des Río Tinto erst, nachdem er die Vererzungszone durchquert hat (siehe Abb. 12) – und im Herbst, wenn es lange nicht geregnet hat. Die Fahrt mit der Bergwerksbahn (*Ferrocarril*) von Riotinto aus (Wanderziel ①, Ausflug 1) verläuft oberhalb des Flusses und endet an der alten Verladestation Los Frailes. Schon während der Fahrt hat man immer wieder gute
22 Ausblicke auf den Fluss, aber am Ende des ersten Abschnitts der Fahrt geht es zum Río Tinto hinunter. Das rote Wasser des Flusses ist das Highlight des Ausflugs, der seit der Einrichtung durch die Riotinto-Stiftung immer gut besucht ist.

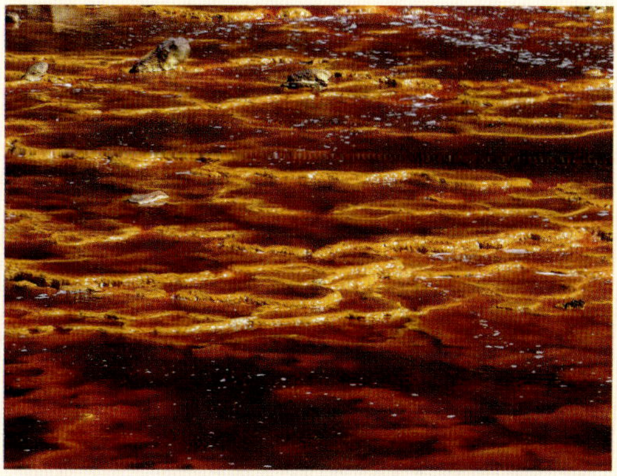

Abb. 22. Das Wasser des Río Tinto unterhalb der Verladestation am Ende der Fahrt mit der Bergwerksbahn. In dem langsam fließenden Wasser haben sich Stromatolith-artige Wülste gebildet, die wahrscheinlich aus feinsten Sedimentpartikeln bestehen, denn bis auf die Bakterien gibt es kein Leben in diesem Wasser.

Die Straße nach Berrocal quert den Fluss über eine Brücke. Entlang der Straße können an einigen Stellen die rund 360 Millionen Jahre alten gefalteten Meeressedimente aus dem Devon angesehen werden, zum Beispiel nach 6 Kilometern beim Ort Membrillo bajo.

Wenn die Straße steil absteigt, ist nach 10 Kilometern der Río Tinto erreicht. In der Linkskurve gibt es nach rechts eine Abfahrt, die zum Fluss hinunterführt. Von der Brücke, aber noch besser vom Flussufer aus können die steilstehenden gefalteten devonischen Schichten an der anderen Seite des Flusses betrachtet werden.

Abb. 23. Der Metallüberzug auf einem Geröll enthält Schwermetalle, die durch die Trockung des Flusswassers ausgefällt wurden (siehe QR-Code zur Kupfermetallurgie, S. 17).

Am Flussufer liegen kleinere und größere,
23 gut gerundete Gesteinsbrocken, die mit einer rostroten bis fast schwarzen, manchmal auch gelben Schicht überzogen sind. Diese Überzüge entstanden aus dem Flusswasser, das mit gelösten Schwermetallen angereichert ist (z. B. Antimon, Arsen, Cadmium, Eisen, Mangan, Schwefel). Wenn der Wasserspiegel im Sommer sinkt, trocknet das Wasser auf den Gesteinsbrocken und hinterlässt bei jedem Trockenvorgang eine hauchdünne Schicht an auskristallisierten Mineralen.

Ausflug 3: San Miguel

Die knallrote Verwitterungszone, die man bei der Anfahrt durch Weiden und Machiabewuchs immer
24 wieder in nördlicher Richtung erblickt, weist den Weg zu einem interessanten Kleinod in dieser
25 wüsten Landschaft. Zunächst führt der Weg durch alte Halden und Aufbereitungsanlagen. Nach
circa 1 Kilometer liegen links die Ruinen der Bergwerksgebäude. Rechts daran vorbei gelangt man
26 in den aufgelassenen Steinbruch. Hier können die Erze von Riotinto in kleinerem Maßstab direkt
angesehen werden.

Der Steinbruch gewährt einen Einblick in den Untergrund einer Fumarole am Meeresboden. Hydro-
thermale Lösungen drangen mit circa 350°C netzartig in den Vulkanit (Dazit) ein und bildeten eine so
genannte Stockwerksvererzung, insbesondere aus Pyrit und Kupferkies. Die Lösungen drangen zum
27 Meeresboden auf und verursachten dabei eine Zerklüftung des Gesteins. Diesen Klüften folgten die
heißen Lösungen, aus denen beim Abkühlen Minerale ausgeschieden wurden, wodurch allmählich die Klüfte geschlossen wurden.

Anfahrt Ausflug 3:

auf der N-435 bei Kilometer 157,5 nach Westen Richtung Finca La Liseda einbiegen, circa 5 Kilometer auf einem Farhrweg in nördlicher Richtung so weit fahren, bis der Weg durch einen Bachlauf unpassierbar wird. Den Bachlauf zu Fuß überqueren und nach Norden abbiegen. Vorsicht: Nach starken Regenfällen kann der Weg auch schon früher für Pkw unpassierbar sein.

Koordinaten:

Abzweig an der N-435
37°42'42,23" N, 6°40'19" W

Eingang zum Steinbruch
37°45'41,58" N, 6°45'3,74" W

Zeitaufwand (ohne Anfahrt):

Circa 1 Stunde

In den meisten Fällen sind die Oxidationszonen durch den Bergbau verschwunden, aber hier in San Miguel blieb sie erhalten. In diesen Zonen reicherten sich über dem eigentlichen Erzkörper vor allem Silber und Gold aus der Verwitterung (Oxidation) der Sulfidvererzung an. Diese Metalle wurden bereits zu tartessischer und phönizischer Zeit durch Rösten aus dem hart verbackenen Gestein der Oxidationszone herausgeschmolzen. Auch die Römer bauten vor allem die Eisernen Hüte ab, die in der hügeligen Landschaft schon von weitem gut zu erkennen waren.

Auf einer Haldenterrasse im alten Steinbruch stehend sieht man links im Liegenden der Vererzung Tuffschichten, die mit Pyrit imprägniert sind. Rechts kommt das massive Pyriterz als grüne Körper zum Vorschein. Links davon ist das Netz der Stockwerksvererzung zu erkennen. Darüber liegt der leuchtend rote „Eiserne Hut".

Zusammen mit anderen kleineren und den großen Vorkommen wie Riotinto und Tharsis begann der moderne Bergbau in San Miguel Mitte des 19. Jahrhunderts auf Pyrit und Kupferkies. Die Bedeutung der Lagerstätte San Miguel wurde durch die Gründung einer Siedlung hervorgehoben. Wie in Riotinto, allerdings nicht in der Größe, wurden neben einer Kirche, einem Krankenhaus und einer Schule Häuser für die Bergarbeiter errichtet. Für den Abtransport des Erzes von San Miguel war eine eigene Eisenbahnlinie zur Anbindung an die Strecke Huelva-Zafra gebaut worden. Bis

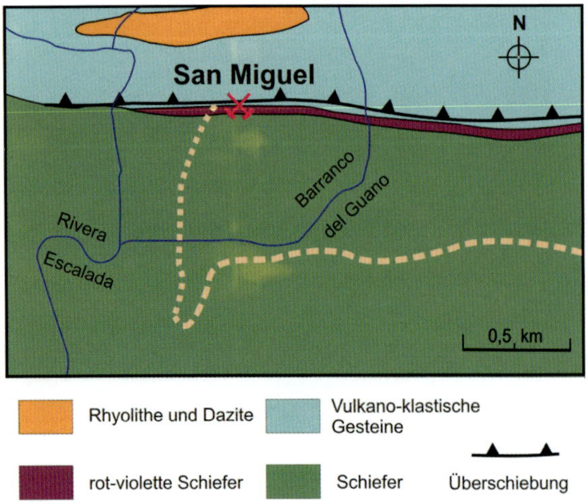

Abb. 24. Geologische Übersicht und Anfahrt zur ehemaligen Mine San Miguel (nach RUÍZ ALMODÓVAR SEL 2008)

Abb. 25. Der Weg zum aufgelassenen Steinbruch mit der Stockwerksvererzung führt durch weiträumige Halden, die vor sich hin verwittern.

weit in das 20. Jahrhundert war dies eine ziemlich abgelegene Gegend. Erst durch den Ausbau der N-435 von Huelva nach Badajoz erfolgte eine bessere Anbindung an die überregionale Infrastruktur. Bis zum Ende der 1960er Jahre waren die meisten der kleinen Tagebaue geschlossen worden.

Abb. 26. a, Der rote Horizont über der Sulfidvererzung ist die Oxidationszone, auch »Eiserner Hut« genannt. In dem rosa-grauen Bereich in der Bildmitte ist das Netz der Stockwerksvererzung zu erkennen. b, Detailansicht der Stockwerksvererzung.

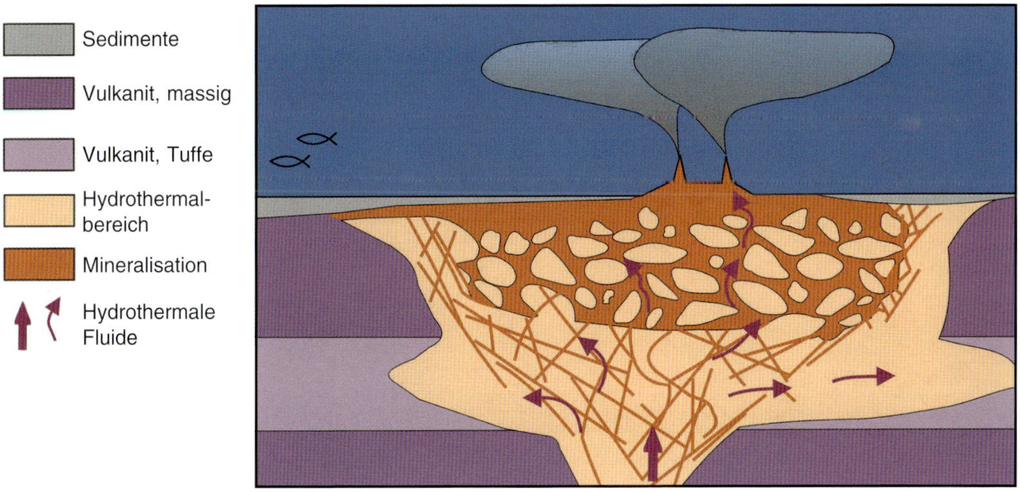

Abb. 27. Schemazeichnung eines hydrothermalen Systems am Meeresboden (nach RUÍZ ALMODÓVAR SEL *2008)*

Ausflug 4: Vulkanische und sedimentäre Gesteine

An vielen Stellen können in der Provinz Huelva die vulkanischen und sedimentären Gesteine aus dem oberen Devon und unteren Karbon (370 bis 350 Millionen Jahre alt) angesehen werden. Neben geschieferten und zum Teil steil gestellten Tuffen kommen im Bereich des Ortes El Villar am Río Odiel (im Norden des Ortes) sowie südöstlich am Ribera del Villar Laven in Säulenform vor.

Anfahrt Ausflug 4:

Über die N-435 im Ort Zalamea la Real an der Ampel auf die A-478 nach Calañas abbiegen. Nach knapp 6 Kilometern fällt die Straße zu einem Flusstal hin ab, kurz vor der Brücke gibt es links ein Tor zur Finca „Las Manantiales" (Stop 1). Anschließend bis zur Brücke über den Río Odiel fahren. Hinter der Brücke ist rechts ein großer Parkplatz (Stop 2). Nach einer halbstündigen Wanderung flussabwärts erreicht man ein Ensemble von 3 Wassermühlen (heute Ruinen) (Stop 3, Geschichte am Rand)

Koordinaten:

Stop 1: 37°41'9,19" N, 6°43'34,37" W

Stop 2: 37°38'38,9" N, 6°49'0,05" W

Stop 3: 37°38'12,74" N, 6°49'1,8" W

Zeitaufwand (ohne Anfahrt):

Gesamt circa 2–3 Stunden

Stop 1: Basaltsäulen in der Viehweide

Nach der Einfahrt auf das Gelände der Finca „Las Manantiales" (die Quellen) bitte das Tor wieder schließen; die Rinder laufen hier frei auf einem riesigen Gelände herum.

Wir fahren den Fahrspuren nach und wenn der Weg über eine Kuppe führt, halten wir bei einer kleinen Baumgruppe an. Wir halten uns Richtung Norden, wo wir bald auf einen Zaun stoßen. An diesem Zaun gehen wir Richtung Westen weiter und finden bald graue Gesteinsbrocken zwischen den Büschen. Bei genauerem Hinsehen ist erkennbar, dass die eckige Form der Brocken nicht auf Erosion und Zerbrechen zurückgeht, sondern dass sie „natürlich" ist *28*
– es handelt sich um Reste von Basaltsäulen. Sie wurden allerdings – wie die geschieferten Tuffe – tektonisch deformiert, was sich in einer gewissen „Plättung" der Säulen zeigt. Entlang der natürlichen Säulengrenzen setzt die Erosion der zusammengebackenen Säulen an und es entstehen „gewellte" Gesteinskanten.

Abb. 28. Einzelne Säule, bei der fünf, vielleicht sechs Ecken zu erkennen sind (links). Durch Erosion frei gelegte Gesteinskante in Wellenform (Mitte). Im Verbund stehende Basaltsäulen, die allerdings durch Einengung beziehungsweise Auslängung der Säulenkörper leicht verformt sind (rechts).

Abb. 29. Links: Senkrecht stehende basaltische Gesteine (oberes Devon). Mitte: Helle »Flammen« in dunklem Gestein sind gelängte Kissenlaven. Rechts: »Geflammte« Partien in den basischen Gesteinen sind tektonisch gelängte Kissenlaven (rotes Taschenmesser als Maßstab).

Stop 2: Steil stehende Sedimente und vulkanische Tuffe

Eine gut zugängliche Stelle, um die Sedimente und vulkanischen Tuffe genauer anzusehen, liegt an der Straße von Zalamea la Real nach Calañas, wo die Brücke über den Río Odiel führt. Auf der nördlichen Straßenseite sind die senkrecht stehenden Gesteine zu sehen. Vor allem die grünlich-braunen Basaltgesteine fallen auf. Bei näherem Hinsehen können Partien unterschieden werden, die durch helle „Flammen" gekennzeichnet sind. Kurz vor der Linkskurve Richtung Calañas sind sie 29
dann gut zu erkennen – Kissenlaven, eingebettet in einen basischen Tuff.

Folgt man dem Weg oberhalb des Flusses Richtung Süden, dann geht es zwar fast 2 Kilometer durch verschiedene vulkanische Gesteine, aber dann kommen auch die feinkörnigen Meeressedimente vor. Sie sind dadurch gekennzeichnet, dass auf eine gröbere Lage, in der man noch feine Sandkörner unterscheiden kann
30 und die fester ist, fein geschieferte Partien aus sehr feinkörnigen Sedimenten (Tonen) folgen. Die Sedimente werden von den Flüssen ins Meer gespült und lagern sich auf dem Schelf ab (siehe Kasten 1). Je feiner das Sediment ist, umso länger dauert es, bis es auf den Meeresboden gesunken ist. Diese Gesteine bilden die Hintergrundsedimentation, in die die Vulkane, in Form eines Inselbogens, Tuffe und Aschen ausstießen und im Untergrund die Vererzung des Pyritgürtels verursachten.

Abb. 30. Senkrecht stehende Sedimentgesteine des oberen Devon

Geschichte am Rand (1): Mühlen am Fluss

Der Weg oberhalb des Río Odiel, der uns zum Stop 2 von Ausflug 4 (Wanderziel (1)) geführt hat, hält noch eine Überraschung bereit. Nach einer etwa halbstündigen Wanderung flussabwärts gelangt man an eine weite Biegung nach rechts.

Hier waren noch bis zum Beginn des 20. Jahrhunderts Wassermühlen in Betrieb, in denen
31 Getreide gemahlen wurde. Die Winter- und Frühjahrshochwässer haben die ehemaligen Mühlengebäude über die Jahrzehnte zum Teil stark ramponiert, aber die ganze Anlage ist noch
32 gut zu erkennen. Vor der Flussbiegung nach rechts wurde ein Damm errichtet, durch den das Wasser zur ersten Mühle geleitet wurde. Dort trat es flussabwärts wieder aus und wurde
33 zur nächsten Mühle geleitet. Auf diese Weise wurden an dieser Stelle drei Mühlen betrieben.

Abb. 31. Der Damm kanalisierte das Wasser, das weiter flussab durch die Mühlen geleitet wurde. Winterhochwässer haben den Damm inzwischen etwas beschädigt.

Abb. 32. Durch diesen Kanal wurde das Wasser in die Mühle geleitet; mehr dazu über den QR-Code.

Mühlen am Fluss

Abb. 33. Die drei Mühlen Los Batánes am Río Odiel

Etwa einen Kilometer flussabwärts liegt unten am Fluss an einer breiten Stelle eine weitere Mühle, zu der ebenfalls ein Zuleitungskanal gebaut wurde. Im Prinzip könnte man den Weg bis nach Sotiel Coronada weitergehen, aber er ist an manchen Stellen etwas beschwerlich. Deshalb empfiehlt sich eine Weiterfahrt über Calañas nach Sotiel Coronada (über die A-496). Am südlichen Ortsausgang gibt es links eine Parkanlage, wo man das Auto stehen lassen kann (Anfahrt von Norden durch Ausfahrt nach rechts und dann Straßenüberquerung).

Die Molino del Escamocho oder einfach Molino del Puente, Mühle an der Brücke, wurde im *34*
18. Jahrhundert auf den Ruinen einer noch älteren Mühle errichtet und besteht aus zwei Kammern. Sie war noch bis zur Mitte des 20. Jahrhunderts gelegentlich im Betrieb.

Abb. 34. Die Mühle an der alten Brücke über den Río Odiel in Sotiel Coronada. Das Wasser strömte, durch einen künstlich angelegten Damm geleitet, von Norden in das Gebäude, wo es zwei Mahlwerke antrieb.

(2) Ausgeerzt – Minas de Tharsis

Im Andévalo, dem Minenzentrum im Westen der Provinz Huelva, wurde bereits zu phönizischer und
35 römischer Zeit bei Tharsis und La Zarza (bei Calañas) Bergbau betrieben. In der Neuzeit begann der Bergbau 1853, zunächst unter französischen Besitzern, ab 1866 war das Unternehmen in britischer Hand, bis es 1979 in spanischen Besitz überging.

Im Lagerstättenbezirk von Tharsis wurden mehrere Erzkörper obertägig abgebaut. Die beiden Ab-
36 baustellen „Filon Norte" und „Filon Sur" waren die ergiebigsten; sie wurden 1998 geschlossen. Der Tagebau des „Filon Norte" war 969 Meter lang, 548 Meter breit und 150 Meter tief. Im „Filon Sur" wurde in einem 300 Meter langen, 200 Meter breiten und 60 Meter tiefen Einschnitt die Oxidationszone der Lagerstätte abgebaut. An ihrer Basis steht dunkelgrauer, massiver Pyrit an. Der „Eiserne Hut" wies ähnlich hohe Gold- und Silbergehalte auf wie die Lagerstätte am Cerro Colorado von Riotinto (Wanderziel (1)) und wurde daher ebenfalls zur Gewinnung dieser Edelmetalle abgebaut.

Der Transport des abgebauten Erzes von Tharsis zum Hafen von Huelva erfolgte seit 1871 über eine
Strecke von 47 Kilometer mit Eisenbahnwaggons 37
bis zum Río Odiel. Dort wurde das Erz auf Schiffe verladen und in den nahe gelegenen Hafen von Huelva gebracht. Nach 128 Jahren Betriebszeit wurde die Strecke 1999 stillgelegt.

In den Tagebauen von Tharsis wurden tektonische Strukturen freigelegt, die darauf hinweisen, dass die vulkanischen Ablagerungen während der Variszischen Gebirgsbildung noch vor der Hauptdeformationsphase deformiert wurden. Während des Abbaus wurden nach Norden einfallende Überschiebungen gefunden, die die Schichten gegeneinander versetzen. Der tektonische Schub kam demnach aus südlichen Richtungen. Heute sind diese Strukturen nicht mehr zugänglich. Dieses Störungsmuster hängt mit der Antiklinale von Puebla de Guzmán zusammen, die im Süden von Tharsis in NNW-SSE-Richtung verläuft.

Anfahrt:
Von Sevilla über die A-49 Richtung Huelva/Portugal, an der Ausfahrt Huelva Norte Richtung Gibraleón abfahren und auf der A-495 über San Bartolome de la Torre Richtung Alosno bis zum südlichen Ortseingang von Tharsis mit Zufahrt zum Museumspark

Koordinaten:
Parkplatz
37°35'46,81" N, 7°7'22,9" W
Virgen de la Peña
37°36,5'5,18" N, 7°12'5,35" W

Zeitaufwand (ohne Anfahrt):
Von Huelva oder Sevilla aus ist dieses Wanderziel ein Tagesausflug

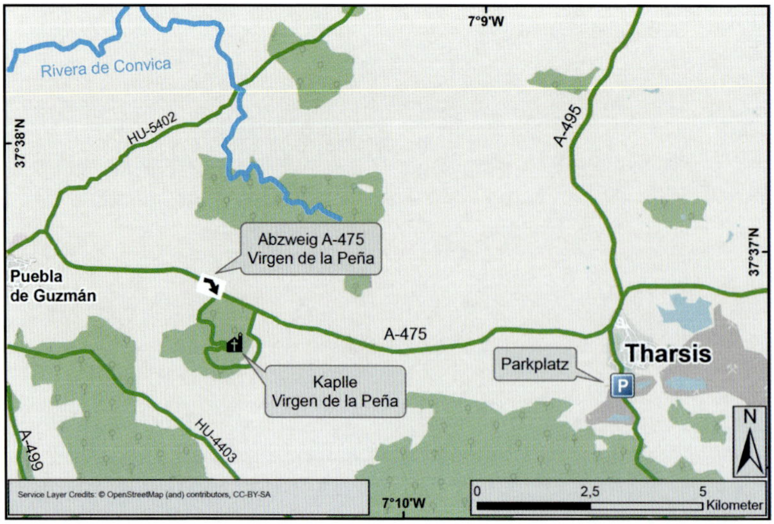

Abb. 35. Übersichtsskizze der Umgebung von Tharsis mit der Lage eines Ausflugs nach Virgen de la Peña. Die Beschreibung gibt es über den QR-Code.

Virgen de la Peña

Im Osten und Norden des „Filon Norte“ befin-
38 det sich ein großer Haldenbereich. Die Wege des Rundgangs sind zum Teil damit befestigt worden. Mit Glück können Schlacken mit Goethit gefunden werden. Auslaugungshohlräume und auch Brauner Glaskopf zeigen ein lebhaftes Farbspiel. Es wird durch Anlauffarben verursacht, wie sie beispielsweise beim Erhitzen von Stahl entstehen. Heute ermöglicht ein Rundgang im Süden des Dorfes Einblicke in die aufgelassenen Tagebaue und Haldenbereiche. Informationstafeln geben einen Überblick über die früheren Bergbauaktivitäten.

Einen Fernblick auf die Anlagen von Tharsis hat man von dem 406 Meter hohen Cerro de Águila östlich von Puebla de Guzmán, auf dem das Kloster der Virgen de la Peña steht (Ausflug 2). Reste einer Verladestation am Río Guadiana, über weite Strecken der Grenzfluss zwischen der Provinz Huelva und Portugal, befinden sich bei Puerto de la Laja (Ausflug 1).

Puerto de la Laja

Puerto de la Laja ist, von der Mündung des
39 Río Guadiana bei Ayamonte in den Atlantik flussaufwärts gesehen, eine der letzten schiffbaren Stellen des Flusses. Weiter nach Süden mäandriert er in der hügeligen Landschaft in einem breiten Bett stark. Diese Lage gab dem Ort im Zuge der Industrialisierung vom ausgehenden 19. bis zur Mitte des 20. Jahrhunderts für mehrere Jahrzehnte eine besondere Stellung.

Neben Tharsis liegen im westlichen Andévalo weitere kleinere Sulfid- und Manganerzminen, die zum Teil bis in die 1960er Jahre aktiv waren. 1885 wurde die ursprüngliche Verladestation in Puerto de la Laja am Guadiana gebaut, um das Erz von der nahe gelegenen Manganerzmine Santa Catalina per Schiff nach Huelva zu transportieren. In dem dünn besiedelten Landstrich gibt es auch heute noch relativ wenige Überlandstraßen. Santa Catalina lag absolut isoliert und wurde ab 1888 durch eine Bahnlinie erschlossen, an die später auch die Minen La Isabel und Cabeza de Pasto angeschlossen wurden. 1905 erfolgte eine Verlängerung der Gleise bis zu den Pyrit-Minen von Herrerías,

Abb. 36 Blick in den Abbau Nord (Filón Norte)

Abb. 37. Minas de Tharsis: Echo einer Mine (Plakat am nördlichen Eingang des Ortes)

Abb. 38. Halden des Pyriterzes, das aus dem Tagebau gewonnen wurde.

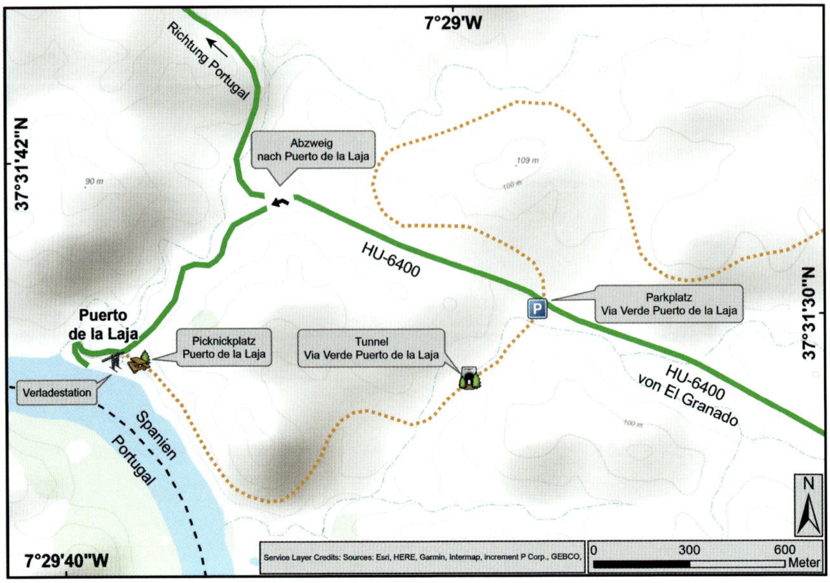

Abb. 39. Ausflug 1: Übersichtsskizze zwischen El Granado und Puerto de la Laja am Río Guadiana

nur wenige Kilometer westlich von Puebla de Guzmán. 1923 wurden die Verladeanlagen vergrößert und dem gewachsenen Bedarf angepasst. In den 1920er Jahren kamen pro Tag 4 Güterzüge am Hafen von La Laja an.

Bis zur Mitte des letzten Jahrhunderts ging die Bergbautätigkeit so weit zurück, dass die Hafenanlagen und die Eisenbahnlinie abgebaut wurden. Was noch übrig war, verfiel im Laufe der Jahrzehnte, bis Ende des 20. Jahrhunderts der Tourismus der Motor für eine neue Entwicklung werden sollte. Am Río Guadiana bei Puerto de la Laja treffen zwei Wanderwegsysteme zusammen. Das eine ist der *Camino Natural del Guadiana*, der dem zweitlängsten Fluss der Iberischen Halbinsel fast von seiner Quelle bei Albacete bis zu seiner Mündung bei Ayamonte über gut 800 Kilometer mit 44 Etappen folgt. Puerto de la Laja ist eine Station auf der Etappe 41. Das andere ist die *Via Verde del Guadiana*, die über 17 Kilometer entlang der ehemaligen Eisenbahnlinie zwischen Puerto de la Laja und Herrerías verläuft.

Anfahrt Ausflug 1:

Von Tharsis aus auf der A-475 Richtung Puebla de Guzmán, dort nach Süden auf die HU-499 Richtung El Almendro/Villanueva de los Castillejos, am Ende des Ortes nach Westen auf die HU-6400 Richtung El Granado abbiegen und zunächst Richtung Portugal fahren (neue Brücke bei Pomarao), bei Kilometer 6 kreuzt die Via Verde del Guadiana (für Wanderer, Radfahrer und Reiter), bei Kilometer 6,8 geht es links nach Puerto de la Laja

Koordinaten:

Parkplatz bei Kilometer 6
37°31'31.1"N, 7°28'52,41"W

Tunnel
37°31'24,94"N, 7°28'58,43"W

Abzweig Kilometer 6,8
37°31'38,98"N, 7°29'17,67"W

Verladestation
37°31'26,51"N, 7°29'34,73"W

Picknickplatz
37°31'23,44"N, 7°29'29,31"W

Zeitaufwand (ohne Anfahrt):

30 Minuten bis 1 Stunde; bei Wanderung über die Via Verde plus jeweils circa 30 Minuten (1 km) für Hin- und Rückweg (schön gelegener Picknickplatz über dem Guadiana)

Abb. 40. Durch die überkippte Lage sind heute die Schichtunterseiten zu sehen. Die Wülste im Gestein dokumentieren Strömungs- und Wellenrippeln im sandigen Untergrund des Devon-Meeres.

Abb. 41. Nördlich des nur wenige Meter langen Tunnels auf dem Wanderweg nach Puerto de la Laja sind die Grauwacken- und Schieferschichten schräg gestellt (überkippt).

Bei einer Wanderung über die *Via Verde del Guadiana*, die bei Kilometer 6 von der HU-6400 nach Süden Richtung Puerto de la Laja abzweigt und einem Teil der ehemaligen Bahnlinie folgt, können verschiedene Vorkommen von Turbiditen aus dem frühen Karbon in Kulm-Fazies angesehen werden. Es handelt sich um Wechsellagerungen von feinkörnigen Schiefern und gröberen Sandsteinen 40
(Grauwacken), die im tiefen Meer abgelagert wurden (siehe Kasten 3). Zu dieser Zeit, vor 340 Milli- 41
onen Jahren, hatte die Variszische Gebirgsbildung ein hohes Gebirge aufgetürmt, das sofort wieder abgetragen wurde. Es entstand also viel Gesteinsschutt, der auf dem Kontinentalschelf abgelagert wurde. Ausgelöst durch Erdbeben oder allein durch die Schwerkraft kamen diese Sedimente ins Rutschen und stürzten in die Tiefsee. Aus der Sedimentwolke fielen zuerst die gröberen Partikel aus, während die feineren Anteile noch eine Weile im Wasser schwebten, bis auch sie sich auf dem Meeresboden abgesetzt hatten. Die größeren Partikel kullerten schon mal auf dem Meeresboden entlang und hinterließen Einkerbungen in den zuvor abgelagerten Sedimenten – solche Einkerbungen sind zum Teil in den Turbiditen entlang der *Via Verde* zu sehen.

Bis zum Tunnel, durch den früher die Eisenbahn
42 führte, fallen die Schichten nach Norden ein und sind überkippt, dass heißt wir können auf die Unterseiten der Schichten sehen. Nach dem Tunnel bis zum Ende des Weges liegen die Schichten horizontal in normaler Abfolge. Dort, wo das westliche Tor des circa 3 Meter langen Tunnels durch Mauern befestigt ist, befindet sich die Störung, an der die Schichten aufgestellt wurden.

Abb. 42. Kurz vor dem südlichen Tunnelende grenzen die überkippten Schichten an fast waagerecht liegende Schichten gleichen Alters. Hier ist eine tektonisch verursachte Überschiebung zu sehen.

Man muss aber nicht den ganzen Weg zu Fuß gehen, um diese Gesteine anzusehen. Puerto de Laja ist gut mit dem Fahrzeug zu erreichen. Geht man im Ort nach rechts und vor dem Bachein-

Abb. 45. Die Verladestation am Río Guadiana bei Puerto de la Laja von Süden gesehen.

schnitt nach links zur Kaimauer der Verladestation, so findet man die Turbidite auf der Uferseite in
fast horizontaler Lagerung. Im Bereich der Verladestation haben die Gesteine farbige Überzüge aus
45 Eisenoxiden und -hydroxiden. Auch im Bachbett nördlich der Verladestation streichen die Turbidi-
46 te flach aus. Der Berghang nördlich des Baches besteht ebenfalls aus Turbiditen. Hier verläuft der
Camino Natural del Guadiana flussabwärts Richtung Sanlúcar de Guadiana. Auf der südlichen Seite
des Ortes gibt es oberhalb des Flusses eine große Picknick-Anlage, wo man sich von den Erlebnissen
des Tages erholen kann.

Abb. 46. Grauwacken- und Schieferlagen (Turbidit-Abfolge) neben der Verladestation am Río Guadiana (links); die verwitternden Erz-haltigen Gesteinsbruchstücke haben auf den Grauwacken farbige Überzüge erzeugt (rechts).

Kasten 3: Turbidite und Flysch

Turbidite entstehen aus Trübeströmen am Kontinentabhang. Kennzeichnend ist eine gradierte Schichtung, die durch die Ablagerung aus einer Sedimentwolke resultiert. Die gröberen Partikel fallen schneller aus, die feineren Anteile bleiben länger in Suspension, bis auch sie als Sediment den Meeresboden bedecken.

43 Ausgelöst durch ein Erdbeben, zu hohe Sedimentauflast oder auch Vulkanausbrüche mit starker Aschenproduktion kommen die auf dem Schelf abgelagerten Sedimentschichten ins Rutschen, werden in dem Trübestrom vermischt und bilden dann am Meeresboden eine völlig neue Zusammensetzung, die Turbidit genannt wird. Turbidite sind also marine Sedimente.

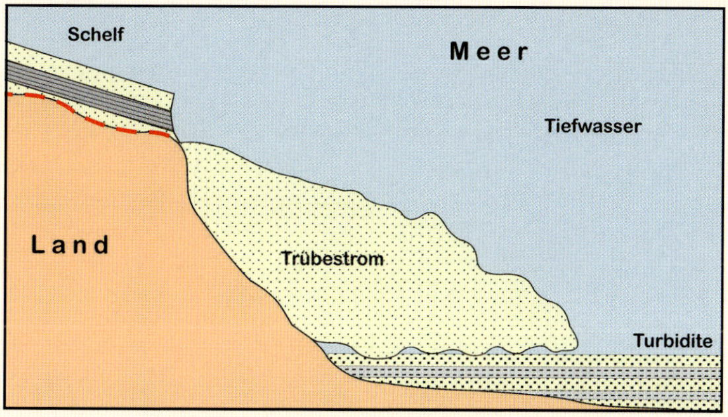

Abb. 43. Prinzipskizze für Trübestrom und Turbidite (aus TESSENSOHN UND HUCH *2019). Weitere Erklärungen im Text.*

Jeder Turbidit-Zyklus beginnt mit einer gröberen Schicht, in der die Partikel nach oben hin 44
kleiner werden, eine so genannte Grauwacke. Es folgen je nach Ausbildung mehrere laminierte Schichten, die zum Beispiel durch Strömung verursacht werden, bis die Folge von feinen Tonen abgeschlossen wird. Weitere Kennzeichen für Turbidite können Sohlmarken und Spurenfossilien sein. Nach seinem Entdecker wird dieses charakteristische Schichtpaket auch Bouma-Zyklus genannt.

Turbidit-Schüttungen kommen auch im Zusammenhang mit Gebirgsbildungen und Tektonik vor. Für diesen Fall sprechen Geologen von Flysch. Dieser Begriff wurde ursprünglich in der Schweiz für Sedimente verwendet, die nach einem Erdrutsch neu formiert wurden, also auf dem Land gebildet wurden. Heute wird dieser Begriff international für Turbiditfolgen in Faltengebirgen verwendet.

Das Konzept der Plattentektonik bietet Erklärungen für das Auftreten von Turbiditen an Plattenrändern. Passive Kontinentalränder sind durch Quarz-reiche Turbidite gekennzeichnet, während vulkanische Komponenten in den Turbiditen auf einen aktiven Kontinentalrand hinweisen. Die plattentektonische Situation mit Subduktion und gleichzeitiger Entwicklung von Becken und aufsteigendem Gebirge begünstigen zusammen mit der tektonischen Unruhe beste Bedingungen für Flysch-Becken mit Turbiditserien.

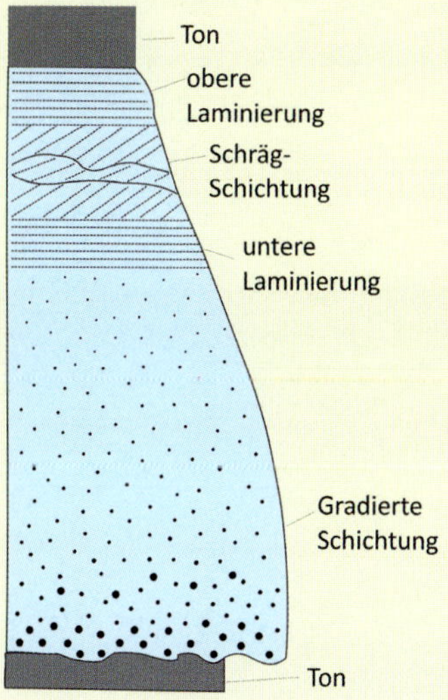

Abb. 44. Schichtfolge eines Turbidites: zuerst wird das grobe Material abgelagert, danach folgen die feineren Sedimente (so genannter Bouma-Zyklus) (aus TESSENSOHN UND HUCH *2019).*

(3) Zeugen aus dem Neolithikum – Geschichte am Rand

Im unwegsamen Hinterland von El Pozuelo gibt es mehrere Dolmen-Komplexe, die nach der ^{14}Kohlenstoff-Analyse auf ein Alter von 2500–1900 v. Chr., am Übergang vom Neolithokum zur Bronzezeit eingestuft werden. Diese Dolmenkomplexe stellen große Begräbnisstätten dar (Details über den QR-Code). Sie bestehen aus mehreren, unterschiedlich konstruierten Gräberfeldern, die jeweils in einer eigenen Bauweise aus plattigem Basaltgestein errichtet wurden, das hier häufig vorkommt. Ihre Konstruktion, ihre Grundrisse und die Ausrichtung des Eingangs sind nicht einheitlich. Es gibt Dolmen mit einem Korridor, mit einzelnen und auch mehreren Kammern.

Sie sind über größere Entfernungen gut zu erkennen und markieren möglicherweise die Grenzen eines Territoriums. Es ist auch möglich, dass sie eine sozial zusammenführende Funktion hatten, auch wenn sie vor allem als Grabstätten oder Begräbnisplatz genutzt wurden.

47 Diese Beschreibung konzentriert sich auf den vor wenigen Jahren sehr gut
48 hergerichteten Dolmenkomplex *Los Llanetes* ganz in der Nähe der ehemaligen
Mine Chinflón. In dieser Mine wurde seit der Bronze- und Eisenzeit Malachit und Eisen abgebaut, die an einen Quarzgang gebunden sind. Auch die Römer bauten hier Kupfer und Eisen ab. Im 20. Jahrhundert war die Mine von untergeordnetem Wert. Heute ist das Minengelände weiträumig abgesperrt. In der Nähe der Mine wurde eine befestigte Siedlung entdeckt, die zwischen 900 und 700 v. Chr. bewohnt war. Dort wurden neben der üblichen Keramik auch Werkzeuge gefunden, mit denen das Erz gewonnen wurde.

Steinzeit

Abb. 47. Die vier Dolmen von Los Llanetes vom Fahrweg aus gesehen.

Anfahrt:
Auf der N-435 kurz vor (von Norden) Kilometer 179 beziehungsweise kurz nach (von Süden) Kilometer 179 nach Osten Richtung El Pozuelo abbiegen, dann etwa 4,5 Kilometer den Schildern „Dolmen 1–4" nördlich am Dorf vorbei folgen, zum Teil schlechte Wegstrecke

Koordinaten:
Parkplatz (Infotafel)
37°36'18,64" N, 6°38'26,87" W

Zeitaufwand (ohne Anfahrt):
1–2 Stunden, wenn der Dolmenkomplex südöstlich von El Pozuelo auch angesehen wird, mindestens 2 Stunden mehr

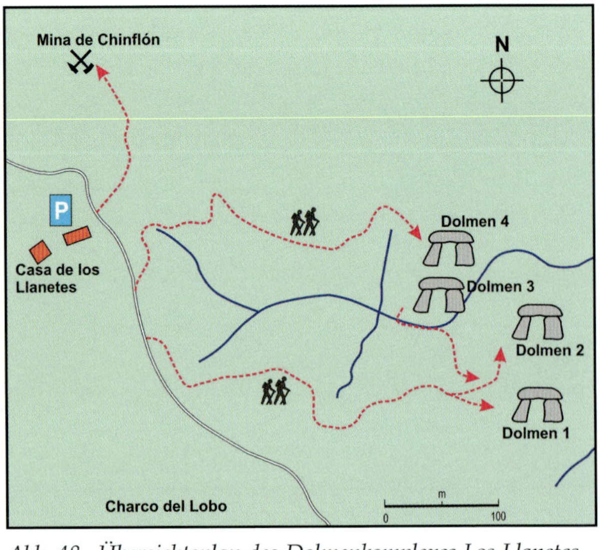

Abb. 48. Übersichtsplan des Dolmenkomplexes Los Llanetes

Abb. 49. *Dolmen Los Llanetes-1 mit anstehendem, steil stehendem Basaltgestein (Blick von Süden)*

Abb. 50. *Eingang zum Dolmen Los Llanetes-1. Die Gebäude wurden aus den anstehenden Platten eines geschieferten Basaltgesteins errichtet.*

Der Dolmenkomplex *Los Llanetes* besteht aus vier Dolmen, die auf vier Kuppen in dieser hügeligen 49
Landschaft liegen (Höhen um 250 bis 300 m). Auf einem gut ausgebauten Rundgang können die 50 51
Reste der Dolmen angesehen werden, auf Infotafeln sind jeweils weitere Informationen zur Konstruktion und zum Alter angegeben.

Im Westen dieses Dolmenkomplexes liegen weitere Dolmenkomplexe von El Pozuelo. Um sie zu erreichen, folgt man den Schildern durch das Dorf. Über eine ebenfalls sehr schlechte Wegstrecke erreicht man nach circa 3 Kilometer den Dolmenkomplex mit insgesamt neun Dolmen. An einem dieser Dolmen war vor einigen Jahren die Bedeckung rekonstruiert worden. Alle Dolmenkomplexe von El Pozuelo liegen in einer Sichtachse von Osten nach Westen auf Felsvorsprüngen oder Felskuppen, die aus dem grünlich-braunen Basaltgestein bestehen.

Es konnten Grabbeigaben aus zwei unterschiedlichen kulturellen Perioden gut voneinander unterschieden werden. Die meisten der in den Dolmen von El Pozuelo gefundenen Gegenstände stammen aus dem Neolithikum. Es handelt sich um gerundete Beile mit geglätteter Schneide, Meißel und kurzstielige Hacken aus vulkanischem Gestein, Schieferplatten mit Ritzungen und 1 oder 2 Löchern sowie Skulpturen verschiedener Gottheiten. Aus der Bronzezeit stammen Pfeilspitzen mit geraden oder ovalen Seiten, dreieckige Hellebarden, Messer mit mikrolithischen Einlegearbeiten, vor allem aus Silex, Perlen von Halsketten sowie Idole aus der Almería-Kultur. An Keramik wurden kugelförmige Vasen, hohe Schalen mit kugelförmigem Boden und halbkugelförmige Schüsseln gefunden. Idole und Idolscheiben aus Schiefer weisen vor allem auf einer Seite, zum Teil aber auch auf beiden Seiten Gravuren auf. Diese Scheiben haben meist zwei Löcher, seltener ein Loch beziehungsweise Öffnung.

Abb. 51. *Die schräg liegenden Gesteinsplatten auf der linken Seite bildeten das Unterlager für die Bedeckung des Dolmens, zunächst mit Erde und unregelmäßigen Gesteinsbruchstücken und zum Abschluss mit einer Schicht größerer Gerölle.*

Subduktion und Gebirgsbildung: Sierra de Aracena

Zusammen mit den weiter westlich gelegenen Picos de Aroche bildet die Sierra de Aracena den gleichnamigen Naturpark. In der Sierra de Aracena grenzt die Südportugiesische Zone mit tektonischem Kontakt an die Ossa-Morena-Zone. Die Grenze zwischen der hochmetamorphen Ossa-
52 Morena-Zone der Sierra de Aracena und der geringer metamorphen Südportugiesischen Zone des
54 Iberischen Pyritgürtels bildet eine Scherzone, in der Reste eines Akkretionskeils erhalten sind, der
53 während der Subduktion im oberen Unterkarbon entstand (Wanderziel ④). Diese Gesteine grenzen an magmatische Gesteine wie Granite, Diorite und Gabbros, die südlich der Sierra de Aracena an der Oberfläche ausstreichen (Wanderziel ⑤) und zur Südportugiesischen Zone (Wanderziele ① und ②) überleiten.

Bis zum Mitteldevon erstreckte sich zwischen dem Südkontinent Gondwana und dem euroamerikanischen Kontinent ein ausgedehntes Schelfmeer. Durch das Zusammenrücken der beiden Kontinente ab dem oberen Mitteldevon verringerte sich die Breite des Meeresbeckens allmählich. Teile der südwestlichen ozeanischen Kruste (klastische Sedimente und unterlagernde Basalte) wurden unter die nördlich angrenzende kontinentale Kruste gedrückt. Reste der nicht vollständig subduzierten ozeanischen Kruste kommen in einem schmalen Band im Grenzbereich der kambrischen Gesteine der Sierra de Aracena (Ossa-Morena-Zone) und der devonisch-karbonischen Gesteinsserien (Südportugiesische Zone) vor. Sie gehören zur Pulo de Lobo-Einheit, die in Portugal gut aufgeschlossen ist (siehe Kasten 4).

Im Oberdevon änderte sich die Bewegungsrichtung der beiden Kontinente, sie drifteten nun für kurze Zeit auseinander. Auf dem verbliebenen expandierenden Meeresboden rissen dadurch Spalten auf, die sauren (örtlich auch basischen) Magmen als Aufstiegswege dienten, an die zum Teil Vererzungen gebunden sind (Wanderziele ① und ②). In der Umgebung der Ausbruchsstellen entstanden submarine Pyroklastite und Laven, während gleichzeitig von benachbarten Hochgebieten Ton und Sand in das Meeresbecken transportiert und abgelagert wurden. Mit dem Ende der divergierenden

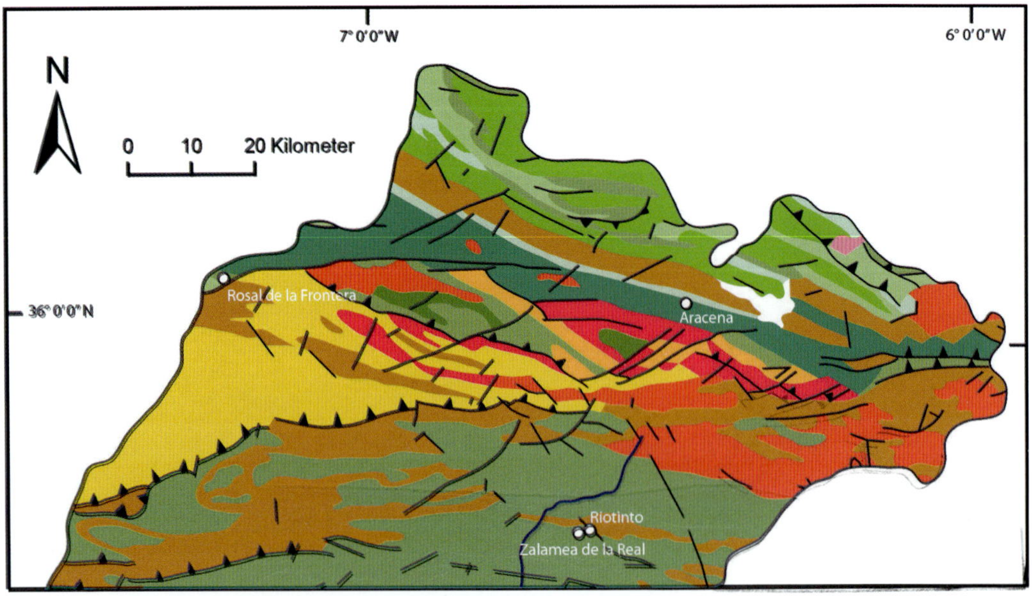

Abb. 52. Vereinfachte geologische Übersicht der westlichen Sierra Morena im Norden der Provinz Huelva 1:1 Million (siehe Geologische Karte im Umschlag vorne). Gelb, Pulo de Lobo-Einheit; Grüne und braune Farbtöne, Paläozoikum; Kräftig pink, Präkambrium; Rot und hellpink, Plutonite.

Plattenbewegungen klang die vulkanische Aktivität aus. Die Variszische Gebirgsbildung führte zu weit reichenden Überschiebungen und Deformationen bis zur Steilstellung. Durch die Auflast des aufgetürmten Gebirges kam es an Schwächezonen zum Aufdringen magmatischer Schmelzen, wie die Granite von Almonaster la Real und Cerro de la Grana (5), den Gabbro von Campofrío sowie den Granodiorit/Tonalit von Cala (8), aber auch weiter im Osten, die wir bei unseren weiteren Wanderungen ansehen können.

54 Die Gesteine der Sierra de Aracena können zwei Altern zugeordnet werden. Gesteine aus dem Präkambrium wurden durch die Cadomische Orogenese im Neoproterozoikum bereits einmal beansprucht. Zusätzlich wurden sie zusammen mit den danach gebildeten Gesteinen vor allem kambrischen Alters während der Variszischen Orogenese erneut deformiert. Im Zuge der Variszischen Gebirgsbildung erzeugte eine hochgradige Metamorphose (>900°C) bei relativ niedrigem Druck (<6kb) beispielsweise aus den Kalksedimenten kompakte Marmore (Wanderziele (6) und (7)). Im Streichen kommen hochmetamorphe ehemalige Sedimente, Vulkanite und Migmatite vor. Intrusionen, die am Ende der Gebirgsbildung in die bereits aufgefalteten Gesteine eindrangen, erzeugten Skarnvererzungen wie die Magnetite von Cala (Wanderziel (8)).

Abb. 53. Quarzite der Pulo de Lobo-Einheit unterhalb der Moschee von Almonaster la Real (siehe Wanderziel (4)).

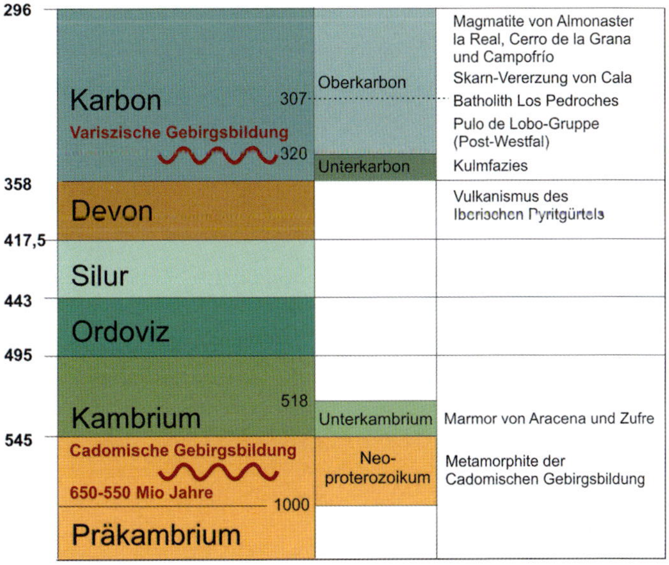

Abb. 54. Stratigraphische Entwicklung der westlichen Sierra Morena (Sierra de Aracena, Provinz Huelva; Zahlen in Millionen Jahren).

(4) Auf der Subduktionszone – Almonaster la Real

55 Bei der Fahrt von Aracena nach Almonaster la Real bewegen wir uns am Südrand der Sierra Morena durch eine tektonisch stark zerstückelte, landschaftlich sehr reizvolle Landschaft mit Steineichen-, Korkeichen- und Kastanien-Wäldern. Die Ortschaften liegen in einem etwa NNE-SSW streichenden Längstal, die Straße bleibt bis Santa Ana la Real knapp unterhalb der Gipfel, die hier um 700 Meter liegen.

Die tektonische Zerstückelung der Gesteinsschichten aus dem Paläozoikum geschah während der Variszischen Gebirgsbildung. Direkt nach Südwesten anschließend kommen Gesteine vor, die als Akkretions- bzw. Anwachskeil einer Subduktionszone gedeutet werden (siehe Kasten 4: Akkretionskeil). Wir befinden uns hier also quasi auf einer Subduktionszone. Der Granit drang am Ende

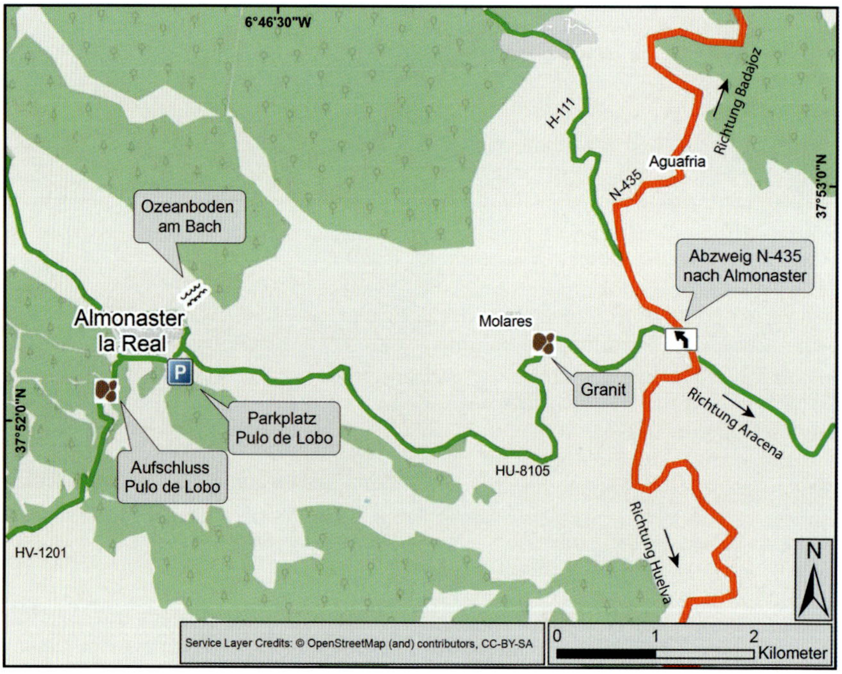

Abb. 55. Übersichtskarte des Wanderziels 4 mit allen Stops

Anfahrt:

a) Von Huelva aus auf der N-435 bis zum Abzweig nach Almonaster la Real (Restaurant El Cruce), dort auf die HU-8105 nach Almonaster la Real abbiegen

b) Von Aracena aus die Straße HU-1131/8105 Richtung Alájar und Santa Ana la Real nehmen, an der Kreuzung mit der N-435 geradeaus weiterfahren nach Almonaster la Real

Koordinaten:

Abzweig an der N-435 nach Almonaster la Real
37°52'19,29" N, 6°44'14,38" W

Stop 1
37°52'15,83" N, 6°45'3,55" W

Parkplatz Stop 2
37°52"13,31" N, 6°46'57,28" W

Stop 3
37°52'10,77" N, 6°47'55,13" W

Stop 4
37°52'26,66" N, 6°46'55,13" W

Zeitaufwand (ohne Anfahrt):

Circa 1 Stunde, zusammen mit einer Besichtigung des Ortes gut 2 Stunden mehr

Abb. 56. Granitkörper neben in-situ verwittertem Granitgrus (links), der hier im humid-mediterranen Klima bereits fast zu Boden verwittert ist. Der Granit enthält Einschlüsse von Nebengestein (sog. Xenolithe), er wird in der Geologischen Karte als anatektischer Granit bezeichnet (rechts) (siehe auch Kasten 6 und 7).

der Variszischen Gebirgsbildung im Oberkarbon in die gefalteten und zerstückelten Gesteinsserien ein.

Stop 1: In situ-Granit-Verwitterung

Nach der Kreuzung mit der N-435, die nach Huelva im Süden an die Atlantikküste führt, kommen wir zwischen Kilomter 10 und 9 auf der nördlichen Straßenseite in den Bereich eines *in situ* verwitterten Granits (ausführliche Beschreibung beim Wanderziel (5)). Auf der südlichen Seite der Straße 56
gibt es einen Grünstreifen, auf dem man den Wagen abstellen kann. Da diese Straße nicht sehr stark befahren ist, kann man das Vorkommen in Ruhe ansehen.

Stop 2 und 3: Rest eines Akkretionskeils

Stop 2:

Kurz vor Erreichen des Ortes Almonaster la Real zweigt nach Westen (in Fahrtrichtung geradeaus) die Straße nach La Escalada ab. Hier kann man den Wagen stehen lassen. Die Straße in den Ort biegt nach rechts ab. Auf dem gegenüberliegenden Hang stehen Quarzitrippen an. Auf der Kuppe steht die kleine Moschee von Almonaster la Real (siehe Abb. 53 und Geschichte am Rand (2)). Die Quarzite gehören zur Pulo de Lobo-Einheit, die als Akkretionskeil einer Subduktionszone gedeutet wird.

Folgt man der Straße nach La Escalada, so kommen kurz vor der Umbiegung nach Süden oberhalb von Hausruinen dunkelgrüne
57 Gesteine (Metabasite) vor.
Nur knapp 50 Meter weiter folgen steil stehende

Abb. 57. Stop 2: Steil stehende Phyllite und Quarzite der Pulo de Lobo-Einheit (links) und verwitterte Grünschiefer der Pulo de Lobo-Einheit (rechts)

Phyllite, die eine markante Foliation zeigen. Zwischen den Phylliten treten cm- bis dm-mächtige Quarzite auf. Die Schichten sind gefaltet und steil gestellt.

Stop 3:

Am Ortseingang von Almonaster führt ein Wanderweg auf den Cerro de San Cristobal. Wo er den Bach kreuzt, steht ein dunkelflaschengrünes Gestein
an. Es wird als ehemaliger 58
Ozeanboden interpretiert. 59

Die Südiberische Scherzone (*Zona de cizalla Suribérica*) wird nach ihrer Erstbeschreibung in Portugal als Pulo de Lobo-Einheit bezeichnet. Sie gilt als Rest eines Akkretionskeils, der bei der Subduktion des prä-Famenne-Ozeanbodens im oberen Karbon unter die kontinentale Platte geschoben wurde (siehe Kasten 4). Die hochmetamorphen Gesteine der Sierra de Aracena entsprechen danach den Sedimenten der kontinentalen Plattform und die dunkelgrünen geschieferten Gesteine dem subduzierten Ozeanboden.

Abb. 58. Stop 2: Details der Quarzite der Pulo de Lobo-Einheit am Weg nach La Escalada bei Almonaster la Real

Abb. 59. Stop 3: Metabasit der Pulo de Lobo-Einheit am Bach unterhalb des Cerro de San Cristobal

Kasten 4: Akkretionskeil

Der Subduktionsprozess ist ein sehr langsamer Vorgang, der nicht stetig und permanent aktiv ist. Im Prinzip bewegen sich zwei Krustenplatten gegenläufig übereinander hinweg. Dabei 60
taucht die untere Platte aus schwerer ozeanischer Kruste unter die leichtere Platte mit kontinentaler Kruste auf einer leicht geneigt bis reativ steil verlaufenden Bahn Richtung Erdmantel.

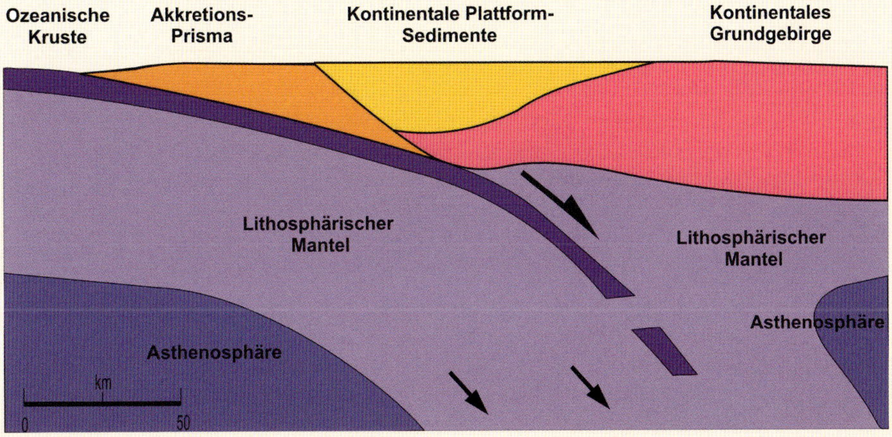

Abb. 60. Skizze einer Subduktion mit Akkretionskeil (nach Díaz Azpiroz y Fernández Rodríguez 2009)

Auf der schwereren ozeanischen Platte (= Ozeanboden) haben sich im Laufe von Jahrmillionen Sedimentstapel angehäuft, die nun mit in die Tiefe gezogen werden. Dort sorgen diese feinkörnigen Sedimente mit ihrem Wassergehalt dafür, dass das darüber liegende Gesteinsmaterial der kontinentalen Kruste aufgeweicht wird. Die höheren Temperaturen und die Anwesenheit von Wasser senken den Schmelzpunkt des umgebenden Gesteins, so dass es zur Bildung von Magma kommt.

Es kommt vor, dass diese Sedimente nicht komplett in der Tiefe ankommen, sondern sie können teilweise oder komplett abgeschürft werden und vor der kontinentalen Platte verbleiben. Über einem solchen Abscherhorizont werden die Sedimente in einem Anwachs- oder Akkretionskeil schuppenartig übereinander geschoben und zwar so, dass ältere Gesteine über jüngeren zu liegen kommen.

Da die Subduktion weitergeht, werden auch diese vor und unter der kontinentalen Krustenplatte verschuppten Sedimente des Anwachskeils allmählich in die Tiefe geschoben. Mit zunehmender Tiefe werden sie höherem Druck und steigenden Temperaturen ausgesetzt. Dadurch werden sie thermisch verändert (metamorphisiert). Zusätzlich werden sie durch die anhaltende Bewegung deformiert, wodurch das Gestein oft in relativ kleine rhombenförmige Körper zerlegt wird und an den Bewegungsbahnen Harnische (polierte Verschiebungsflächen) entstehen. Anhaltende Beanspruchung führt zur Ausbildung von Schieferungsflächen und metamorphen Umwandlungen. (v. a. nach Frisch und Meschede 2005)

Geschichte am Rand (2): Almonaster la Real

Der Ort Almonaster liegt in der Sierra Morena an einer strategisch günstigen Straße aus den Zinnseifenbezirken Portugals in Richtung Riotinto, Itálica, Sevilla und Cádiz und hat eine bewegte Vergangenheit. In der Burg auf einem Bergrücken ist eine kleine Moschee verborgen.

Die Geschichte Almonasters geht mindestens bis auf römische Zeit zurück. Auf romanischen Fundamenten errichteten die Westgoten hier im 7. Jahrhundert ein Kloster mit Basilika (siehe
61 Abb. 53), die zwischen dem 9. und 10. Jahrhundert zu einer Moschee umgebaut wurde. In dieser Zeit erhielt die Stadt ihren Namen nach dem arabischen Wort Al-munia (= Festung).

Bereits mit dem Vertrag von Badajóz (1801) zwischen Kastilien und Portugal fiel der Ort wie alle anderen östlich des (heutigen Grenzflusses) Guadiana an die kastilische Krone (*la Real*). Im 13. Jahrhundert unter Alfons X. wurde das Gebäude dem Erzbischof von Sevilla unterstellt und erneut umgebaut zur Einsiedelei der Heiligen Jungfrau der Empfängnis (Nuestra Señora de la Concepción). 1579 kam der Ort wieder in den Besitz der Krone. In den folgenden Jahrhunderten wurde der Turm angebaut, bis das Gebäude 1931 zu einem nationalen Denkmal erklärt wurde. Direkt neben dem Castillo befindet sich die Stierkampfarena.

Nach der Eroberung durch die Christen wuchs der Ort um die Pfarrkirche San Martín. Die Plaza de Llano in der Ortsmitte zeigt architektonische Elemente aus dem Mittelalter, u.a. mehrere Häuser im Mudejar- und im gotischen Stil. 1982 wurde der Ortskern unter Denkmalschutz gestellt.

Auf dem Rückweg von der Moschee sollte man dem Schild nach rechts zum Besucherzentrum in der Calle Llana 20 folgen. Dort gibt es eine sehr instruktive Ausstellung über die Zeit der Mauren und die Reconquista (Centro de Interpretación „Al-Andalus y la Sierra. Frontera abierta“).

Anfahrt:

Siehe Wanderziel (4). Vom Stop 2 fährt man in den Ort Almonaster la Real. Am besten lässt man den Wagen am Ortseingang stehen (Parkraum ist normalerweise vorhanden) und erkundet den Ort zu Fuß.

Koordinaten:

Ortseingang
37°52'24''N, 6°47'8''W

Eingang zur Moschee
37°52'14,57''N, 6°47'12,87''W

Zeitaufwand:

1–2 Stunden

Abb. 61. Die Kirche Nuestra Señora de la Concepción geht auf eine westgotische Basilika zurück (das Gebäude mit dem Rundturm, der eckige Turm wurde nach dem 16. Jh. angebaut), in die während der maurischen Zeit Säulen eingebaut wurden.

Kasten 5: Gabbro bis Granit

62 Die magmatischen Gesteine werden nach ihrem Mineralgehalt eingeteilt. Die Zusammensetzung hängt, natürlich, vom aufgeschmolzenen Ausgangsgestein ab. Je nach dem Aufschmelzgrad kann es dann zu einem Neben- und Miteinander der verschiedenen, langsam auskristallisierenden Schmelzen kommen.

Gabbros entstehen aus primärem Magma, das aus dem Erdmantel aufsteigt, durch Frühkristallisation ab circa 1100°C. Sie bestehen vor allem aus Plagioklas (Feldspat), Augit (Pyroxen) und Hornblende (Amphibol), sie enthalten keinen Quarz.

Diorite entstehen aus frühen Schmelzen an Subduktionszonen. Sie enthalten vor allem Plagioklas (Feldspat) und Hornblende (Amphibol) sowie Biotit (Glimmer), aber wenig bis keinen Quarz.

Granite sind das häufigste Tiefengestein und kommen in vielen Varietäten vor. Sie entstehen als Spätkristallisate aus ehemaligen Sand- und Tonsteinen (helle Granite) oder aus ehemaligen vulkanischen oder plutonischen Gesteinen (dunkle Granite) zwischen 500 und 600°C. Ihr Mineralgehalt besteht vor allem aus den Feldspäten Plagioklas und Orthoklas mit einem hohen Anteil an Quarz. An Glimmern kommen vor allem der helle Muskowit und der dunkle Biotit vor.

Tonalite sind Alkalifeldspat-freie Granodiorite.

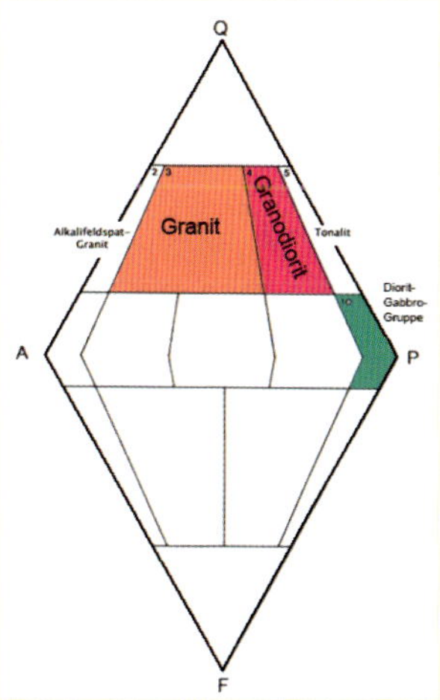

Abb. 62. Die Zusammensetzung der magmatischen Gesteine im Streckeisen-Diagramm zeigt den Anteil an Q, Quarz; A, Alkalifeldspat; P, Plagioklas. Siehe auch Kasten 7 (S. 71).

Kasten 6: Granitverwitterung

63 Welche Formen bei der Granitverwitterung entstehen, hängt neben der Körnigkeit und der Zusammensetzung des Granits auch von den klimatischen Bedingungen ab.

Die Feldspäte und Glimmer zersetzen sich im Gegensatz zum Quarz durch den Temperaturunterschied von Tag und Nacht sowie durch die Einwirkung von Regen und Wind relativ leicht. In feuchtwarmem Klima bilden sich bei großflächiger Verwitterung weiche Formen und die Quarz- und Feldspatkörner werden vom Wind und vom Regen als Sand abtransportiert. Es entstehen so genannte Wollsäcke, deren Ansammlungen im Spanischen „*berrocal*" genannt werden. Diese Verwitterungsform ist in der Sierra Morena verbreitet. An einigen Stellen konnte in der Sierra Morena auch eine *in situ*-Verwitterung von Granit beobachtet werden (siehe Wanderziele (4) und (5)). Sie entstand bereits in der Kreide-Zeit.

In trockenerem Klima oder auch in Küstennähe können Verwitterungsformen entstehen, die Tafoni genannt werden. Nachdem die Feldspäte und Glimmer zersetzt und weggeweht und weggespült wurden, bleiben Quarzkörner übrig. Diese sammeln sich in den entstehenden Hohlräumen und werden durch den Wind hin und her bewegt und erweitern auf diese Weise den Hohlraum. Dadurch entstehen im Granit typische Lochmuster.

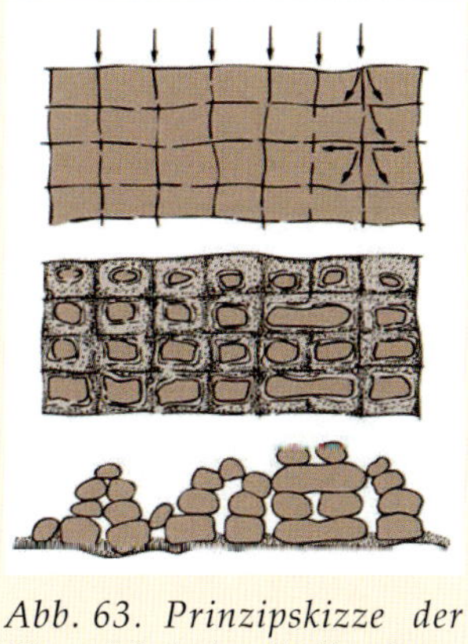

Abb. 63. Prinzipskizze der Phasen bei der Wollsackverwitterung: Wasser dringt in Klüfte ein und beginnt mit der Zersetzung des Gesteins, das zerkleinerte Material wird weggespült und weggeweht und es bleiben gerundete Granitbrocken übrig (Abbildung nach Guía Geológico de Sierra Norte).

(5) Magmatite im Übergang – Cerro de la Grana und Campofrío

Dieser Ausflug führt uns in Gesteine, die am Ende der Variszischen Gebirgsbildung in die zusammengeschobenen präkambrischen und paläozoischen Gesteinsschichten eindrangen. In den Krustengesteinen über der Subduktionszone mit dem Akkretionskeil der Pulo de Lobo-Einheit, die
64 wir uns bei Almonaster la Real angesehen haben (Wanderziel (4)), kam es zur Aufschmelzung von Gesteinsmaterial, das heute als Granit, Diorit und Gabbro an der Oberfläche vorkommt. Zwischen der Sierra de Aracena und den weniger metamorphen Gesteinen des Iberischen Pyritgürtels (siehe Wanderziele (1) und (2)) sind diese Gesteine an verschiedenen Stellen zugänglich.

Stop 1:

Von Aracena aus führt die Straße mehrere Kilometer durch weiträumig verbreitete feinkörnige ehemalige Tholeiite (dichter Basalt, wahrscheinlich aus dem Silur), unterbrochen von einem schmalen Streifen aus devonischen Schiefern und Quarziten, bis wir in den Granit am Cerro de la Grana kommen. Bei Kilometer 12 gibt es rechts und links Haltemöglichkeiten. Von hieraus kann man die *in situ*-Wollsackverwitterung ansehen, die wir bereits auf dem Weg nach Almonaster la Real genauer studieren konnten. Dazu geht man von der Haltemöglichkeit auf der westlichen Seite der Straße rund 300 Meter Richtung Süden. Auf der östlichen Straßenseite kann man die Wollsäcke im Granitgrus dann – am besten bei Nachmittagssonne – gut sehen.

Der Granit intrudierte am Ende der Variszischen Gebirgsbildung. Sein Deckgebirge wurde anschließend, wahrscheinlich schon im frühen Mesozoikum, weitgehend abgetragen. Seitdem unterlag der Granit der Verwitterung. Insbesondere in der Kreidezeit war das Klima weltweit wesentlich wärmer und feuchter als heute. Unter diesen Bedingungen kann

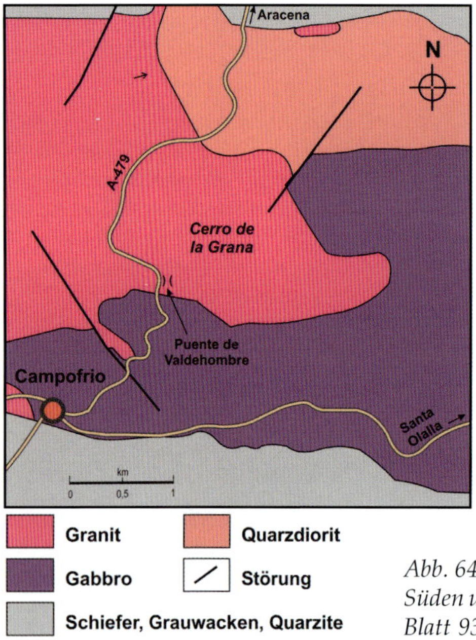

Abb. 64. Geologische Skizze der Gegend zwischen Campofrío im Süden und Aracena im Norden (nach Geologische Karte MAGNA50 Blatt 938 Nerva)

Anfahrt:

a) von Aracena auf der HU-479 Richtung Nerva/Riotinto;

b) von Nerva/Riotinto aus bei Campofrío Richtung Aracena auf die HU-479 nach Norden abbiegen;

c) von Sevilla aus über die A-66 bis zum Abzweig nach Portugal, an der Kreuzung mit der HU-461 nach links auf die A-476 Richtung Nerva/Riotinto abbiegen und bei Campofrío Richtung Aracena auf die HU-479 nach Norden abbiegen

Die HU-479 ist gut ausgebaut und es wird schnell gefahren, auch wenn der Verkehr nicht dicht ist – Vorsicht also!

Koordinaten:

(Stops von Aracena aus)

Stop 1: 37°47'34,68" N, 6°33'21,35" W

Stop 2: 37°46'33,4" N, 6°33'48,9" W

Stop 3: 37°45'59,95" N, 6°34'10,99" W

1. Haltepunkt bei Kilometer 17
37°46'12,75" N, 6°33'55,9" W;
2. Haltepunkt östlich der Straße
37°46'4,14" N, 6°34'5,95" W
3. Haltepunkt westlich der Straße
37°46'8,7" N, 6°34'1,17" W

Zeitaufwand (ohne Anfahrt):

1–2 Stunden

Granit quasi *in situ* verwittern und nur einzelne
65 interne Partien blieben verschont. Sie wurden dann durch den Straßenbau sichtbar gemacht (siehe auch Abb. 56).

Abb. 65. Stop 1: In-situ verwitterter Granit am Straßenrand: intakte Granitbrocken (Wollsäcke) »schwimmen« in einer sandigen Matrix, dem verwitterten Granitgrus

Stop 2:

Bei Kilometer 16 der HU-479 gibt es östlich der Straße in einer Kurve eine größere Haltemöglichkeit für mehrere Fahrzeuge. Der Bach, den die Puente de Valdehombre überquert, ist einer der Quellflüsse des Río Odiel. Im Bach steht der Granit an. Aber auch an der Viehweide direkt an der Straße kommt Granit vor – allerdings vor allem in Form von Granitgrus mit größeren Granit-Wollsäcken darin. Auch der Hügel Cerro de la Grana, den die Straße im Westen in weitem Bogen umfährt, besteht aus diesem Granit. Man kann auf den Hügel hinaufklettern und hat dann eine gute Rundumsicht, aber von dem Granit sieht man selbst nicht viel. Nur hin und wieder lugen aus dem dichten Jara-Gestrüpp Gruppen von Granitblöcken hervor.

Weite Bereiche des Hügels werden als Viehweide (*dehesa*) für die Schweine genutzt, die den *Jamón Serrano* liefern.

Stop 3:

Im weiteren Straßenverlauf fahren wir an weitläufigen *dehesas* vorbei, denn hier bildet der Granit nach wie vor den Untergrund. Dann wird die Straße hohlwegartig von einem dichten dunklen Gestein flankiert, das wir uns bei nächster Gelegenheit näher ansehen können. Es handelt sich um Gabbro, das dunkelste Tiefengestein mit der Zusammensetzung von Basalt, der aber ein Ergussgestein (Vulkanit) ist. Kurz vor dem Ortseingang nach Campofrío kann der Kontakt zwischen Gabbro und Granit angesehen werden (zwischen Kilometer 18 und 17). Man kann den Wagen an verschiedenen Stellen rechts oder links der Straße in Zufahrten zu eingezäunten Viehweiden stehen lassen und geht an der Straße entlang zum Kontakt, der am besten auf der östlichen Straßenseite aufgeschlossen ist. Der Kon- 66
takt zum Granit ist messerscharf. Zum Teil sind Granit und Gabbro schlierig miteinander vermengt.

Abb. 66. Stop 3: Links: Helle Granitfetzen sind mit dem dunklen Gabbro vermengt. Rechts: Der Granit (unten) ist sehr hell und enthält Biotit. Der Gabbro (oben) ist dunkelgrün und relativ grobkörnig. Mit der Lupe erkennt man grüne Hornblenden.

⑥ Ausgehöhlter Marmor – Aracena

Die Sierra de Aracena bildet zusammen mit den Picos de Aroche den gleichnamigen Naturpark, der von der portugiesischen Grenze bis in die Provinz Sevilla reicht. Mit knapp 301 000 Hektar ist er einer der größeren Naturparks in Andalusien. Gleichzeitig ist dieser Naturpark Teil des Biosphärenreservats *Dehesas de Sierra Morena*, der nach Osten bis in die Sierra de Hornachuelas reicht. Das Biosphärenreservat hat eine Gesamtgröße von 425 070 Hektar und erstreckt sich über die drei Provinzen Huelva, Sevilla und Córdoba. Im Besucherzentrum in Aracena gibt es Informationen zu den vielfältigen Aktivitäten, die in diesem ausgedehnten Bergland möglich sind.

Anfahrt:

von Sevilla über die A-66 Richtung Mérida bis zum Abzweig nach Portugal, weiter über die N-433. Auf die Höhle wird schon frühzeitig hingewiesen, sie ist die Attraktion der Gegend. Der Aufstieg zum Burgberg ist im Ort ausgeschildert.

An der Plaza Alta befindet sich im Gebäude Cabildo Viejo, gegenüber der Kirche Iglesia de la Asunción, das Besucherzentrum des Naturparks Sierra de Aracena und Picos de Aroche

Öffnungszeiten:

Donnerstags bis sonntags von 9:30 bis 14:30 Uhr

Koordinaten:

Besucherzentrum
37°53'28,6'' N, 6°33'39,53'' W

Burgtor
37°53'23,13'' N, 6°33'40,93'' W

Gruta
37°53'28,15'' N, 6°33'57,41'' W

Zeitaufwand (ohne Anfahrt):

Burgberg circa 30 Minuten

Höhlenbesichtigung 45 Minuten (ohne Wartezeit)

Abb. 67. Übersichtskarte der Stops im kambrischen Marmor von Aracena

Stop 1: Burgberg

Vom Besucherzentrum geht man quasi nur den Berg hinauf, um zum Burgberg mit der Priorial-Kirche zu gelangen. Der Ort Aracena und der
Berg, von dem die Burgruine 67
aus maurischer Zeit weit in 68
das Hügelland der südlichen Sierra Morena blickt, stehen auf einem Kalkgestein aus dem unteren Kambrium. Das Kalkgestein wurde zu einem verwitterungsresistenten Marmor, der Kuppen und Höhenzüge bildet und hier etwa 70 Meter mächtig ist. Einschlüsse von Diopsid und Olivin (Forsterit) im Marmor weisen auf einen hohen Metamorphosegrad hin.

Unterhalb der Burgmauer verläuft der Weg zur Iglesia Prioral del Castel, auf dem die Burg umrundet werden

Abb. 68. Die Burg von Aracena (links) und die Prioral-Kirche (13.–15. Jh., kompaktes Gebäude rechts) von Süden gesehen.

kann. Auf der Südseite können verschiedene Deformationsstrukturen in den unterkambrischen Marmoren angesehen werden. Neben verschiedenen Falten fallen gelängte Partien auf, die wie
69 aneinanderhängende Würste erscheinen. Deshalb
70 werden sie *Boudins* genannt.

Abb. 69. Schichten und Falten: Im Marmor kommen Falten vor, die durch die hellen, mehr kalkigen und dunkleren, mehr silikatreichen Lagen schön zu erkennen sind (unten). Die kompakten gefalteten Karbonatlagen wurden zusätzlich nachträglich ausgewaschen, so dass eine Schichtung erkennbar wird.

Abb. 70. Boudins: Innerhalb des Marmors kommen dunkle silikat-reiche Lagen vor, die durch die Einwirkung der Deformation in Längsrichtung gedehnt wurden, so dass sie senkrecht dazu zerrissen. Die entstandenen Brüche wurden von dem umgebenden Calcit sofort wieder ausgefüllt. Es kommen aber auch Marmorbruchstücke vor, die vom Marmor umschlossen werden.

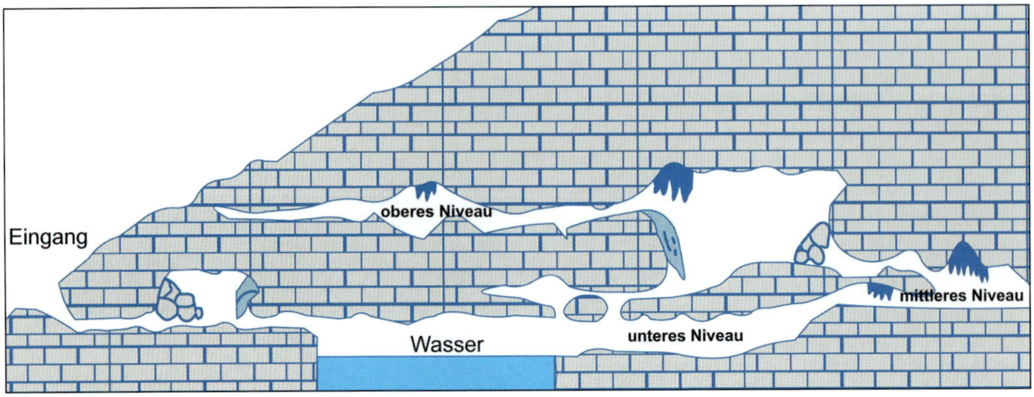

Abb. 71. Prinzipskizze der Höhlen unterhalb der Burg (nach CERÓN ET AL. 2008)

Stop 2: Gruta de las Maravillas

Es gibt zwei Wege, um vom Burgberg in die Stadt zu gehen. Wir empfehlen den Hauptweg, über den wir heraufgekommen sind. Wenn sich die Straße Nuestra Señora del Mayor Dolor zu einem kleinen Platz öffnet, nehmen wir den linken Abzweig, wir kommen an ein paar Schrebergärten vorbei, an der nächsten Kreuzung halten wir uns links und kommen direkt am Vorplatz zur Höhle der Wunder aus.

In dem Kalkgestein aus dem unteren Kambrium hat sich vor etwa 11 Millionen Jahren eine Karsthöhle gebildet, die heute die Gruta de las Maravillas (Die Höhle der Wunder) beherbergt. Sie liegt unter dem Burgberg, ihr Eingang liegt mitten in der Stadt. Ein Schäfer soll den Zugang zur Höhle entdeckt haben, als er ein vermisstes Schaf suchte. Erste schriftliche Berichte über die Höhle erschienen 1886.

Abb. 72. La Palmatoria: Klassische Schüsselform mit großen Kalzit-Kristallen und der Bildung eines Stalagmiten über ihr (Foto: RAFAEL MANZANO UND FRANCISCO HOYOS)

Die Gruta de las Maravillas wurde 1914 nach 3-jähriger Vorbereitungszeit als erste Höhle in Spanien für die Öffentlichkeit geöffnet. Von dem über 2130 Meter langen Höhlensysten, das sich über drei Ebenen erstreckt, sind 1200 Meter für Besucher erschlossen. Ein Rundkurs (ca. 45 Minuten) führt durch zwölf miteinander verbundene Säle. Solche Karsterscheinungen sind in Kalkgesteinen weit verbreitet.

Das Höhlensystem von Aracena ist an ein ostsüdöstlich streichendes und nahezu senkrecht einfallendes Kluftsystem gebunden.
Von den drei Höhlenstockwerken liegt das tiefste teilweise im 71
Grundwasser. Die Wassertemperatur beträgt durchschnittlich 16°C und liegt somit 2°C unter dem Jahresmittelwert von Aracena (die Temperatur der Höhlenluft beträgt 17°C). Oberhalb der Grundwasseroberfläche befinden sich einige abflusslose, mit kristallklarem Wasser gefüllte Becken mit unterschiedlichen Spiegelhöhen. In einigen dieser kleinen Seen stehen Stalagmiten, die zeigen, dass diese Becken nicht immer Wasser enthielten. Es sind jedoch auch echte subaquatische Kalkabscheidungen vorhanden, die teils während der Höhlenbildung (Calcitkristalle), teils subrezent (Höhlenperlen) entstanden. Besonders eindrucksvoll ist die außergewöhnliche Vielfalt an Sinterbildungen. Hierzu zählen auch die zahlreichen büschelförmigen oder korallenartigen *Excéntricas*, die unabhängig vom Einfluss der Schwerkraft entstanden. Diese bizarren Gebil-
de wuchsen an der Mündung einer zentralen Kapillare, aus der 72
kalkübersättigtes und unter Druck stehendes Wasser austrat. 73

Abb. 73. Tropfsteinbildungen in der Gruta de las Maravillas, Aracena. Eine Besonderheit dieser Höhle sind die so genannten Excéntricas (rechts oben), die sich bei gleichbleibend hoher Luftfeuchtigkeit bilden (alle Fotos aus der Höhle wurden dankenswerterweise von Rafael Manzano und Francisco Hoyos zur Verfügung gestellt; siehe auch den Bildband zur Gruta de las Maravillas, HOYOS MENDEZ UND MANZANO GÓMEZ (2005).

Wasser sucht sich seinen Weg auch durch feinste Risse und Spalten im Gestein. Dabei löst es, angereichert mit CO_2 aus der Luft und dadurch leicht sauer, das Kalkgestein ein wenig an und nimmt Calcium-Ionen mit sich, bis der Spalt in einer Höhle endet. Dort tropft das Wasser langsam aus dem Gestein, das Calcium verbindet sich mit Sauerstoff- und Kohlenstoff-Ionen und es entsteht wieder $CaCO_3$, das aber noch etwas Wasser enthält. Dieses Mineral ist Aragonit. Doch diesmal entsteht kein kompaktes Gestein, sondern Stalaktiten, Stalagmiten, Säulen und viele andere magische und komische Figuren.

Zur Bildung von Tropfsteinen bedarf es also einer gewissen Wassermenge, die hier in der Sierra de Aracena vor allem vom Herbst bis zum Frühjahr vorhanden ist. Die bis zu 800 Meter hohen Berge fangen die aufsteigende Feuchtigkeit ab. Hier ist es auch im Sommer erträglich und die hitzegeplagte Bevölkerung von Sevilla zieht sich dann gerne in die Berge zurück.

Vor oder nach der Höhlenbesichtigung kann ein dem Höhleneingang gegenüber liegendes kleines Museum besichtigt werden, das Mineralien und Fossilien aus Spanien und anderen Ländern enthält. Das Museum und die Höhle sind täglich von 10:30 bis 13:30 Uhr und von 15:00 bis 18:00 Uhr geöffnet. Internet: http://www.aracena.es/es/municipio/gruta/

(7) Auf gelöstem Marmor – Zufre

Die Landstraße HU-461 verläuft unterhalb des Ortes Zufre im Tal eines Zuflusses zum Stauseesystem
74 Rivera de Huelva. Zugang zum Ort ist von Osten und von Westen möglich. Vom Talniveau hat man
75 einen guten Blick auf die zwei Terrassenniveaus.

Abb. 74. Blick auf Zufre, das auf dem oberen Niveau der Travertin-Terrassen liegt.

Abb. 75. Unterhalb der Steilwand liegen die Wiesen im Hangschutt und auf dem unteren Niveau der Travertin-Terrassen.

Der Ort geht auf eine bronzezeitliche Siedlung zurück. Er verfügt über zwei strategische Pluspunkte. Erstens liegt er auf dem gut 50 Meter über dem Talniveau befindlichen Travertinplateau und gewährt dadurch einen guten Überblick über das weite fruchtbare Tal. Zweitens fangen die bis zu 800 Meter hohen Berge den Regen ab, der in dem waldreichen Gebirge versickert und in Quellen wieder zutage tritt. Im Gebiet von Zufre treffen verschiedene Gesteins- 76
typen durch tektonischen Kontakt aneinander. Außerdem sind die Schichten steil gestellt, was die Wasserwegsamkeit erhöht. Gelangt das Niederschlagswasser in den Bereich der unterkambrischen Marmore, dann wird das Kalkgestein angelöst und das Wasser mit Ca-Ionen angereichert. Tritt es in Quellen zutage, fällt der Kalk als Travertin wieder aus, wenn sich Druck und Temperatur ändern (mehr zur Travertin-Bildung siehe Wanderziel (10), Stop 2).

Das obere Travertinplateau (bei 470 m) ist original aus dem anstehenden Marmor entstanden. Es zeigt die typischen Ablagerungsmuster wie Kaskaden, kleine Becken und ummantelte Wurzeln. Das untere Plateau entstand als sekundäre Bildung durch erneute Lösung und Ausfällung. In der Geologischen Karte (939 El Castillo de las Guardas) werden die Terrassen in den Zeitraum Pliozän-Pleistozän gestellt, was durch fossile Blätter und Mikrofossilien belegt ist und

Anfahrt:
von Sevilla aus über die A-66 Richtung Mérida, Ausfahrt Santa Olalla del Cala, auf der HU-461 Richtung Aracena; von Aracena aus auf der N-433 bis zur Kreuzung mit der HU-461, dort nach links Richtung Santa Olalla abbiegen

Koordinaten:
Rathausplatz
37°50'1,87'' N, 6°20'20,43'' W
Café an der Aussichtsterrasse
37°49'56,57'' N, 6°20'27,86'' W

Zeitaufwand:
Circa 1 Stunde (Stadtrundgang)

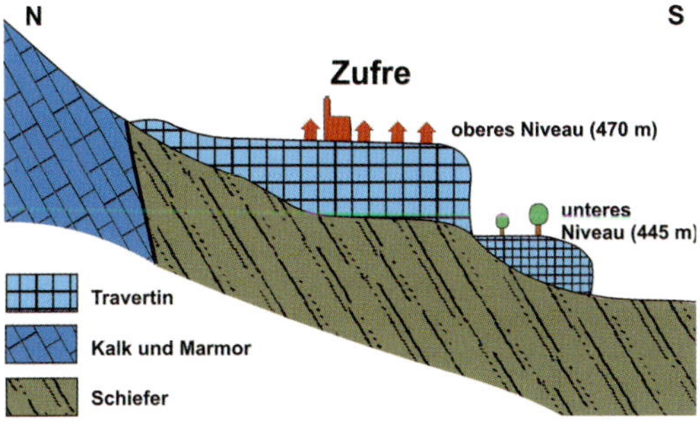

Abb. 76. Geologische Skizze zur Entstehung der Travertin-Terrassen von Zufre (nach RODRÍGUEZ VIDAL Y CÁCERES PURO 2008)

bedeutet, dass sie im Laufe der nordhemisphärischen Eiszeit entstanden, als das Klima allgemein kühler und feuchter war.

In römischer Zeit wurde der Kern des heutigen Stadtbildes angelegt. Im 8. Jahrhundert eroberten die Mauren den Ort und führten Landwirtschaft und Viehzucht ein. Noch heute wird das Tal durch die *dehesas* sowie durch Olivenhaine geprägt. Im 13. Jahrhundert eroberte die Reconquista den Ort. Die wesentlichen Bauten stammen aus dieser Zeit und sind aus dem Travertin erbaut, auf dem der
77 Ort steht. Die Kirche Sta. Maria de la Purissima Concepción (Hl. Maria der reinsten Empfängnis) stammt aus dem 14. Jahrhundert.

Das Rathaus aus dem Jahr 1570 zeigt noch die originale Fassade mit den mudéjaren Elementen (Arkaden- und Fenstersäulen). Aus dieser Zeit stammt wohl auch der Brunnen am Rathaus. Nach einer Inschrift ist er die Fassung einer Quelle, die
an dieser Stelle aus dem Berg kam und Menschen, 78
Gärten und Tieren diente: „... Zufre ist ein Ort in der Sierra de Aracena und Picos de Aroche, dort ist es sehr frisch und er verfügt über viele Gärten, die alle aus einer Quelle bewässert werden, die aus dem Felsen in der Mitte des Platzes strömt."

Abb. 77. Details an der Kirche: Travertinblöcke und Ziegelsteine (links); Baustein aus Travertin an der Kirchenfassade. Deutlich ist die poröse, netzartige Struktur der Kalkausscheidung zu erkennen (rechts).

Abb. 78. Die Fassung des Stadtbrunnens Fuente del Concejo wurde aus Marmor gearbeitet (Foto: F. Tessensohn).

(8) Vererzter Marmor – Minas de Cala

In diesem Teil der Sierra Morena überwiegen die *dehesas*, die Viehweiden mit Stein- und Korkeichen. Der Untergrund besteht aus kristallinen Gesteinen der Ossa-Morena-Zone (siehe Abb. 83). Von Santa Olalla de Cala aus verläuft die Straße viele Kilometer in einem mächtigen Plutonit, der nach neueren Bearbeitungen als Granodiorit eingestuft wird. Der Picknickplatz „Tres Encinas“, zwischen
79 Kilometer 5 und 6 an der A-434, ist von Mauern eingefasst, die vor allem aus diesem Gestein errichtet wurden. Der Gesteinskörper wird von einem nahezu rechtwinkligen Kluftnetz durchzogen. Da die Verwitterung bevorzugt an den exponierten Ecken und Kanten der Kluftkörper ansetzt, werden diese abgerundet und bilden so genannte Wollsäcke, in Spanisch *berrocal*. Man sieht sie beim Vorbeifahren gelegentlich in den mit Mauern eingefassten Weiden.

Wenige Kilometer vor Cala ändert sich der Untergrund. Es treten Schiefer und Marmore aus dem
80 unteren und mittleren Kambrium auf. An mehreren Stellen wurden hydrothermale Quarzgänge abgebaut, die gut kristallisierten Kupferkies, Siderit, Magnetit und selten auch Goldplättchen führten.

Wenn sich das Tal weitet, erblickt man die Anlagen der aufgelassenen Magnetitlagerstätte Cala.
81 Die Lagerstätte liegt in Kalk- und Dolomitsteinen einer steil stehenden unterkambrischen Schichtenfolge. Im Karbon drang in diesen Schichtverband ein granodioritischer Intrusivkörper ein. Den Kontakt zwischen der sedimentären und der plutonischen Einheit bildet eine breite Skarn-Zone
82 nach, die aus Hornfels und Magnetit (mit geringen Gehalten an Kupferkies und Pyrit) besteht. Mineralogisch interessant sind die mit dem Erz vergesellschafteten Skarnmineralien Andradit, Aktinolith und Epidot.

Anfahrt:

a) Von Aracena aus auf der N-433 bis zur Kreuzung mit der HU-461, dort nach links Richtung Santa Olalla abbiegen, dort auf die N-630 nach Norden abbiegen und bei Cortijo El Corcho nach links auf die A-434 Richtung Fregenal de la Sierra bis Cala; fast durch den Ort Cala durchfahren, dann geht eine Straße nach links zu „Minas de Cala“ ab (noch ca. 5 km);

b) Von Sevilla über die A-66 Richtung Mérida, Ausfahrt Santa Olalla de Cala (km747), zunächst circa 5 Kilometer auf der N-630 nach Norden, dann circa 12 Kilometer auf der A-434 Richtung Fregenal abbiegen, dann wie oben

Koordinaten:

Ortseingang Minas de Cala
37°57'17,81" N, 6°20'50,35" W

Plaza de los Mineros (Iglesia de Magdalena in Cala)
37°58'19,46" N, 6°19'0,65" W

Zeitaufwand (ohne Anfahrt):

1 Stunde, mit Rundgang in Cala und Einkehr entsprechend länger

Abb. 79. Tonalit/Granodiorit-Bruchstücke (oben) und in einer Mauer (unten). Zur Einordnung von Tonalit und Granodiorit siehe Kasten 5.

Bei der Intrusion des Granodiorits am Ende der Variszischen Orogenese kam es bei Temperaturen zwischen 500 und 600°C und unter einem Druck von bis zu 1 Kilobear zu einer kontaktmetasomatischen Skarnbildung. Die Intrusion führte zu einer Zerrüttelung der umgebenden kambrischen Gesteine. Dies wird durch ein Kluftnetz im Nebengestein belegt, für dessen Mineralisation noch etwa 400°C und ein Druck von etwa 0,1 Kilobar angenommen wird. Kieselsäure- und eisenreiche hydrothermale Lösungen magmatischen Ursprungs drangen in die entstandenen Klüfte ein und es bildeten sich durch Reaktion mit dem kambrischen Kalkstein die typischen Skarnminerale. Nachdem die Erosion den Erzkörper an die Oberfläche gebracht hatte, entwickelte sich eine Oxidations-
83 zone, in der neben Eisenoxiden und -hydroxiden viele sekundäre Kupferminerale (v. a. Malachit, Azurit, Auricalcit) vorkommen.

In großem Stil begann in Cala der Abbau auf Kupfer, das schon die Römer abgebaut und verhüttet

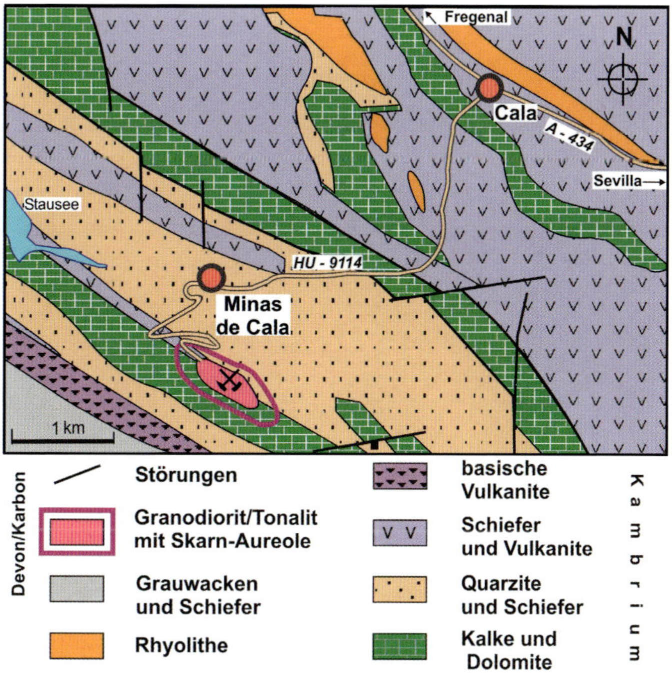

Abb. 80. Geologische Skizze der Umgebung von Minas de Cala, basierend auf dem Blatt 918 Santa Olalla de Cala der Serie MAGNA50. Die Vererzung steht im Zusammenhang mit dem Batholith von Los Pedroches (Wanderziele (16) und (17)), der am Ende des Karbons in die paläozoischen Gesteinsserien eindrang. Hier am Westrand der Ossa-Morena-Zone ist die NW-SE-Ausrichtung der Gesteinseinheiten, die für diese Zone kennzeichnend ist, gut zu erkennen.

Abb. 81. Minas de Cala: Blick über die südlichen Halden auf den großen Abbau (das Foto wurde 2015 aufgenommen)

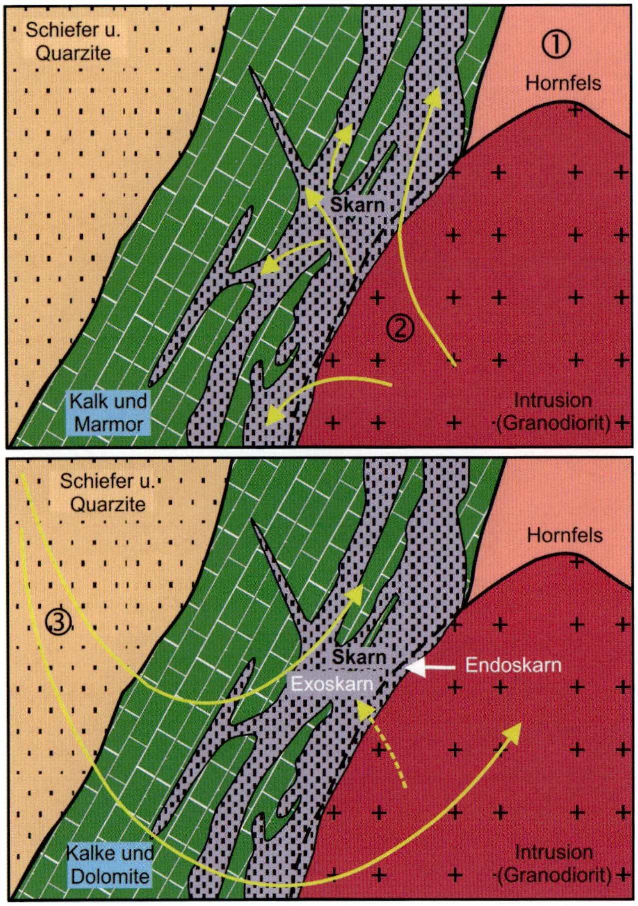

Abb. 82 Schematisches und vereinfachtes Modell der Bildung und Entwicklung von Skarn (als vertikale Schnitte): Die Kontaktmetamorphose zwischen Granit und überlagerndem Sediment macht aus Tonstein Hornstein (1); am direkten Kontakt Pluton-Karbonatgestein entwickelt sich ein Hochtemperaturskarn (2); im weiteren Nebengestein kam es zu einem Niedrigtemperaturskarn (3) (nach Ruiz de Almodóvar Sel (2008).

haben, etwa zur gleichen Zeit wie in Riotinto in der 2. Hälfte des 19. Jahrhunderts. Die intensiv gefärbten sekundären Kupferminerale haben das Auffinden in diesem abgelegenen Bergland sicher begünstigt. Der Abbau von Magnetit begann erst am Anfang des 20. Jahrhunderts und hielt bis zum Spanischen Bürgerkrieg in den 1930er Jahren an. Nach dem 2. Weltkrieg wurde der Bergbau wieder aufgenommen und die Erzförderung erreichte Anfang des 21. Jh. etwa 300 000 Tonnen im Jahr. Das Magnetiterz mit einem Eisengehalt von etwa 40 Prozent wurde nach Sevilla und Huelva transportiert und dort aufbereitet, angereichert (Magnetabscheidung)

Abb. 83. Die Rotfärbung in den Karbonatgesteinen am östlichen Hang oberhalb der Minenanlagen stammt von verwitternden Eisenmineralen.

Abb. 84. Der Zustand der Gebäude (2015) zeigt, dass sie schon lange verlassen wurden.

und verhüttet. Der Kupferanteil von 0,4 Prozent
wurde durch Flotation abgetrennt. Trotzdem
84 wurde die Mine 2010 vorläufig geschlossen, der
Abbau ruht und die Anlagen sind verwaist. Das
Gelände ist eingezäunt und bewacht.

Die Schutzpatronin von Cala ist die Heilige Pilar.
In einem Gebäude der alten Siedlung Minas de
Cala befindet sich ein Versammlungsort ihrer
Verehrer. Der Platz vor der Kirche der Magdalena
in Cala wurde den Bergarbeitern gewidmet und
85 es wurde eine Lore mit Erz aufgestellt. Auf einem
anderen Platz wurde ein Brunnen errichtet, über
86 dem ein riesiger Klotz des vererzten Karbonat-
gesteins aufgestellt ist.

Abb. 85. Lore mit Erzgestein auf der Plaza de los Mineros an der Iglesia de la Magdalena in Cala

Abb. 86. Detail des vererzten Karbonatgesteins aus einem Skarn-Block, der an einem Brunnen im Ort Cala ausgestellt ist. Der senkrechte Riss ist etwa 30 Zentimeter lang.

Altes Grundgebirge mit Granitintrusionen: Sierra Norte de Sevilla

87 Die Ossa-Morena-Zone nimmt einen großen Teil der Sierra Morena ein. Sie ist in der gesamten Sierra Norte aufgeschlossen. Es handelt sich vor allem um Schiefer und Grauwacken sowie verschiedene vulkanische Gesteine, die während einer Zeitspanne vom Präkambrium bis zum Perm gebildet worden sind. Die ehemaligen Sedimente enthalten nur ganz selten Spuren von Leben. Eines dieser seltenen Vorkommen liegt auf privatem Grundbesitz und kann deshalb nicht besucht werden. Es handelt sich um die „Medusen von Constantina“. Wir beschreiben das Vorkommen im Kasten 9. In diese Meeressedimente drangen während der Variszischen Gebirgsbildung, die vor rund 300 Millionen Jahren zur Auffaltung der Gesteinseinheiten geführt hatte, magmatische Gesteine ein, vor allem Granite. Darüber hinaus kommen an mehreren Stellen metamorphe Gesteine vor, die zum
88 kristallinen Grundgebirge der Iberischen Meseta gehören und zum Teil bereits vor dem Kambrium metamorph überprägt worden waren.

Am Südrand der durch die Variszische Gebirgsbildung aufgefalteten paläozoischen Gesteinsserien
89 der Sierra Norte de Sevilla wurden rote permotriassische Konglomerate, Sand- und Tonsteine abgelagert (siehe Wanderziel (11)). Sie entstanden direkt nach dem Ausklingen der Varizsischen Gebirgsbildung unter wüstenartigen Bedingungen, die durch saisonale Starkregenereignisse bestimmt waren (siehe Wanderziel (20)).

An dieses alte Grundgebirge schließt südlich das während der Auffaltung der Betischen Kordilleren entstandene Guadalquivir-Becken an (siehe S. 126), während die Südseite des Beckens durch Überschiebungen aus südlichen Richtungen gekennzeichnet ist (siehe Band 2 unserer Andalusien-Trilogie). In der geologischen Karte im Umschlag vorne zeigt sich diese Dreiteilung in der Farbgebung: kräftige Farben für das Grundgebirge im Norden, buntes Farbengemisch für die alpidisch geprägten Gesteinseinheiten im Süden und gelbe bis beige Farben für die jungen, postorogenen Sedimente im Guadalquivir-Becken.

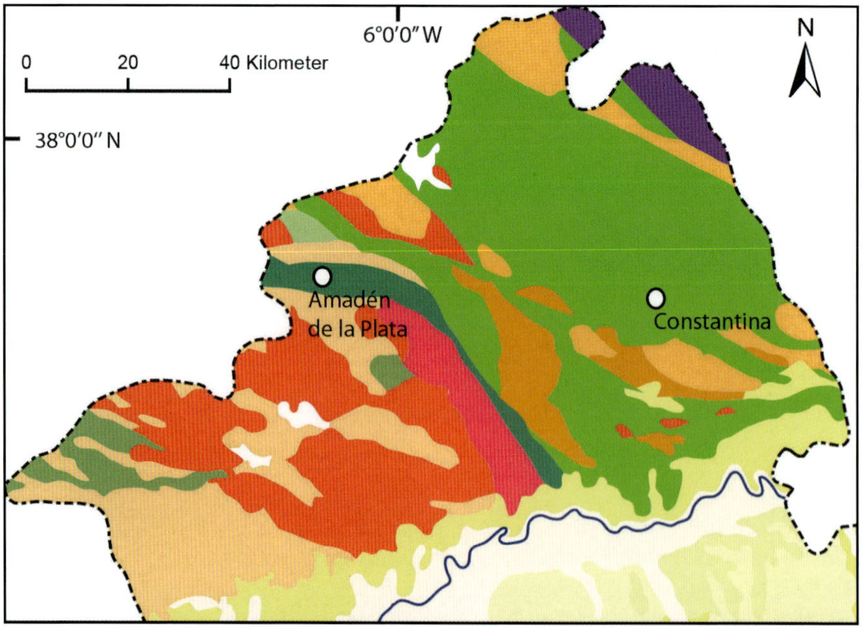

Abb. 87. Ausschnitt aus der Geologischen Karte 1:1 Million des Nordteils der Provinz Sevilla (siehe Geologische Karte im Umschlag vorne und Abb. 90); Lila, Metamorphite der Ossa-Morena-Zone; hellgelb, Miozän

Der Naturpark Sierra Norte de Sevilla bedeckt den größten Teil des sehr dünn besiedelten Nordens der Provinz. Hier gibt es auf dem paläozoischen Grundgebirge vor allem ausgedehnte Steineichen- und Korkeichenwälder. Wir stellen von den Orten Almadén de la Plata und Constantina ausgehend einige markante Beispiele der Gesteine der Ossa-Morena-Zone vor.

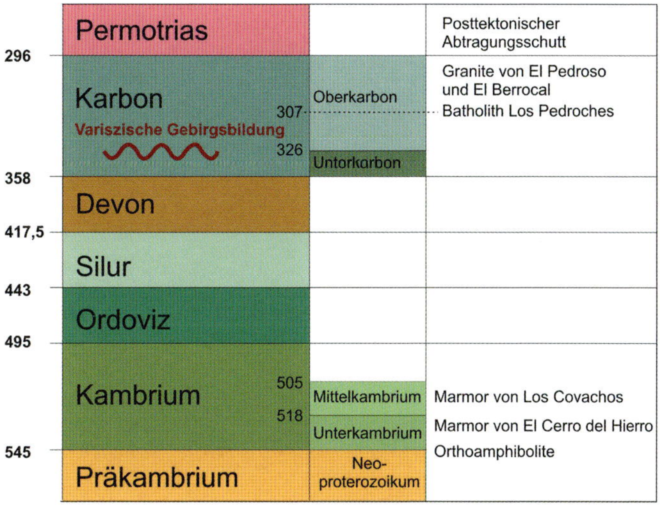

Abb. 88. Stratigraphische Entwicklung der Sierra Morena im Norden der Provinz Sevilla (Zahlen in Millionen Jahren)

Die Ausflüge des Wanderziels (9) gehen in die Umgebung von Almadén de la Plata und folgen streckenweise dem Pilgerweg nach Santiago de Compostela. Hier stellen wir die Marmore von Los Covachos vor (Ausflug 1). Beim Ausflug 2 geht es durch verschiedene paläozoische Gesteine zu einem kleinen, aber spektakulären Wasserfall. Der Ausflug 3 dieses Wanderziels führt uns in den Granit von El Berrocal und eine verwunschene Wollsack-Landschaft.

Die Route des Wanderziels (10) verbindet Marmor, Stein und Eisen zu einer interessanten Tagestour. Sie führt im Norden und Westen um Constantina herum und schließt auch junge Travertin-Bildungen ein, quert den Granit von El Pedroso (Stop 4) und endet am permotriassischen Rand der Iberischen Meseta (Stop 5).

Die Route des Wanderziels (11) deckt entlang von Überlandstraßen den Teil der Sierra Morena zwischen der Sierra de Hornachuelas und der Sierra Norte de Sevilla ab und führt durch unterkambrische Kalksteine/Marmore sowie permische Rotsedimente. Sie kann auch als Übergang von oder zu den Wanderzielen (12) und (13) weiter östlich genutzt werden.

Wie in allen Provinzen Andalusiens - bis auf die Region Riotinto in der Provinz Huelva – gibt es keine aktiven Bergbaubetriebe auf Metalle mehr. Aber wir finden auch in dieser Provinz einige lohnenswerte Ziele, die auf den ehemaligen Reichtum aus der Erde und seine Ausbeutung verweisen.

Abb. 89. Die leicht gewellte Hügellandschaft der Sierra Morena nördlich von Almadén de la Plata mit Stein- und Korkeichen-Dehesas. Hier liegen die Höhen zwischen 500 und 800 Meter (Foto G. Rapczynska).

(9) Am Weg nach Santiago – Umgebung von Almadén de la Plata

90 Die drei Ausflüge dieses Wanderziels erschließen nördlich von Almadén de la Plata kambrische Marmore mit prähistorisch genutzter Höhle und römischem Bergbau (Ausflug 1) sowie südlich und südöstlich des Ortes die landschaftlich und geologisch sehr reizvolle Schlucht „Cuesta del Chorro“ des Arroyo de Calzadilla (Ausflug 2) sowie die Granitlandschaft von El Berrocal (Ausflug 3, siehe auch Abb. 88). Wir befinden uns hier in der durch verschiedenste Gesteine charakterisierten Ossa-Morena-Zone, die sich nach Westen noch bis in die Sierra de Aracena erstreckt (Wanderziele (4) bis (8)). Neben Gneisen und Amphiboliten kommen Marmore, Schiefer, Quarzite und Konglomerate, aber auch basische Vulkanite aus dem Paläozoikum vor (siehe auch Abb. 99 bis 103).

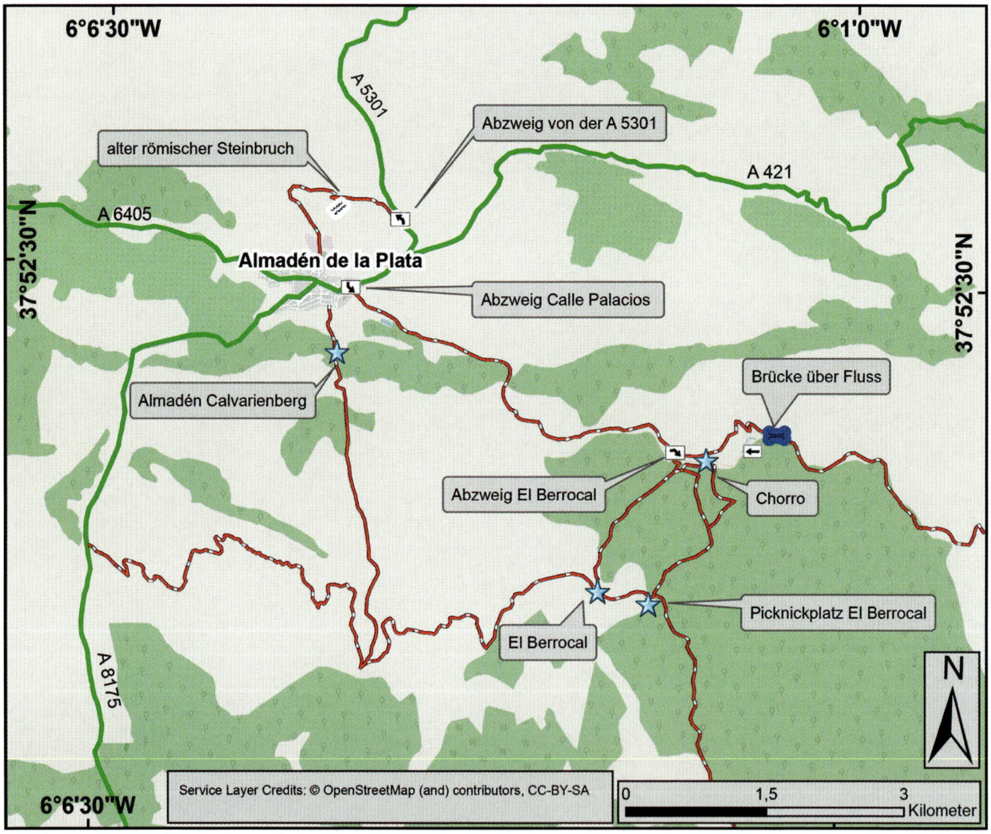

Abb. 90. Übersichtsplan des Wanderziels (9) mit allen Stops

Anfahrt:

von Sevilla auf der Autobahn A-66 Richtung Mérida, die Ausfahrt nach Almadén de la Plata nehmen und auf der A-5301 Richtung Osten in die Berge fahren

Tourismusbüro in Almadén de la Plata:

Plaza de la Constitución, bis 14 Uhr geöffnet.

In Almadén de la Plata beginnen/enden zwei Etappen der Via de la Plata des Camino de Santiago, die zwischen Sevilla und Astorga über 705 Kilometer verläuft: 3. Etappe von Castilblanco de los Arroyos nach Almadén de la Plata, 4. Etappe von Almadén de la Plata nach Monesterio.

Geschichte am Rand (3): Almadén de la Plata

In der Umgebung von Almadén de la Plata hielten sich seit dem Neolithokum Menschen auf. In der Höhle „Los Covachos“ fanden Archäologen wichtige Zeugnisse aus dieser Zeit (siehe Abb. 94). Eine Nekropole (Ibera de la Traviesa) sowie eine angeschlossene Siedlung bezeugen eine permanente Besiedlung während der Bronzezeit. Tartesser, Phönizier, Griechen und Römer waren vor allem an dem Marmor interessiert. In maurischer Zeit wurden auch Silber und Kupfer gewonnen.

Der Ort liegt aber auch strategisch günstig zwischen der Atlantikküste, Mérida und Sevilla. Die Römer bauten die Straße zur *vía Ab ostio fluminis Anae Emeritam usque* aus. Sie ist heute Teil des Pilgerweges von Sevilla nach Santiago de Compostella und Almadén ist ein Etappenziel dieses Weges. Dieses Privileg geht auf ein historisches Dokument aus der zweiten Hälfte des 14. Jahrhunderts zurück. Der Pilgertourismus ist heute eine wesentliche Stütze der wirtschaftlichen Entwicklung.

Im Norden der Ortschaft liegt der knapp 570 Meter hohe Höhenzug Los Covachos mit der neolithisch genutzten Höhle und den Marmorsteinbrüchen. Im Süden steigt der Calvarienberg auf knapp 644 Meter auf. Er besteht aus devonischen Grauwacken und Quarziten, in die geschieferte Partien eingeschaltet sind. Wer auf dem Pilgerweg von Süden kommend nach Almadén de la
Plata geht, muss diesen Berg überwinden. Auf der Passhöhe liegt das Pilgerheiligtum des Calva- 91
rienberges im Quarzit. Von oben hat man einen guten Überblick über den Ort. Es gibt zwei Aus- 92
sichtspunkte (Mirador), von denen einer nach Süden blickt und der andere den Ort zeigt.

Abb. 91. Blick vom Calvarienberg nach Norden auf Almadén de la Plata. Diese Ansicht haben Pilger, die von Süden aus Richtung Sevilla nach Almadén de la Plata kommen.

Neben dem Wildreichtum der Wälder der Sierra Morena, der Viehwirtschaft auf den ausgedehnten *dehesas* und dem Getreideanbau war der Hauptgrund für die Entwicklung der Siedlung das Vorhandensein von gutem Wasser. Noch heute verfügt der Ort über mehrere gefasste Brunnen, die aber nicht immer mit Wasser gefüllt sind. Ihre Fassungen bestehen alle aus hiesigem Marmor.

Von den historischen Gebäuden ist der Torre del Reloj, der Uhrenturm, sicher die markanteste Erscheinung. Er wurde 1905 im neo-mudéjaren Stil erbaut und erhielt zwei sehr genau gehende Uhren.

Abb. 92. Das Pilgerheiligtum auf dem Calvarienberg (rechts); Nahansicht des devonischen Quarzits (links); Koordinaten: 37°52'2,11'' N, 6°4'45'' W.

Ausflug 1: Los Covachos von Almadén de la Plata

Die Landschaften nördlich von Almadén de la Plata sind durch eine zergliederte Hügellandschaft mit Höhen um 500 Meter geprägt.
Der Untergrund besteht hier vor allem aus 93
550 Millionen Jahre alten Marmoren sowie Quarziten und Schiefern aus dem mittleren Kambrium. In den gebankten Marmoren und den geschieferten Zwischenlagen hat sich ein ausgeprägter Endokarst entwickelt. Zwischen Hügeln aus kompaktem Marmor liegen eingebrochene oder ausgewaschene Partien (Dolinen, Poljen). Eine dieser Hügelketten wird *Los Covachos* genannt.

Die Klüftigkeit des Marmors hat im Zusammenspiel mit feuchtem Klima, vor allem während der pleistozänen Eiszeiten,
auch dazu geführt, dass sich Höhlen bilden 94
konnten. Es kann nicht mit Sicherheit gesagt werden, wann die Höhle der Covachos entstand, aber Geologen gehen davon aus, dass sie mindestens 2 Millionen Jahre alt ist. Eine lange Zeit hatte die Höhle keinen Kontakt zur Atmosphäre, dass heißt das zirkulierende Wasser stand unter Druck. Als der Wasserspiegel sank, begann die Bildung von Calcitausfällungen, die heute Decken, Wände und Boden der Höhle bedecken.

In der Höhle wurden Felszeichnungen aus prähistorischer Zeit gefunden. Reste von Bestattungen und Werkzeuge wurden in das Neolithikum, die Kupfer- und in die Bronzezeit datiert. Heute beherbergt die Höhle eine

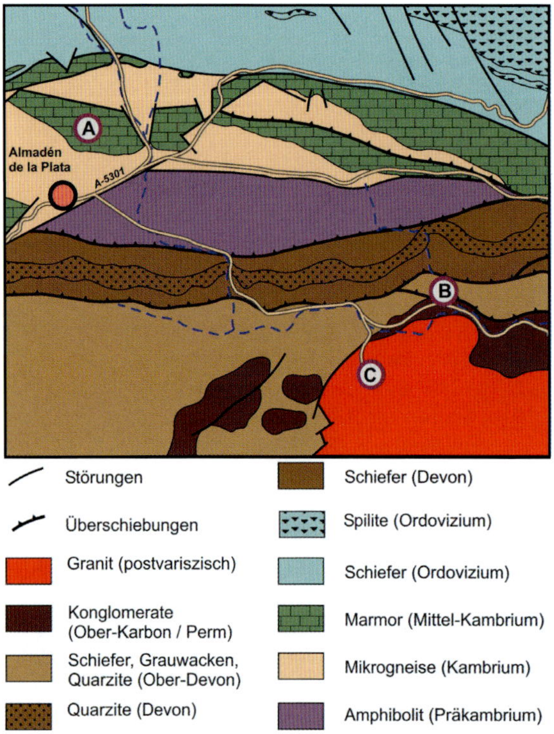

Abb. 93. Vereinfachte Geologische Karte um Almadén de la Plata (nach MAGNA50 Blatt 919 Almadén de la Plata, 1:50 000). A, Los Covachos (Ausflug 1); B, El Chorro (Ausflug 2); C, El Berrocal (Ausflug 3)

Anfahrt Ausflug 1:

Nördlich des Ortes liegt die Stierkampfarena. Hier verläuft der Camino de Santiago, aber hier beginnt auch die 2 Kilometer lange Wanderung zu den Covachos, die nach Südosten um den Berg herumführt.

Koordinaten:

Parkplatz an der Stierkampfarena
37°52'32,63'' N, 6°4'54,34'' W

Römischer Marmorabbau
7°52'52,7'' N, 6°4'43,13'' W

Abzweig von der A-5301
37°52'48,22'' N, 6°4'19,76'' W

Zeitaufwand (ohne Anfahrt):

1 Stunde

Abb. 94. Vor der Höhle Los Covachos bei Almadén de la Plata

Fledermauskolonie und ist nicht öffentlich zugänglich, aber es sind geführte Besichtigungen möglich (Email: pn.sierranorte.cma@juntadeandalucia.es).

95 Die *Covachos de Almadén de la Plata* sind eine Reihe
96 von Steinbrüchen in dem gebankten, tektonisch bis 40–70° aufgerichteten Marmor, die entlang eines Weges liegen. Zwischen bis zu 50 Zentimeter mächtigen Bänken kommen geschieferte Partien vor. Die tektonische Beanspruchung machte und macht einen Abbau dieses Marmors nicht ganz einfach, weil viel Abraum entsteht. Der Abbau des Marmors wurde vor wenigen Jahren eingestellt. Nach archäologischen Daten gehen die alten Steinbrüche bis in das 1. Jahrhundert n. Chr., also in die römische Zeit zurück. Von hier stammen Säulenelemente, die in der römischen Stadt *Italica* (siehe Wanderziel **24**), aber auch in Carmona und Alcalá del Río gefunden wurden.

Vor allem der weiße Marmor war begehrt. Es
97 kommen aber auch bläuliche oder rosafarbene sowie gebänderte oder mit Adern durchzogene Partien vor. Aus dem Covachos-Marmor wurden vor allem kleine Schmuckelemente wie Schäfte, Verkleidungsplatten oder Stützen für Inschriften gefertigt. Die Mauren bevorzugten insbesondere den gebänderten rosa-farbenen Marmor. Es ist nicht auszuschließen, dass Stücke, die in der Ruinenstadt Medina Azahara bei Cordoba (Wanderziel **15**) gefunden wurden, aus diesen Steinbrüchen stammen. Diese Vermutung stützt sich vor allem auf den arabischen Namen des Ortes: Al-Medín bedeutet „die Mine".

In den sieben Steinbrüchen können vereinzelt Marmorblöcke in verschiedenen Stadien der Bearbeitung gefunden werden. In den Wintermonaten regnet es hier ergiebig. Viele Marmorblöcke haben in der Zwischenzeit eine Haut von frischem Calcit erhalten und an verschiedenen Stellen haben sich tiefe Karstschlotten gebildet. Der Weg führt auf den Hügel hinauf zu einem Aussichtspunkt (Mirador), von dem aus man einen guten Blick über die nördliche Sierra Morena hat. Wir haben noch Ende April verschiedene Ragwurz-Orchideen gesehen. Wenn man das Auto an der Stierkampfarena geparkt hat, muss man den gleichen Weg zurückgehen. Wenn man zu Fuß oder mit dem Rad unterwegs ist, kann der Rückweg nach Almadén auch über die A-5301 erfolgen.

Los Covachos

Abb. 95. Römischer Steinbruch am Mirador; mehr über den QR-Code

Abb. 96. Gebankter Marmor aus dem mittleren Kambrium von Los Covachos bei Almadén de la Plata

Abb. 97. Bei den Mauren begehrte rosafarbene Partien des Marmors von Los Covachos

Ausflug 2: Cuesta del Chorro

98 Auf dieser Wanderung zum Wasserfall „Cuesta del Chorro“ und anderen geologischen Phänomenen folgen wir dem Arroyo de la Calzadilla, der in den Covachos von Almadén entspringt und sich in westliche, später südliche Richtung durch Gesteine aus dem Präkambrium, dem Kambrium, dem Devon und dem Unterkarbon bewegt. Wir werden also auf diesem relativ kleinen Areal viele verschiedene Gesteine sehen, die bis zu 500 Millionen Jahre alt sind. Da der Weg nicht zu schwierig ist und einiges an Geologie beobachtet werden kann, empfehlen wir diesen Ausflug als Wanderung, die zusätzlich viele andere landschaftliche Besonderheiten bietet.

Start Ausflug 2:

Am südöstlichen Ortsausgang von Almadén de la Plata, Calle Palacios.

Der Weg zur Cuesta del Chorro folgt dem GR48 und ist mit Pkw befahrbar. Bis zum Abzweig zum Cortijo El Berrocal ist der Weg identisch mit dem ersten Stück des Weges von Ausflug 3.

Koordinaten:

Calle Palacios (ausgeschildert)
37°52'20,8" N, 6°4'35,86" W

Brücke über den Calzadilla
37°51'37,94" N, 6°1'29,65" W

Mirador Chorro
37°51'29,36" N, 6°2'1,05" W

Zeitaufwand (ein Weg):

Circa 7 Kilometer, zu Fuß etwa 2 Stunden, mit dem Auto oder Fahrrad entsprechend weniger.

Schwierigkeit:

Mittel bis leicht

Aus Almadén heraus führt der Weg in südöstlicher
Richtung zunächst über metamorphe Gesteine (Am- 99
phibolite, Phyllite) aus dem Präkambrium, die an 100 101
einer Störung an devonische Gesteine grenzen. Die 102
Schiefer und Grauwacken (Turbidite) wurden an der Grenze vom mittlerem zum oberen Devon abgelagert. Sie grenzen an einer weiteren Störung an Schiefer,
Grauwacken und Quarzite aus dem oberen Devon. 103
Diese Gesteine bedecken weite Teile des Südens von Almadén de la Plata. Auf dem weiteren Weg kreuzt der Fluss einen Zipfel Karbon-Konglomerat, führt eine kurze Strecke durch Intrusivgestein und kommt dann wieder in die Konglomerate. Hier verlaufen einige Störungen auf engem Raum zwischen Devon und Karbon. Auf dem Weg oberhalb dieser Störungszone bekommt man gar nicht viel davon mit.

Kurz bevor der Weg den Arroyo de la Calzadilla quert, gehen wir westlich des Baches auf einem Pfad circa 350 Meter flussaufwärts. Auf der gegenüberliegenden Seite ist das Relief steiler als auf dieser Seite des Baches. Wir können verschiedene Felsgruppen ausmachen. Am markantesten ist ein mächtiges Konglomerat, das ein altes verwildertes Flusstal aus
der Permotrias-Zeit markiert. An mehreren Stellen 104
müssen große Granitblöcke umrundet werden. Dann

Abb. 98. Der Fahrweg südlich von Almadén de la Plata zur Cuesta del Chorro und dem Picknickplatz El Berrocal

Abb. 99. Amphibolit im Bachbett des Arroyo de Calzadilla, westlich des Weges

Abb. 100. Devonische Schiefer (links) und devonisches Sandsteine (rechts) südlich von Almadén de la Plata

Abb. 101. Sehr feste Quarzite (?oberes Devon) auf dem Stück »Cerro Montes«

bildet der Granit eine Steilstufe und wenn wir den Blick nach rechts richten, erkennen wir (im Frühjahr nach ergiebigem Regen) eine Wasserfläche – der Bach ist hier natürlich aufgestaut.

Wir hangeln uns über die
105 Felsen zur Wasserfläche,
die im Osten von einer sehr geraden steil stehenden Wand begrenzt wird. Der Blick geht automatisch flussaufwärts – dort befindet sich der
106 kleine, aber feine Wasser-
107 fall „Cuesta del Chorro“.
Steigt man den Pfad weiter bergan, kann man von oben auf das Gesteinsbrocken-Wirrwarr sehen.

Abb. 102. Metamorphite in der Weide

Abb. 103. Links: Grobkörniges Intrusivgestein (Diorit?). Rechts: feinkörniges Intrusivgestein (Diorit? Gabbro?)

Abb. 104. Das Permotrias-Konglomerat am Ostufer des Arroyo de Calzadilla. Die Stellung der Perm-Sedimente beschreiben wir im Kasten 9 beim Wanderziel (11) genauer.

Abb. 105. Natürlich aufgestauter Arroyo de Calzadilla unterhalb des Wasserfalls Cuesta del Chorro. Das Wasserbecken unterhalb der Kaskaden kann nach ergiebigem Regen einige Meter tief sein – zum Baden geeignet, aber Vorsicht beim Herumlaufen.

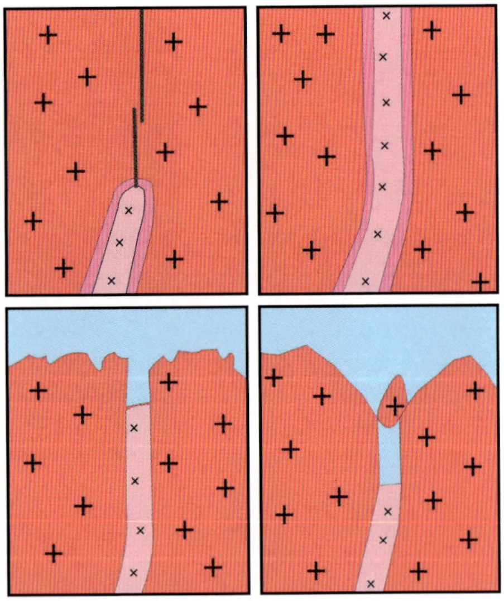

Abb. 107. Skizze der Bildung und Erosion von Diabas-Gängen (rosa) im Granit (rot) (nach MORENO-SAEZ-GONZALES 2009)

Abb. 106. Der Wasserfall Cuesta del Chorro folgt einem ausgewaschenen Diabas-Gang, der in den Granit eingedrungen war. Im Fall der Cuesta del Chorro hat der Bach den weicheren Diabas im Laufe der Zeit herausgewaschen. Granitbrocken wurden in die Schlucht gespült und bilden heute den kleinen Wasserfall.

Ausflug 3: Granitlandschaft von El Berrocal

Bis zum Abzweig zum Cortijo El Berrocal ist der Weg identisch mit dem Weg zur Cuesta del Chorro (Ausflug 2, siehe auch Abb. 90). Deshalb können die geologischen Phänomene, die von Almadén de la Plata bis zum Abzweig vorkommen, dort nachgesehen werden. Nach dem Abzweig führt der
Weg unterhalb einer Bergkuppe entlang, die von Granitfelsen und -blöcken bedeckt ist. 108

Auf den letzten 200 Meter des Weges vor dem Parkplatz zum Picknickplatz Cortijo El Berrocal ändert sich die Lithologie. Ein dunkelrotes, teils
109 massiges, teils schiefrig-brüchiges Gestein zeigt tektonische Beanspruchung. Es handelt sich um devonische Sedimente, die aber im Kontakt zum Granit hornsteinartig verfestigt wurden.

Abb. 108. Granitlandschaft auf dem Weg zum Besucherzentrum El Berrocal. Mehr zur Granitverwitterung im Kasten 6 beim Wanderziel (5).

Start Ausflug 3:

Am südöstlichen Ortsausgang von Almadén de la Plata, Calle Palacios, nach circa 1,3 Kilometern von Almadén de la Plata auf dem „Cordel del Pedroso“ den Abzweig rechts nehmen, Hinweis: Parque Forestal de Almadén de la Plata und weiteren Hinweisschildern folgen bis zum Cortijo El Berrocal mit Picknickplatz.

Koordinaten:

Calle Palacios
37°52'23,81" N, 6°4'41,2" W

Abzweig zum Cortijo El Berrocal
37°51'32,08" N, 6°2'15" W

Picknickplatz Cortijo El Berrocal
37°50'45,67" N, 6°2'46,32" W

Zeitaufwand:

Als Wanderung (1 Weg) etwa 1,5 Stunden (ca. 4 km), mit dem Auto kürzer. Ein großer Picknickplatz lädt zum Verweilen ein.

Schwierigkeit:

Mittel bis leicht

Abb. 109. Rote splittrige Schiefer (links) und ehemalige Sandsteine (rechts) aus dem Oberdevon, die durch den Granit hornsteinartig verfestigt wurden.

Abb. 110. Zungenständel (Separias lingua), eine häufige und feuchtigkeitsliebende Orchidee auf silikatischem Untergrund

Bei unserem Besuch Ende April blühte in großen Mengen Schopflavendel, und am Rand feuchter Rinnsale fanden wir zum Teil dichte Vorkommen von Zungenständel (*Separias lingua*). Diese Orchi- 110
dee ist an feuchten, eher silikatbetonten Standorten häufig.

In der Sierra Norte de Sevilla kommen mehrere relativ kleine Granite vor, die im oberen Karbon, am Ende der Variszischen Gebirgsbildung, in Gesteine der Ossa-Morena-Zone und des nordöstlichsten Bereichs der heutigen Südportugiesischen Zone eindrangen, die vor allem in der Provinz Huelva vorkommt. Die rötliche Farbe des relativ groben Granits von El Berrocal wird vor allem durch die alkalischen Feldspäte sowie Granate verursacht. Weitere Bestandteile sind Plagioklas, Quarz und Glimmer. Zur Variabilität von Graniten siehe Kasten 7.

In der Umgebung des Cortijo El Berrocal kommen verschiedene Verwitterungsformen des Granits vor. Namengebend 111
sind die Steinhaufen aus gerundeten Granitblöcken, span. *berrocal*, eine Folge der so genannten Wollsackverwitterung (siehe Kasten 6 beim Wanderziel 5).

In gebanktem Granit können Regen, Schnee und Tau Klüfte erweitern und auf diese Weise eine Art Brikett erzeugen. Bei feuchtwarmem Klima, wie beispielsweise in der Kreide-Zeit oder auch im Eozän, werden diese Briketts von den Klüften her zersetzt und es entstehen Brocken aus Granit, die in einer sandigen Matrix „schwimmen" (siehe Wanderziel 5). Wird der Sand herausgewaschen und herausgeweht, bleiben die Granit-Brocken übrig. Nach ihrem Aussehen werden sie als Wollsäcke bezeichnet (siehe auch Wanderziel 10 Stop 4 Granit von El Pedroso).

Abb. 111. Oben: Wie ein Pilzfelsen geformter Granitblock. Wind und Wetter haben vor allem im unteren Bereich die Erosion verstärkt. Unten: Granitlandschaft mit großen Wollsäcken nahe des Picknick-Areals El Berrocal.

Kasten 7: Granit ist nicht gleich Granit

Granite sind mit circa 44 Prozent das häufigste kontinentale Tiefengestein, aber Granit ist nicht gleich Granit. Je nach dem Anteil seiner Hauptminerale Quarz, Feldspäte, Glimmer und
112 deren chemischer Zusammensetzung sowie signifikanter Beimengungen kann eine Vielzahl granitischer Gesteinsarten unterschieden werden (siehe auch Kasten 5).

Der Quarzgehalt von Granit kann zwischen 20 und 60 Prozent liegen. Bei den Feldspäten wird nach Alkali-Feldspäten und dem Kalium-Feldspat Oligoklas unterschieden. Biotit (dunkel) und Muskowit (hell) sind die wesentlichen Glimmerminerale. Beimengungen sind oft Schwerminerale wie Apatit, Monzonit, Titanit, Turmalin oder Zirkon. Auch die Korngrößen variieren beträchtlich von klein- bis grobkörnig, es überwiegen aber die mittleren Korngrößen.

Die Farbe des Granits ist vom Mineralgehalt abhängig. Ist er hell-weiß mit schwarzen Einsprenglingen, dann überwiegen Quarz, Oligoklas und Biotit. Die Kalifeldspäte Orthoklas und Mikroklin sind häufig gelblich-bräunlich-rötlich eingefärbt und bilden dicktafelige Kristalle, die bereits mit dem bloßen Auge zu erkennen sind.

Granitische Magmen entstehen durch teilweise Aufschmelzung wasserreicher Krustengesteine. Geochemisch ist es möglich, aus den wieder erstarrten granitischen Gesteinen die Art des an- beziehungsweise aufgeschmolzenen Gesteins herauszulesen. Aus sedimentären Ausgangsgesteinen entstehen meist helle Granite mit hohem Muskowit-Anteil. Aus magmatischen Ausgangsgesteinen entstandene Granite sind dunkler und führen eher Hornblende.

Diese Vielfalt von Graniten bestätigt sich auch bei den Graniten der Sierra Morena. Die kleineren Granitvorkommen sind meist hell und weisen eine mittlere Körnigkeit auf. Der riesige Batholith von Los Pedroches, der sich von der Sierra de Andújar in der Provinz Jaén über den gesamten Nordosten der Provinz Córdoba bis in die nordwestlich angrenzende autonome Provinz Extremadura erstreckt, zeigt ein sehr vielseitiges Bild. Allein bei der Anfahrt zum Heiligtum der Virgen de la Cabeza in der Sierra de Andújar kommen helle, fein- bis mittelkörnige, sowie rote, sehr feste und grobkörnige Granite auf engem Raum vor (siehe Wanderziel 17). In der
113 nach Westen anschließenden Sierra de Cardeña y Montoro, die auch zum Batholith von Los Pedroches gehört, sind ebenfalls verschiedene Granit-Varietäten zu sehen (siehe Wanderziel 16).

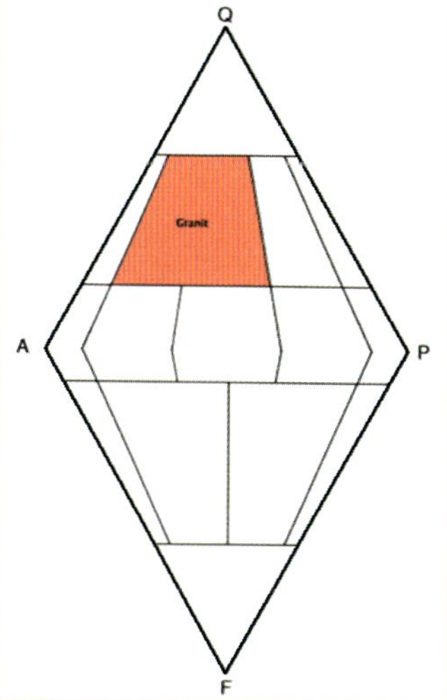

*Abb. 112. Streckeisen-Diagramm mit den Komponenten **Q**uarz, **A**lkalifeldspat, **P**lagioklas, **F**eldspatvertreter (Foide). Das rot markierte Feld gibt die Variabilität der Zusammensetzung dieser Minerale für Granit an. Die dunklen Anteile werden bei dieser Darstellung nicht berücksichtigt.*

Abb. 113. Rötlich-schlieriger, sehr fester Granit am Heiligtum der Virgen de la Cabeza in der Sierra de Andújar (Wanderziel 17)

(10) Marmor, Stein und Eisen – Umgebung von Constantina

Diese Wanderroute erschließt die weiträumige Umgebung von Constantina, urbanes Zentrum im östlichen Naturpark Sierra Norte de Sevilla. Im Norden von Constantina sind kambrische Gesteine, vor allem Marmore (leicht metamorphisierte Karbonate), landschaftsprägend (Stops 2 und 3). Im Westen von Constantina führte der Granit von El Pedroso im 19. Jahrhundert zu einer gewissen Bergbautradition mit Industrialisierung (Stop 4). An der Grenze der Sierra Morena zum Guadalquivir-Becken kommen Konglomerate und Rotsedimente der Permotrias vor (Stop 5).

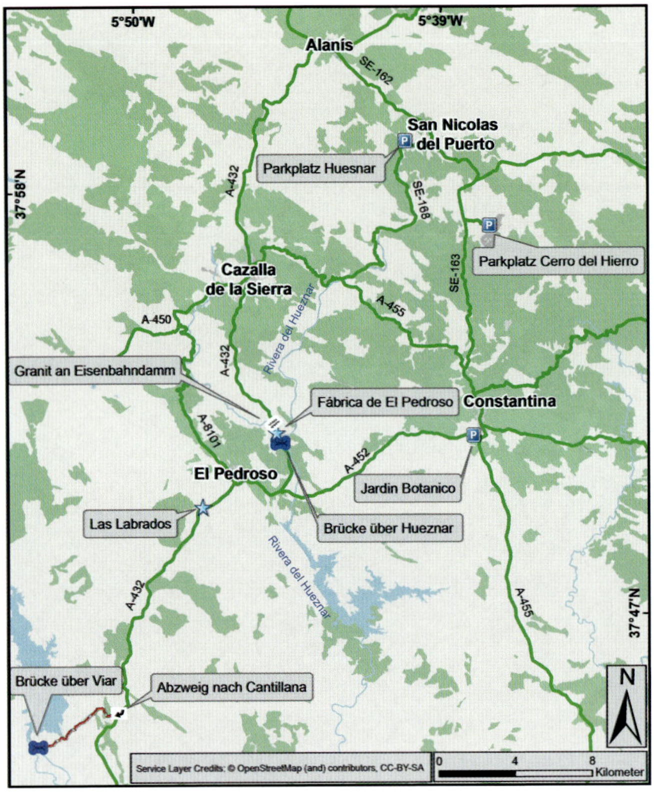

Abb. 114. Übersicht des Wanderziels (10) mit 5 Stops

Stop 1: Besucherzentrum Constantina im Jardín Botanico El Robledo

In dem Besucherzentrum gibt es Informationen zur Geologie, aber vor allem zum naturräumlichen Inventar des Naturparks. Im Botanischen Garten werden insbesondere Pflanzen und Bäume gepflegt, die in der Sierra Norte de Sevilla vorkommen (u.a. auch Orchideen) und dort zum Teil endemisch sind.

Stop 2: Kaskaden des Huéznar

Auf dem Weg von Constantina nach Cazalla de la Sierra und San Nicolás del Puerto bewegen wir uns in den kambrischen Schiefern und Quarziten. Der Ort Cazalla de

Anfahrt:

Von Lora del Río auf der A-455 nach Constantina

Stop 1: Kurz vor Erreichen von Constantina geht links die A-452 nach El Pedroso ab, nach knapp 1 Kilometer liegt auf der rechten Seite der Eingang zum Botanischen Garten, der gleichzeitig Besucherzentrum des Naturparks im Osten ist (ca. 30 Minuten)

Stop 2: Zur Weiterfahrt auf der A-452 zurück nach Constantina, auf der A-455 durch den Ort nach Norden Richtung Cazalla de la Sierra, beim zweiten Abzweig rechts nach San Nicolás del Puerto (nach Überqueren der Rivera de Huésnar) nach rechts auf die SE-168 abbiegen, am Kilometer 12 liegt links der Parkplatz eines Restaurants (Rundgang ca. 30 Minuten)

Stop 3: Weiterfahrt auf der SE-168 nach San Nicolás del Puerto, dort auf die SE-7201 wechseln, kurz nach Kilometer 9 ist Cerro del Hierro ausgeschildert, vor dem Ort C. d. H. rechts halten; das Infozentrum ist nur am Wochenende geöffnet. (Rundgang ca. 1 Stunde)

Stop 4: Weiterfahrt über Constantina, dort auf die A-452 abbiegen, nach etwa 12 Kilometer rechts auf die A-432 abbiegen und nach der Brücke über den Huésnar einen Parkplatz suchen (einzelne Stops von wenigen Minuten Dauer, wer die alten Fabrikanlagen durchstreifen möchte, braucht etwas mehr Zeit)

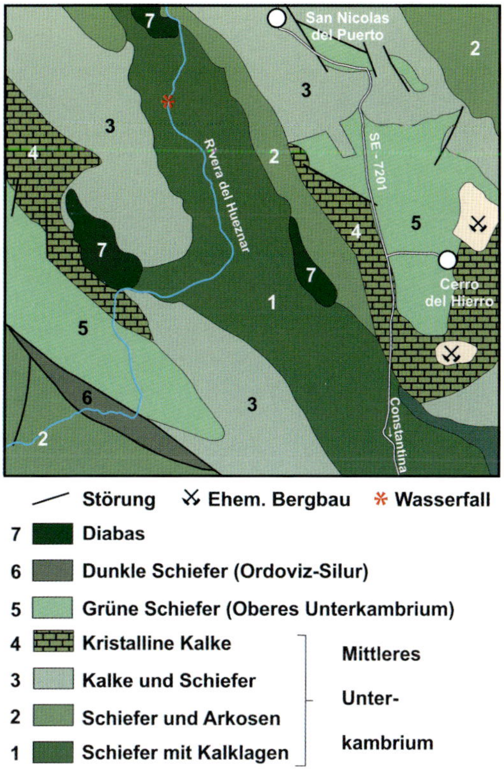

Abb. 115. Vereinfachte Geologische Karte der Gegend südlich von San Nicolás del Puerto mit El Cerro del Hierro (nach Ausschnitt aus MAGNA50 Blatt 920 Constantina)

Abb. 116. An der Straße gegenüber der Parkplatzeinfahrt anstehender kristalliner Kalkstein (»Marmor«) aus dem mittleren bis oberen Kambrium

la Sierra liegt auf einem Nordwest-Südost verlaufenden Sporn aus basischen Ergussgesteinen aus dem mittleren Kambrium. Auf der Weiterfahrt kommen wir kurz vor Kilometer 12 in die kambrischen Karbonatgesteine (Marmore, 1 in der Geologischen Karte S. 75). Die Gesteine sind tektonisch beansprucht, die Marmore an Brüchen versetzt. Über eine solche Folge von Brüchen
fließt südlich von San Nicolás del Puerto die 117
Rivera del Huésnar und bildet kurz nach ihrem 118
Ursprung kleine Wasserfälle, die „Cascadas del Huésnar". Sie wurden 2001 zu einem Nationalen Monument erklärt.

Stop 5: Weiterfahrt auf der A-432 bis zum Abzweig nach Cantillana (jeweils kurzer Halt; wenn man auf der A-8002 noch bis zur Brücke über den Río Viar fahren oder laufen möchte, bis zu 1 Stunde)

Koordinaten:

Besucherzentrum im Jardín Botánico
38°22'16,08" N, 3°31'5,17" W

Kaskaden des Huésnar / Einfahrt zum Parkplatz
37°59'42,55" N, 5°40'6,46" W

El Cerro del Hierro / Parkplatz am Info-Zentrum:
37°57'19,58" N, 5°37'30,46" W

Ort Cerro del Hierro
37°57'31,07" N, 5°37'17,75" W

Fábricas de El Pedroso
37°51'39,06" N, 5°44'27,3" W

Granit am Eisenbahndamm
37°51'43,82" N, 5°44'30,01" W

Granit bei Los Labrados
37°49'34,61" N, 5°47'2,37" W

Einmündung C-433 auf A-432
37°43'51,36" N, 5°49'53,10" W

am Kontakt
37°43'57,85" N, 5°49'44,73" W

Brücke über den Río Viar
37°42'54,63" N, 5°52'45,2" W

Zeitaufwand (einschl. Fahrzeit):

1 Tag

Abb. 117. *Der Überlauf der Rivera de Huésnar bildet einen Wasserfall, der von dem unterhalb gelegenen Aussichtsplatz angesehen werden kann.*

Vom Parkplatz aus führt der Rundgang am Restaurant vorbei zu einem großen Picknickplatz, der Weg zu den Wasserfällen zweigt links davon ab (alles ausgeschildert). Gleich zu Beginn des Weges, noch in den Mauern des Restaurants, kommen
wir an einer Brunnenfas- 119
sung vorbei, deren Zufluss ebenfalls kaskadenartig über eine Gewirr von Zweigen erfolgt. An diesem Polster scheidet sich seit vielen Jahren Karbonat ab, vermischt mit feinem Staub und anderen Mineralbildungen, was die bräunliche Farbe verursacht. Diese Kalkausscheidung wird Travertin genannt (siehe auch Wanderziel 7).

Der Abzweig zu den Wasserfällen führt über Marmorgerölle, die bei feuchtem Wetter rutschig sein können. Nach wenigen Metern gibt es nach rechts einen Abzweig, den man sofort oder beim Abstieg näher ansehen kann. Am Ende des Aufstiegs befindet sich ein kleines Wasserbecken, in den der Huésnar mit einem kleinen

Abb. 118. *Travertin-Überzüge auf den Kalkfelsen, über die das Wasser der Rivera de Huésnar fließt (unterer Aussichtsplatz).*

Abb. 119. *Rezente Travertinbildung an überhängenden Zweigen*

Wasserfall hineinfließt. Nach rechts ist der Wasserfall etwas tiefer und von dem unterhalb gelegenen, von vielen Besuchern beliebten Aussichtsplatz aus kann man das herabfallende Wasser ansehen. Auch hier gibt es an
120 den Stellen, wo das Wasser nicht zu schnell fließt, Travertin-Bildungen.

Abb. 120. Rezente kompakte Travertinbildung durch sehr langsam rinnendes Wasser. Dadurch werden Pflanzenteile eingeschlossen, aber es entstehen auch Hohlräume, die für Travertin typisch sind.

Travertin ist eine Süßwasserbildung, die in kaltem, warmem und heißem Wasser erfolgt. Zu Travertin-Bildung kommt es, wenn mit Karbonat gesättigte Wässer mit der Atmosphäre in Kontakt treten. Es erfolgt sofort ein Austausch von Kohlendioxid (CO_2) der Atmosphäre mit den Hydrogenkarbonat-Ionen (HCO_3^-) im Wasser und es fällt Karbonat ($CaCO_3$) aus. Grund dafür ist die Temperaturdifferenz zwischen dem austretenden Wasser, das in der Regel kühler ist, und der Lufttemperatur.

Stop 3: El Cerro del Hierro

Dieses bis in die 1970er Jahre aktive Bergbaurevier ist heute ein beliebtes Ausflugsziel. Der Freiluftpark ist gut erschlossen, das Infozentrum allerdings nur am Wochenende geöffnet (zwischen 14 und 16 Uhr Pause).

Die mindestens seit römischer Zeit abgebaute Eisenerzlagerstätte am Cerro del Hierro befindet sich in mittelkambrischen, leicht metamorphisierten Kalkgesteinen („Marmoren“), in denen in einem mehrphasigen Prozess sekundär mobilisierte Eisenoxide in zum Teil großer Menge angereichert sind. Das Eisen muss bereits zur Zeit der Sedimentation in großer Menge vorhanden gewesen sein.
121 An einigen Stellen gibt es Hinweise darauf, dass Calcit $CaCO_3$ und Ankerit $CaFe(CO_3)_2$ bereits während der Sedimentation oder spätestens bei der Diagenese (Verfestigung, Kompaktion) entstanden sind.

Abb. 121. Boudins aus Ankerit [rostbraun, $CaFe[(CO_3)_2]$, die vom umgebenden Kalkstein/Marmor ($CaCO_3$) verheilt wurden. Die Ankerit-Schicht ist also älter als die Dehnung, bei der die ca. 3 cm mächtigen Boudins entstanden sind (siehe auch Wanderziel (6), Stop 1).

In den 1960er und 1970er Jahren wurde sowohl das in Klüften sowie im Kalkstein vorkommende massige Erz als auch die in Karsttaschen angereicherte Roterde abgebaut. Das Eisen ist in Hämatit-Konkretionen gebunden, die zum Teil mit irisierendem Goethit überzogen waren.
122 Im Zusammenhang mit der Kars-
123 tentstehung fielen die Eisenoxide und –hydroxide aus und reicherten sich in den Karsttaschen an.

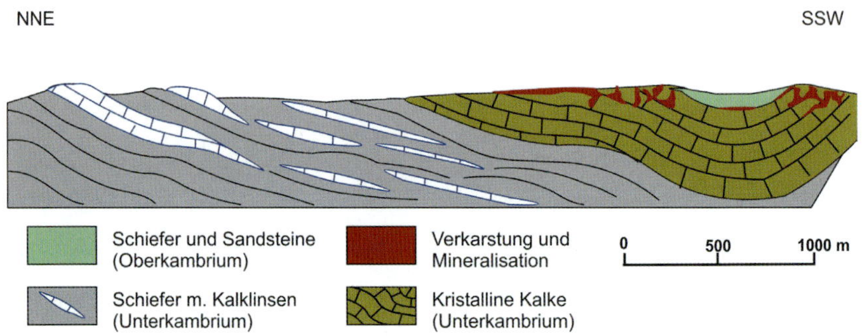

Abb. 122. Der Übergang von den unterlagernden Sedimentschichten zu den karbonatischen Schichten ist konkordant, dass heißt es gab keine Unterbrechung in der Sedimentation. Die über den Karbonaten lagernden Schichten bezeugen dagegen zunächst eine Erosion, bevor die Sedimentation wieder einsetzte (nach MORENO ET AL. *2008, Itinerario1 Cerro del Hierro).*

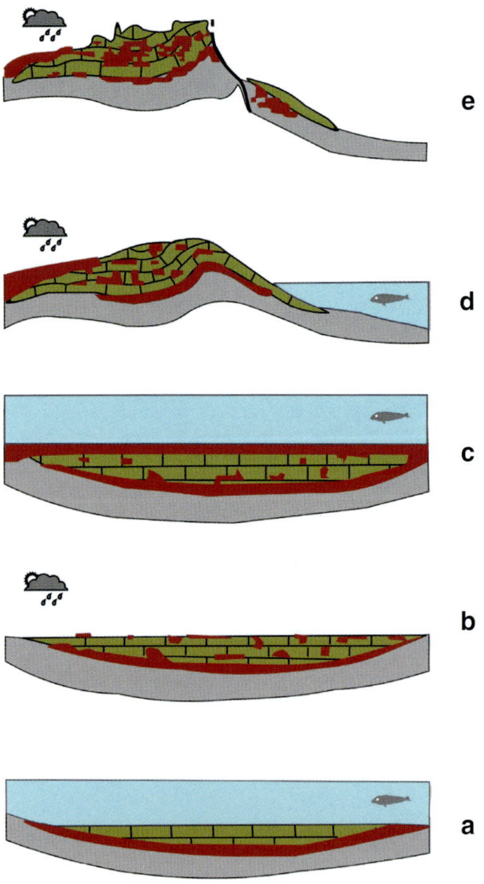

Abb. 123. Stadien der Entwicklung der Marmore und der Verkarstung am Cerro del Hierro (Erläuterung im Text) (nach MORENO ET AL. *2008, Itinerario1 Cerro del Hierro)*

Die eigenartigen Erosionsformen des Kalkgesteins kamen im Laufe des Abbaus zum Vorschein. Sie entstanden noch im Laufe des Kambriums, nachdem die Gesteine an die Erdoberfläche gelangt waren. Zu dieser Zeit füllten sich die Räume zwischen den Kalksteinfelsen mit der Roterde, die ein Produkt der Kalkverwitterung in humidem Klima ist. Später, im Laufe der Variszischen Orogenese, wurden die Schichten leicht verstellt, und aus dem Kalkstein wurde ein Marmor. Das war vor mehr als 300 Millionen Jahren. In dieser Zeit fand zusätzlich eine Anreicherung durch Fe-haltige Lösungen statt, die durch die Deformation der Gesteinspakete mobilisiert wurden. An einigen Stellen kam es auch zu geringen Anreicherungen von Baryt (Schwerspat, Ba(SO_4)). *124*

Die Kalksteine wurden vor rund 510 Millionen Jahren, im unteren bis mittleren Kambrium, in einem küstennahen Meer gebildet, wo es sowohl zur Ausfällung von Kalk als auch zum Eintrag von detritischen Sedimenten kam (Stadium a). In welcher Form das Eisen in die Sedimente kam, ist noch nicht geklärt, denn es fehlen noch diesbezügliche geochemische Untersuchungen. Die Bildung von Baryt lässt aber darauf schließen, dass der Sedimentationsraum zeitweilig austrocknete und es zur Ausfällung von Salzen kam. Zu dieser Zeit gab es noch keine Lebewesen mit einem festen Gerüst, so dass die Kalkablagerungen ziemlich rein sind. Ob es dann zu einer Hebung des Meeresbodens oder zu einem Absinken des Meeresspiegels kam, kann heute nicht mehr gesagt werden.

Fest steht jedenfalls, dass die noch jungen Kalksteine an die Erdoberfläche kamen und sofort begann die Zersetzung des relativ leicht löslichen

Abb. 124. Die Zipfelmützen (mogotes) von El Cierro del Hierro kamen durch den Abbau der sie verhüllenden Roterde zum Vorschein. QR-Code zur Geschichte:

Cerro del Hiero

Materials (Stadium b). Es entstanden Karsttaschen und andere Hohlraumformen, in denen sich die aus der Karbonatverwitterung gebildete Roterde ansammelte (Stadium c). Danach wurde das verkarstete Kalkgestein von anderen Sedimenten überlagert und während der nachfolgenden Gebirgsbildung leicht verstellt. Nachdem die Gesteine im Laufe des Karbons wieder an die
125 Erdoberfläche kamen, setzte erneut Verwitterung ein und im Laufe von vielen Millionen Jahren kam es erneut zur Bildung von Roterden und anderen Karsterscheinungen (Stadium d). Durch den Abbau dieser Roterden kamen die vorherigen Erosionsstrukturen wieder zum Vorschein (Stadium e).

Abb. 125. Nach der Verfestigung des im unteren Kambrium gebildeten Kalkgesteins verursachte feuchtes Klima eine Karstbildung (Höhlen und unterirdische Flussläufe). Bei nachlassenden Niederschlägen kam es zur in situ-Verwitterung des Kalkgesteins und zur Ansammlung von Verwitterungsschutt in den Hohlräumen. Die nachfolgenden Jahrmillionen und die Variszische Gebirgsbildung sorgten dann dafür, dass spätestens jetzt aus dem Kalkstein ein Marmor wurde.

Der Rundgang erschließt diese fast märchenhaft anmutende Landschaft und führt durch die verschiedenen Abbaubereiche bis zu den ehemaligen Bergwerksgebäuden. Während des Rundgangs können in einem Wäldchen verschiedene zum Teil hier seltene Eichentypen angesehen werden: Korkeichen sowie Bergeichen (*Quercus suber, Quercus faginea, Quercus pyrenaica*). Von besonderem Interesse ist der Bestand an Korkeichen am Rand des Karstkomplexes, die in diesem Gestein in einem eher ph-neutralen Milieu stehen. Auch das gemeinsame Vorkommen von *Cistus laurifolius* und *Quercus pyrenaica* ist etwas Besonderes.

Nach dem Besuch der alten Steinbrüche lohnt ein Abstecher in den Ort Cerro del Hierro. In der Bar waren noch 2016 Zeitungsausschnitte ausgestellt, in denen im Oktober 1978 auf „Hunger in El Cierro del Hierro“ aufmerksam gemacht wurde, nachdem die Bergarbeiter mehr als fünf Monate kein Geld bekommen hatten. Seit dieser Zeit ruht der Bergbau in Cierro del Hierro. Bei unserem Besuch im Frühjahr 2018 war die Bar renoviert worden, hatte möglicherweise den Besitzer gewechselt.

Auf dem Rückweg auf der SE-7201 Richtung Constantina führt die Straße zwischen Kilometer 4 und 5 an einem Aufschluss mit gefalteten Kalksteinen vorbei.

Abb. 126. *Granit am Bahndamm bei Fábricas de El Pedroso an der A-432 (kurz nach Kilometer 37)*

In Constantina können wir uns entscheiden, ob wir direkt ins Guadalquivier-Tal zurückfahren, ob wir den Rückweg nach Sevilla über El Pedroso und Cantillana nehmen (Stops 4 und 5 hier im Anschluss) oder ob wir von hier aus nach Almadén de la Plata weiterfahren wollen (Wanderziel 9).

Der direkte Weg ins Guadalquivir-Tal führt über die A-455, in deren Verlauf südlich von Constantina kambrische Schiefer (ca. 530 Millionen Jahre alt) sowie plutonische Gesteine überwiegen. Sie bilden den Untergrund für die *dehesas*, die savannenartige Weidelandschaft mit verstreuten Stein- und/oder Korkeichen und Grasland. Hier weiden Schweine, die sich zu einem großen Teil von den Eicheln dieser Bäume ernähren und den begehrten *Jamón Serrano* liefern.

Nach der Überquerung des Flusses bei Lora del Rio erreicht die Straße die pliozänen bis quartären Talschotter und -sedimente des Guadalquivir, die auch entlang der Autobahn A-4, die südlich des Flusses verläuft, anstehen und den Abtragungsschutt der Betischen Kordillere darstellen. Die Geschichte dieses Abschnitts des Guadalquivir-Beckens behandeln wir beim Wanderziel 23.

Stop 4: Granit von El Pedroso

Die Straße Richtung El Pedroso führt durch kambrische Gesteine, vor allem Schiefer, zum Teil kalkhaltig, und auch wenige Kilometer durch Granit. Dieser Granit gehört zu dem Batholith von
126 El Pedroso, der an mehreren Stellen an der Erdoberfläche vorkommt. An der Bahnlinie nördlich von El Pedroso ist dieser Granit aufgeschlossen (Karte S. 73). Sie verläuft parallel zur A-432, auf die wir östlich von El Pedroso nach rechts abgebogen sind und überquert sie bei etwa Kilometer 37,5. Direkt am Zusammenfluss des Arroyo San Pedro in die Rivera del Huésnar, befinden sich die Ruinen einer Industrieanlage aus dem 19. Jahrhundert (Fábricas de El Pedroso, Stop 2, vgl. Abb. 114), die aus sieben Wasserrädern bestand. Sie trieben Mühlen zur Erzzerkleinerung an. Das Erz (v. a. Eisen, z. T. Magnetit) kam aus acht Minen in der Umgebung, unter anderen aus Cerro del Hierro. Die Kohle, die in den Schmelzöfen verbraucht wurde, kam zu einem großen Teil von Villanueva de Río y Minas am Nordrand des Guadalquivir-Beckens (Karbonkohle/Westfal B wie bei Peñarroya-Pueblonuevo, siehe Wanderziel 13).

Abb. 127. *Grobkörniger Granit westlich von El Pedroso an der A-432. Rotes Taschenmesser als Maßstab*

Wir fahren auf der A-432 zurück bis El Pedroso, hier gibt es Rastmöglichkeiten. Im Westen des Ortes verläuft die Straße weiträumig durch Granit und in den *dehesas* liegen überall Granit-Wollsäcke, die *berrocal* genannt
werden. An der Zufahrt zur Finca Los Labrados ist der 127
grobkörnige Granit zum Teil tiefgründig verwittert. 128 129

Abb. 128. Berrocal (Granit-Wollsäcke) in einer Viehweide bei El Pedroso

Der Pluton von El Pedroso besteht aus verschiedenen Intrusivgesteinen, die von amphibolitischen Dioriten über Tonalite bis zu Graniten reichen (siehe Kasten 7 bei Wanderziel 9). Er intruiderte während des jüngeren Paläozoikums in kambrische Kalksteine, Schiefer und Sandsteine, die der Ossa-Morena-Zone angehören. Er erzeugte eine der ausgeprägtesten kontaktmetamorphen Aureolen der gesamten Sierra (siehe Abb. 88).

Im weiteren Straßenverlauf der A-432 von El Pedroso Richtung Cantillana streift die Straße zwischen Kilometer 24 und 23 einen Bereich mit metamorphen Gesteinen am Kontakt zum Granit und erreicht dann eine Störungszone, in der Schiefer und Grauwacken aus dem oberen Devon und eine Schiefer-Kalkstein-Wechselfolge aus dem unteren Karbon unter Einbeziehung eines Streifens Granit miteinander verschuppt sind. Am westlichen Horizont sind die Bergrücken der Südportugiesischen Zone zu erkennen (siehe Wanderziele 6 bis 9).

Bis etwa Kilometer 18 dominieren noch *dehesas* die Landschaft, gelegentlich mit Pinienwald-Anpflanzungen, danach ändert sich die Vegetation zu dichterem Steineichen- und Jara-Bewuchs. Die Landschaft wird insgesamt flacher mit Höhen zwischen 280 und 340 Metern. Bei Kilometer 17 weitet sich der Blick nach Süden und wir nähern uns dem Kontakt der Ossa-Morena-Zone mit dem Permotrias-Becken entlang des Río Viar. Die roten Sandsteine der Permotrias eignen
130 sich nur als Weiden. Die geologische Einordnung und Besonderheit der Permotrias Andalusiens beschreiben wir ausführlich im Kasten 8 sowie beim Wanderziel 20.

Abb. 129 Tiefgründig verwitterter Granit östlich von El Pedroso an der A-432. Beim Wanderziel 4, Stop 1, sowie beim Wanderziel 5, Stop 1, beschreiben wir einen wahrscheinlich in der Kreide-Zeit in situ vergrusten Granit, der noch feste Granit-Kerne enthält.

Abb. 130. *Viehweiden auf Permotrias-Gesteinen an der A-432, circa Kilometer 16*

Abb. 131. Der weiße Pfeil zeigt auf den Kontakt von Perm (links) und Ossa-Morena-Zone (rechts) (Google-Earth).

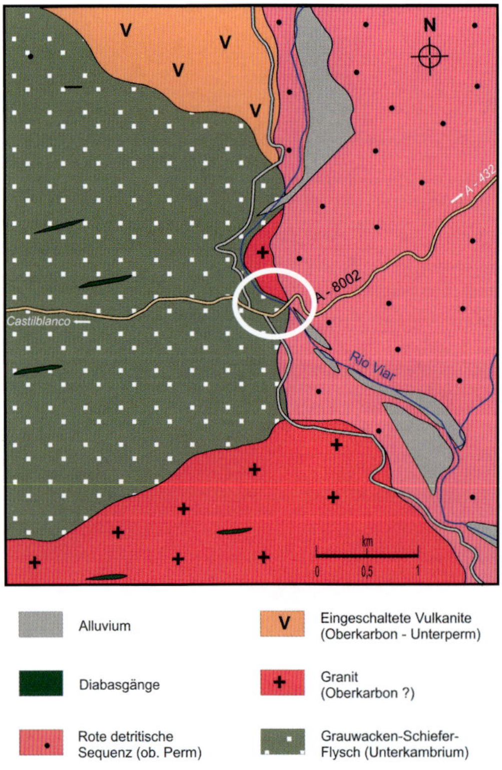

Abb. 132. Kurz bevor die Straße A-8002 (alt C-433) den Río Viar überquert, grenzen die Perm-Sedimente an unterkambrische Grauwacken und Schiefer (Ausschnitt aus der Geologischen Karte MAGNA50-940 Castilblanco de los Arroyos).

Stop 5: Permotrias-Becken entlang des Río Viar

Kurz vor beziehungsweise nach der Einmündung der A-8002 (alt C-433) nach/von Castilblanco de los Arroyos ist an der westlichen Straßenseite
der Kontakt zwischen Ossa-Morena-Zone und 131
den Permotrias-Sedimenten aufgeschlossen. Um 132
zum Kontakt zu gelangen, biegen wir (von Norden kommend) rechts auf die A-8002 ab, lassen den Wagen dort stehen und gehen parallel zur Straße einige Zehner Meter zu diesem Kontakt zurück. Die Gesteine der Ossa-Morena-Zone sind leicht nach Süden geneigt und die kambrischen Marmore stoßen an die roten Konglomerate und Sand-Tonsteine aus der Permotrias. Diese Neigung hält nicht lange durch, nach wenigen Metern Richtung Süden liegen die Permotrias-Schichten flach. Sie bilden also das Paläorelief zur Zeit der Ablagerung der Perm-Schichten ab (siehe Kasten 9).

Wir gehen zum Auto zurück und fahren auf der A-8002 etwa 8 Kilometer bis zur Brücke über den Río Viar. Die Straße führt an vielen Aufschlüssen vorbei, an denen die verschiedenen Besonderheiten der Permotrias-Sedimente angesehen werden können. An mehreren Stellen wurden aus den roten Sedimenten schwarze Partikel herausgewaschen und haben sich am Straßenrand angesammelt. Es handelt sich um organisches Material, das während der Sedimentation der Rotsedimente schon einmal, vor rund 255 Millionen Jahren, zusammengespült worden

Kasten 8: Permo-Trias am Südrand der Sierra Morena

Die markanten Rotsedimente, die am Ende der Variszischen Gebirgsbildung am Südrand der Iberischen Meseta abgelagert wurden, stellen ein Bindeglied zwischen den Gesteinen des Pa- 133
läozoikums und des nachfolgenden Mesozoikums dar. Sie markieren den Wechsel von einer kompressiven Krustenbewegung, die zur Bildung der Variszischen Gebirge geführt hatte, hin zu einer Dehnung der Kruste, die letztendlich zur Öffnung des frühen Tethys-Ozeans führte.

Erste Anzeichen der beginnenden Dehnung der Erdkruste waren Einbrüche von schmalen Gräben oder Becken, auch am Südrand des Iberischen Massivs. Die Bildung dieser Becken war von andesitischem Vulkanismus begleitet, wie er auf Mallorca an der Cala Tuent erhalten geblieben ist. In Mittel- und Westeuropa war die Öffnung des Tethys-Armes so weit fortgeschritten, dass sich hier (flach-)marine Sedimente bildeten. Im Gegensatz dazu füllten sich die Becken am Südrand Iberias mit terrestrischen Sedimenten. Erst in der späten Trias-Zeit war auch der Iberische Südrand von einem flachen Meer umgeben.

Diese Entwicklung zeigt sich hier in Andalusien am Südrand der Sierra Morena, aber auch auf den Balearen, wo in der (Permo-) Trias nur gering mächtige Karbonate vorkommen. Erst in den Gesteinsserien, die im Rahmen der Alpidischen Gebirgsbildung zu den Betischen Gebirgsketten zusammengeschoben wurden, kommen die aus der Germanischen Trias bekannten drei Einheiten vor, allerdings weniger stark ausgeprägt und zeitlich etwas verschoben, bis die Dehnung des Tethys-Meeresarmes so weit nach Westen fortgeschritten war (siehe Band 2 unserer Andalusien-Trilogie). Deshalb wird hier der Begriff Andalusische Trias verwendet und die Dreiteilung definiert keine zeitlichen, sondern Fazies-Einheiten.

Abb. 133. Die Komponenten des Permo-triassischen Konglomerats stammen von den paläozoischen Gesteinen der Sierra Morena.

Da die Grenze zwischen den Rotsedimenten des obersten Perm (Rotliegend) und der ältesten Trias-Einheit Buntsandstein am Iberischen Südrand schwer zu definieren ist, werden die Sedimente aus diesem Zeitraum in Andalusien meist als Permotrias bezeichnet.

Am Südrand der Sierra Morena kommen an mehreren Stellen sehr grobklastische rote Sedimente vor (Wanderziel (20), Ausflug 2; Wanderziel (9), Stop 5, und Wanderziel (11), Stops 2, 3 und 4). Sie belegen eine Abtragungs- und Sedimentationssituation, die auf ein Klima mit langen Trockenzeiten und wenigen Starkregenereignissen hinweist. Daneben gibt es ausgedehnte Bereiche mit sehr feinkörnigen Rotsedimenten, die gern als geologische Unterlage von Stauseen genutzt wurden (Wanderziel (10), Stop 5; Wande riel (20), Ausflug 3; Wanderziel (21), Stop 2).

Unter Verwendung von Gómez et al. (2002) und Tessensohn und Huch (2019)

Abb. 134. Rote gebankte Gesteine auf den Höhen im Osten der A-432

war und nun wieder freigelegt wird. Es ist in den feinkörnigen Partien der Rotsedimente enthalten, die in flachen Wasserlachen sedimentiert wurden. In denen wuchsen auch die Pflanzen, die von der nächsten Schlammflut überdeckt und konserviert wurden.

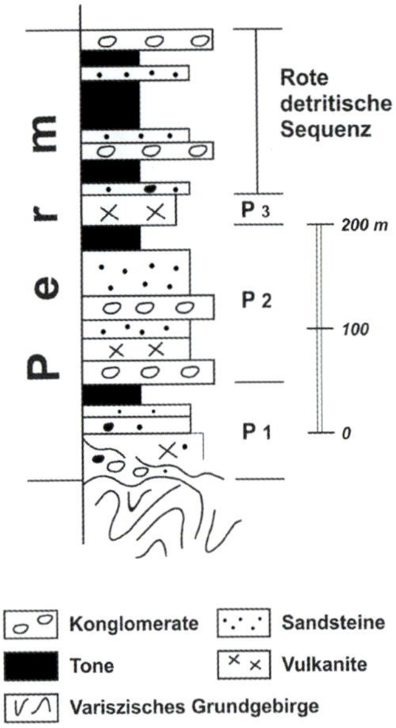

Abb. 135. Stratigraphisches Profil Viar-Perm (nach GIBBONS & MORENO 2002). Am Ende der Variszischen Gebirgsbildung kam es auch in anderen Regionen zu intramontanem Vulkanismus, zum Beispiel im Saar-Nahe-Becken und im westlichen Erzegebirge bei Chemnitz. Es handelt sich meist um feste porphyrische Gesteine, die unter anderem zu Fassadenplatten, aber auch als Wegepflaster verwendet werden.

Wir kehren zurück zur A-432 und setzen die Fahrt Rich- 134
tung Cantillana fort. Ab Kilometer 16 bis Cantillana ist der Untergrund dunkelrot und auf den Höhen im Osten liegen dicke rote Bänke. Die roten Gesteine gehören zu dem Permotrias-Becken, das sich südöstlich von Almadén de la Plata entlang des Arroyo de Gargantafría und des Río Viar bis über Cantillana an den nördlichen Rand des Guadalquivir-Beckens erstreckt (siehe Kasten 9).

Die Riftphase, die nach der Variszischen Gebirgsbildung während des frühen Perm begann, führte im Süden der Iberischen Halbinsel zur Bildung einer Reihe von intramontanen Becken. Die Sedimente, die damals in diesen Becken abgelagert wurden, kommen heute in einigen begrenzten Gebieten am südlichen Rand des Iberischen Massivs vor. Weiter östlich beschreiben wir sie beim Wanderziel (11), Stops 2, 3 und 4 sowie beim Wanderziel (20). Innerhalb der „Internzone" der alpidisch geprägten Betischen Kordilleren kommen diese Sedimente im allgemeinen als metamorphe Schiefer und Gneise vor (siehe Band 2 und 3 unserer Andalusien-Trilogie). Außerhalb der Betischen Kordilleren sind die südiberischen Permablagerungen alle kontinental und an schmale Becken im Norden des Guadalquivir-Beckens im Kontakt zum Variszikum der Sierra Morena gebunden. Das wichtigste Vorkommen ist das Permotrias-Becken des Viar.

Dieses schmale intramontane, NNW-SSE gerichtete Becken 135
des Río Viar wird von Extensionsstörungen begrenzt, die während der Sedimentation aktiv waren. Die mehr als 300 Meter mächtigen kontinentalen Sedimente sind sowohl Abtragungsschutt des nach wie vor aktiven variszischen

Gebirges als auch vulkanischen Ursprungs. Sie bezeugen ein wüstenhaftes Klima mit gelegentlichen Starkregenereignissen, die die Gesteinsbruchstücke forttrugen und dabei gut abrundeten.

Es können vier lithostratigraphische Einheiten unterschieden werden. Die drei unteren Einheiten kommen bei Guadalcanal (im Norden) vor und enthalten vulkanische Gesteine, die aus Spalten austraten und lagig mit Konglomeraten, Sandsteinen
136 und Tonsteinen abwechseln. Sie werden als alluviale Fächersedimente des unteren Perm interpretiert. Die beiden jüngsten Einheiten bestehen aus der „roten detritischen Abfolge“ (RDS), die aus roten Konglomeraten, Sand-
137 steinen und Tonsteinen bestehen. Sie werden als Sedimente einer Überschwemmungsebene gedeutet. Das Alter ist nicht eindeutig zu bestimmen, aber wahrscheinlich frühe Trias, da der Kontakt zu den unteren drei Einheiten konkordant ist.

In Cantillana trifft die A-432 auf die A-436, die nördlich des Guadalquivir verläuft. Die Weiterfahrt nach Sevilla erfolgt am zügisten nach Westen über Villaverde del Río, wo die A-460 Richtung Burguillos und Guillena abzweigt und bis zur A-66 führt, auf der es dann in südlicher Richtung nach Sevilla geht. Hier sind dann die Beschreibungen zu den Flussterrassen des Guadalquivir (siehe S. 138) sowie den historischen Orten Carmona, Sevilla und Itálica (Wanderziel 24) von Interesse.

Abb. 136. Tonige bis kiesige Komponenten der permotriassischen Sedimente

Abb. 137. Die Komponenten des Permo-triassischen Konglomerats (vermutlich zur RDS-Einheit gehörend) sind hier bis zu faustgroß.

(11) Unterkambrium bis Perm – Geologie entlang der Straße

Diese Wanderroute führt uns aus den jungen und jüngsten Ablagerungen im Guadalquivir-Becken in die altpaläozoischen Gesteine der östlichen Sierra Norte de Sevilla. Entlang der Straße treffen wir
138 verschiedene Gesteine an, die uns etwas über die geologische Geschichte dieses Teils der Sierra Morena berichten. Diese Geschichte reicht über 500 Millionen Jahre bis an den Beginn des Kambriums zurück.

In diesem Teil der Sierra Morena befinden wir uns nach wie vor in der Ossa-Morena-Zone, und zwar vor allem in Gesteinen aus dem unteren Kambrium. Sie entstanden in einem nicht sehr tiefen Meer, denn sie enthalten zum Beispiel mit den Medusen von Constantina Fossilien aus dieser Zeit (siehe Kasten 9). Die zum Teil massigen, zum Teil fein 139
bis gröber gebankten Karbonate verwittern relativ leicht, wie wir an den Straßenaufschlüssen feststellen können.

Entlang der Straße ist es nicht immer einfach anzuhalten und die Gesteine genauer anzusehen.

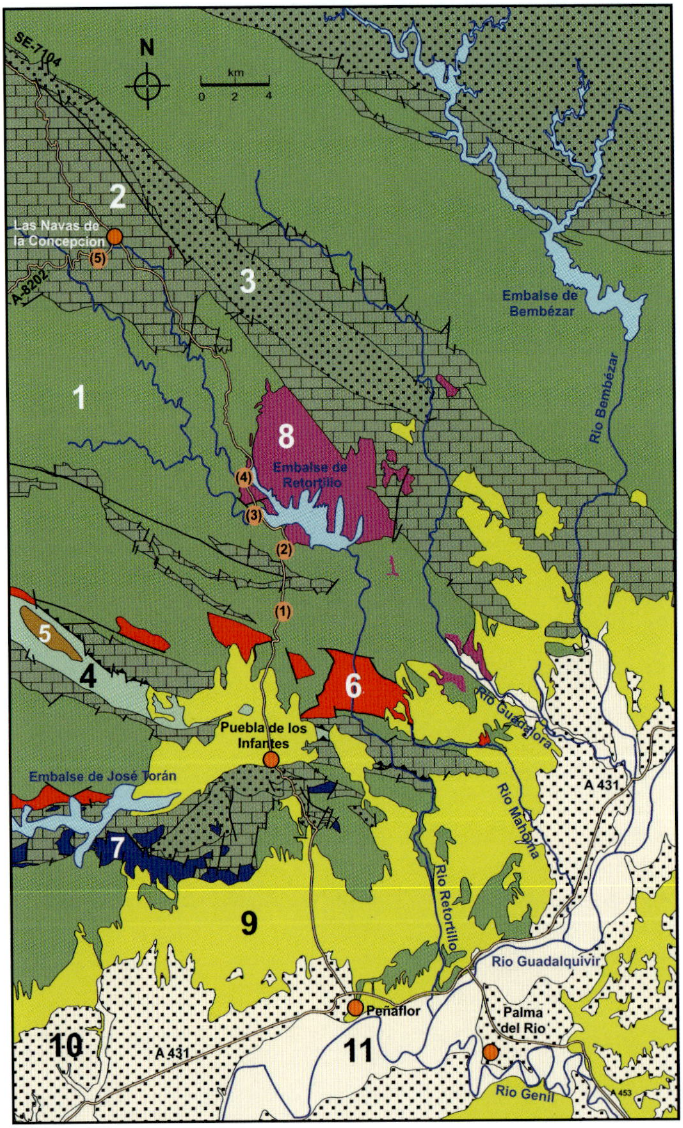

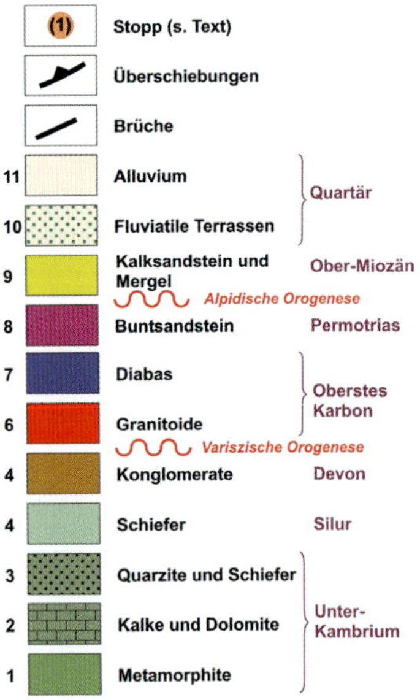

Abb. 138. Geologische Übersichtskarte des Wanderziels (11) mit Stops (zusammengestellt aus GK MAGNA50 921 Las Navas de la Concepción und 942 Palma del Rio 1:50 000). Die Gesteine, die wir hier vorfinden, haben, wie alle Gesteinseinheiten der Ossa-Morena-Zone, mehrere Gebirgsbildungen erlebt. Die letzte im Karbon war die Variszische Orogenese, die Gondwana mit Laurussia zum Superkontinent Pangäa vereinigte. Das Permotrias-Vorkommen am Stausee des Río Retortillo ist ein kleines intramontanes Becken, das am Ende der Variszischen Gebirgsbildung mit Rotsedimenten gefüllt wurde (weitere Erläuterungen im Text; siehe auch Kasten 8 und Wanderziel (10), Stop 5 sowie Wanderziel (20)).

Abb. 139. Zu roter Erde verwitternde unterkambrische Kalkgesteine, die nach unten mächtiger und nach oben hin feiner gebankt sind (an der A-8202 bei Kilometer 19).

Abb. 140. Die permotriassischen Rotsedimente liegen direkt auf kambrischen geschieferten Gesteinen, die durch eine Interndeformation eine interessante Spaltbarkeit aufweisen.

Deshalb soll es hier genügen, dass wir einzelne markante Gesteine vorstellen. Wer mit dem Fahrrad oder zu Fuß unterwegs ist, kann sich die Gesteine in Ruhe ansehen und mit Fachkenntnis bestimmen.

Im Guadalquivirtal wurden bis westlich von Peñaflor auf Terrassensedimenten des Guadalquivir-Beckens (T4) Olivenhaine angelegt (siehe S. 138). An mehreren Stellen lagern marine, postorogene obertortonische (oberstes Miozän) Sandsteine direkt auf paläozoischen Gesteinsserien. Die jungen Ablagerungen sind gut daran zu erkennen, dass hier ausgedehnte Olivenhaine angelegt wurden. Südlich von Puebla de los Infantes geht es über einen Höhenrücken aus kambrischen Quarziten und Schiefern. Damit haben wir den Südrand des Iberischen Grundgebirges überquert.

In den paläozoischen Gesteinen überwiegen Stein- und Korkeichenwälder, die immer wieder von den traditionellen Viehweiden (*dehesas*) abgelöst werden.

Im weiteren Verlauf der SE-7104 Richtung Las Navas de la Concepción führt die Straße durch an Störungen voneinander getrennte Einheiten kambrischer Schiefer und kalkhaltiger Schiefer sowie unterkambrischer Vulkanite. Bei Kilometer 5 (Finca Florida, Stop 1) steht ein sehr helles bis hellgraues gebanktes Gestein an, das von
140 gescheckten Schiefern begleitet wird. Es ist stark
141 serizitisiert und zeigt an einigen Stellen Harnisch. Ohne detaillierte Untersuchungen durchführen zu können vermuten wir, dass wir es hier mit einem in der Geologischen Karte vermerkten kambrischen Metavulkanit zu tun haben.

Anfahrt:

Von Palma del Rio auf der A-431 nach Peñaflor und dort weiter auf der SE-7105 nach Puebla des Los Infantes, dort auf die SE-7104 Richtung Hornachuelos beziehungsweise La Puebla de los Infantes wechseln, dort weiter nach Las Navas de la Concepción, dort auf die A-8202 nach Constantina abbiegen, sie trifft am nördlichen Ortsausgang von Constantina auf die A-455.

Koordinaten:

(1) Finca Florida/kambrischer Vulkanit 37°49'13,82" N, 5°23'4,19" W

(2) Abzweig zum Mirador/Beginn Permotrias-Sedimente 37°50'34/73" N, 5°22'47,59" W

(3) Brücke 1 über Zufluss zum Stausee von Retortillo 37°51'7,5" N, 5°23'48,34" W

(4) Brücke 2 über Zufluss zum Stausee von Retorillo 37°51'46,36" N, 5°23'57,16" W

(5) Parkplatz Kilometer 19/unterkambrische Kalke 37°55'35,48" N, 5°29'13,21" W

Gesamtzeitaufwand:

1/2 Tag (ca. 75 km)

Abb. 141 Hellgraues Gestein mit Harnisch (kambr. Metavulkanit?) an der SE-7104 bei Kilometer 5

Abb. 142 Leuchtend rotes Konglomerat (Permotrias) oberhalb des Stausees des Río Retortillo an der SE-7104 zwischen Kilometer 8 und 9

Die SE-7104 führt wenige Kilometer durch den Parque Natural de los Hornachuelos und trifft an der ersten Brücke über einen Zufluss zum Stausee des Retortillo auf das Gebiet des Parque Natural de la Sierra Norte de Sevilla (Stop 3). Wir sollten aber schon am Abzweig zu einem Mirador über den
142 Stausee unseren Wagen stehen lassen (Stop 2), denn ab hier folgen zwischen Kilometer 8 und 9 die roten Permotrias-Sedimente, die wir bereits beim Wanderziel (10) kennen gelernt haben. Der Fluss ist hier zu einem See gestaut, der einen großen Teil dieses leuchtend rot gefärbten Gesteins bedeckt. Das rote Konglomerat, das in Teilen fein geschichtet ist, liegt direkt auf den dunklen unterkambrischen Schiefern und wurde am Ende der Variszischen Gebirgsbildung abgelagert (siehe Kasten 8).

Bei Kilometer 23 erreichen wir auf der SE-7104 die östlichen Ausläufer von Las Navas de la Concepción. Anschließend fahren wir auf der A-8202 bis Constantina durch Schiefer des unteren Kambriums,
143 in die teilweise kalkige Partien sowie in anderen Bereichen basische Vulkanitlagen eingeschaltet sind. Die kalkigen Partien sind zum Teil zu roter Erde verwittert (zwischen Kilometer 16 und 19, nur wenige Kilometer vor Las Navas de la Concepción, Stop 5). Dazwischen liegen helle gebankte Sandsteine und Quarzite. Die rot verwitternden unterkambrischen Karbonate werden wir auch auf weiteren Ausflügen in der Sierra Norte de Sevilla wiedersehen.

Abb. 143. Straßenaufschluss in unterkambrischen Karbonaten, die rötlich verwittern.

Kasten 9: Die Medusen von Constantina

Nicht weit von Las Navas de la Concepción wurde auf einem Privatgelände in unterkambrischen, relativ groben Grauwacken eine große Zahl von Körperabdrücken gefunden, die der heute bekannten Art *Aequorea* zugeordnet werden können. Die Nachbarschaft von Spurenfossilien und Sedimentstrukturen grenzt die Bildung auf ein strandnahes Milieu ein. Spektakulär ist die große Anzahl (90) und die Größe der einzelnen Körper (bis zu 88 cm Durchmesser), die am 144
Übergang vom Neoproterozoikum zum Phanerozoikum (d. h. zum Kambrium) im Laufe eines Sturmereignisses auf einem Strand zusammengeschwemmt und, geschützt durch überlagernde feinere Schichten, in den Grauwacken erhalten geblieben sind (mehr dazu über den QR-Code).

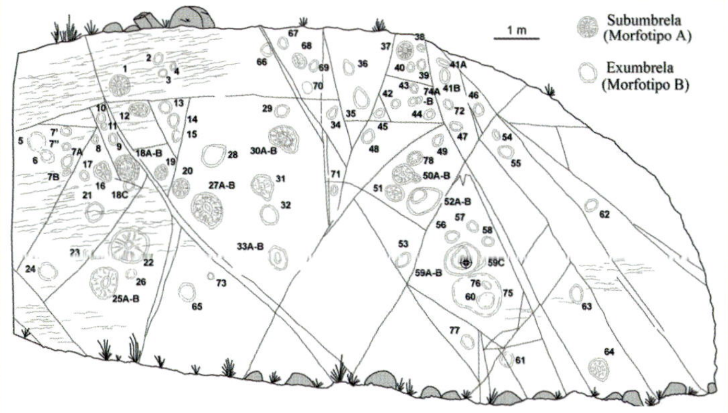

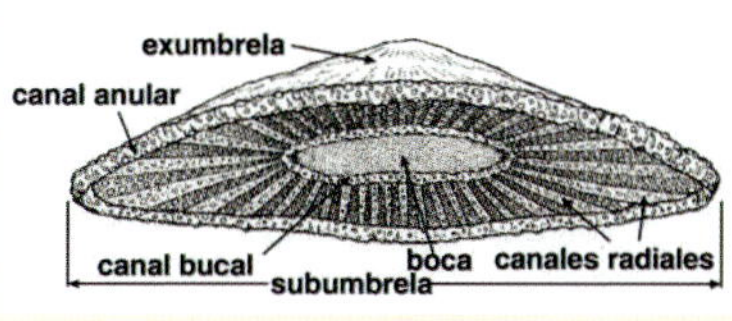

Abb. 144. Zeichnung der Steinbruchwand und Skizze von Cordubia gigantes (MAYORAL ET AL. 2004, *Abb. 4 und 10c)*

Medusen von Constantina

Kollision und Dehnung: Sierra de Albarrana und Karbonbecken des Río Guadiato

Die Landschaften im Norden von Córdoba sind bis auf wenige urbane Zentren außerordentlich dünn besiedelt. Es überwiegen gebirgige Gegenden mit engen, kurvenreichen Straßen. Weite Bereiche dieses Teils der Sierra Morena sind kaum durch Straßen erschlossen. Hauptverkehrsader nach Nordosten ist die heutige N-432, die der alten Via de la Plata (*via balata* = gepflasterte Straße) von Córdoba nach Badajoz folgt. Sie verläuft im oberen Tal des Río Guadiato und an ihr liegen die wichtigsten Bergbaureviere und auch das ehemalige Industriezentrum Peñarroya-Pueblonuevo.

Die Gesteine, die in diesem Teil der Sierra Morena vorkommen, gehören zur Ossa-Morena-Zone und haben eine sehr komplexe Geschichte. Sie wurden von mehreren Gebirgsbildungen erfasst. Die letzte war die Variszische Orogenese im Karbon. Hier finden wir die ältesten Gesteine der Sierra Morena,
145 die heute als hoch metamorphe Phyllite, Glimmerschiefer, Paragneise und Quarzite vorkommen. Die Ablagerungen entstanden im Präkambrium und Altpaläozoikum in einem ausgedehnten Meeresbecken, überwiegend als klastische Sedimente, die zu Tonsteinen und Sandsteinen wurden. In diese eintönige Gesteinsabfolge sind Kalksteine (z. T. mit Archaeocyatheen) oder Marmore (ehemalige Riffkalke) des Unterkambriums eingeschaltet.

146 Durch die im mittleren Devon einsetzende variszische Gebirgsbildung wurden diese Sedimente gehoben und Teile der heutigen Sierra Morena wurden Abtragungsgebiete (siehe auch Abb. 158). Aus den Abtragungsprodukten des aufsteigenden Gebirges entstanden im Laufe des Oberdevons und Unterkarbons ausgedehnte Sand- und Tonsteine (Flysch) (siehe auch Wanderziele (1) und (2) sowie Kasten 3). Im Unterkarbon setzte Vulkanismus ein, in den Flysch sind daher saure und basische Ergussgesteine eingeschaltet (siehe Wanderziele (4) und (5)).

Im jüngeren Oberkarbon (Westfalium) klang die Orogenese allmählich aus. In den Senken des variszischen Gebirges entstanden molasseartige Ablagerungen, die limnische Kohleflöze enthalten. Durch eines dieser Becken entwässert der Río Guadiato nach Süden. Das Becken wurde nach der Sedimentfüllung eingeengt, so dass die Kohleflöze zum Teil senkrecht standen (siehe auch Abb. 159 und 160).

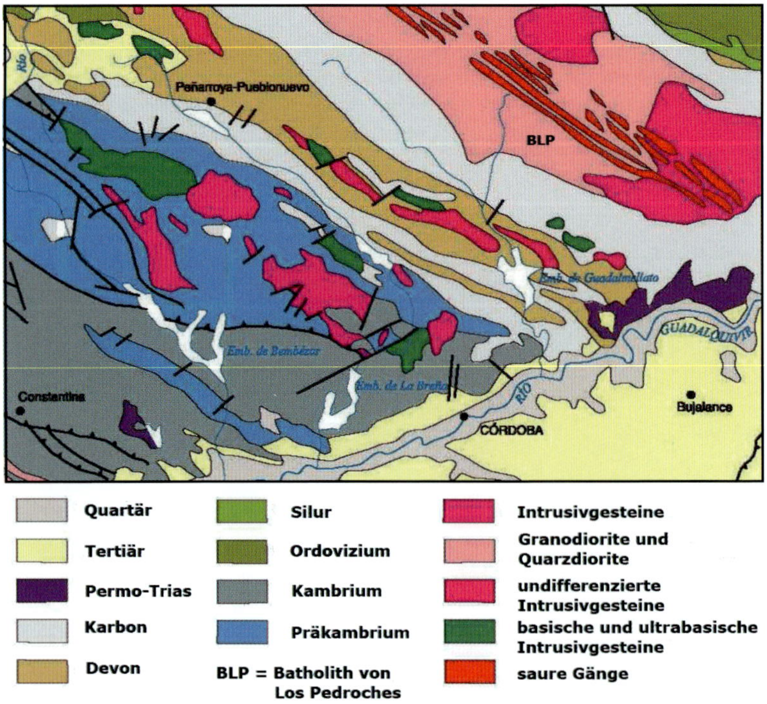

Abb. 145. Vereinfachte geologische Übersicht der zentralen Sierra Morena 1:1 Million (aus MAGNA50 900 La Cardenchosa 1:50 000). Die Ausrichtung der Gesteinseinheiten entstand durch die Variszische Gebirgsbildung. Auch der Intrusivkörper des Batholiths von Los Pedroches (BLP) zeigt die markante NNW-SSE-Orientierung. Die paläozoischen und präkambrischen Gesteinseinheiten sind von verschieden alten Intrusivgesteinen durchdrungen.

147 Im mittleren bis oberen Karbon drangen Plutonite (Granite, Granodiorite) in die metamorphen präkambrischen und paläozoischen Gesteine ein. Dies sind vor allem der granodioritische Batholith von Los Pedroches sowie die Intrusionen zwischen Córdoba und Villaviciosa. In der Sierra de Cardeña und Montoro, die in die Sierra de Andújar in der Provinz Jaén übergeht, tritt der Batholith von Los Pedroches zu Tage (siehe Wanderziele (16) und (17)).

Abb. 146. Unterkambrischer Kalkstein/Marmor an der Straße CO-3314 zum Sanctuario de las Ermitas, Provinz Córdoba

Nach der Platznahme der spätorogenen Plutonit-Intrusionen bildeten sich in Spalten des granitischen Muttergesteins, die bei der Abkühlung durch Kontraktion entstanden waren, hydrothermale Vererzungen. Dies betraf auch Klüfte in den umgebenden Metamorphiten. Weiter entfernt vom Pluton kam es zur Auskristallisation typischer Pegmatitminerale wie Quarz, Feldspäte und Glimmer sowie Minerale mit sehr großen oder besonders kleinen Ionenradien (vor allem Turmalin, Beryll, aber auch Uranminerale und Minerale der Seltenen Erden). Diese weit im Westen von Córdoba gelegene Sierra de Albarrana in der Umgebung von El Cabril erkunden wir bei unserem Wanderziel (12).

Nach der Ausfällung der Pegmatitminerale blieben wässrige Restlösungen zurück, aus denen sich bei Temperaturen unter 400°C vor allem Quarz und Schwerspat als Gangarten sowie verschiedene Kupfererze ausbildeten. In Cerro Muriano wurde bereits zu römischer Zeit Bergbau auf Kupfer betrieben (Wanderziel (14)). Die Ausbeutung dieser Lagerstätten profitierte davon, das gewonnene Erz nach möglichst kurzem Transport weiterverarbeiten zu können. Für die Verhüttung der Erze wird Kohle benötigt, die im oberen Guadiato-Becken zur Verfügung stand (siehe Wanderziel (13)). Diese geologische Situation führte im Norden der Provinz Córdoba im 19. und 20. Jahrhundert bis in die 1990er Jahre zu einem Bergbauboom. Die Kohlen von Peñarroya wurden in großem Stil zur Verhüttung von Erzen genutzt, die sowohl aus dem Umfeld des oberen Guadiato-Beckens (Fuente Obejuna über Espiel bis Cerro Muriano) stammten als auch von weither herantransport wurden. In Peñarroya kreuzen sich zwei Eisenbahnlinien. Heute sind alle Gruben aufgelassen und man kann höchstens auf Halden nach Vererzungsresten suchen. Nach dem Ende der Bergbautätigkeit blieben die Anlagen lange Zeit sich selbst überlassen. Allmählich beginnen die Gemeinden damit, Freiluftparks herzurichten, damit das Erbe des Bergbaus und der angeschlossenen Industrien nicht ganz vergessen wird.

Nach soviel Geologie tut ein Blick in die maurisch geprägte Zeit Andalusiens in Medina Azahara, westlich von Córdoba gelegen, ganz gut (Wanderziel (15)).

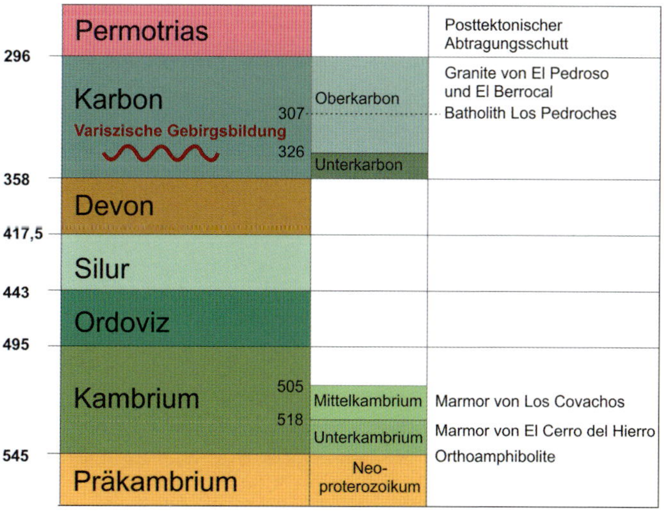

Abb. 147. Stratigraphische Entwicklung der Sierra Morena im Norden der Provinz Córdoba (Zahlen in Millionen Jahren)

(12) Geprägt durch Metamorphose und Tektonik – Sierra de Albarrana

In der Spätphase der permischen Plutonit-Intrusionen entstanden hydrothermale Vererzungen. Die nach der Kristallisation der Plutonite zurückbleibende Restschmelze verfüllte nicht nur die Spalten, die durch Kontraktion des granitischen Muttergesteins entstanden, sondern drang unter Druck auch in Klüfte der umgebenden Metamorphite ein. Mit zunehmender Entfernung vom Pluton kühlte die Schmelze so stark ab, dass typische Pegmatitminerale wie Quarz, Feldspäte, Glimmer und Minerale mit sehr großen oder besonders kleinen Ionenradien auskristallisierten (vor allem Turmalin, Beryll, Uranminerale und Minerale der Seltenen Erden). Dieser Vorgang fand oft in großer Entfernung vom granitischen Muttergestein statt, da der hohe Gehalt der Schmelzen an leichtflüchtigen Verbindungen (z. B. Wasser, Kohlendioxid, Schwefelwasserstoff) die Viskosität verminderte und zudem der hohe Druck den Transport der Schmelze erleichterte.

148 Die weit im Westen der Provinz Córdoba gelegene Sierra de Albarrana, ein Bergland in der Umgebung von El Cabril, wird von ungewöhnlich zahlreichen Pegmatiten durchzogen. Hier werden nicht nur südöstlich streichende Pegmatitgänge, sondern auch massige Pegmatitkörper mit Längen von mehreren hundert Metern und Mächtigkeiten von mehreren Zehner Metern angetroffen. Ihre Feldspäte wurden als Rohstoff zur Herstellung von Keramik abgebaut. Eine an Schwarzschiefer und Quarzite aus dem Präkambrium gebundene U-(Co-Ni-Cu)-Vererzung erbrachte eine Ausbeute von 65 000 Tonnen mit einem Gehalt von 1,5 Prozent U_3O_8.

Bei der Anfahrt-Variante 1 führt die enge Ge- 149
birgsstraße nördlich von Hornachuelos durch grandiose Landschaften, die von Steineichenwäldern dominiert werden – leider gibt es nur wenige Möglichkeiten zum Halten und Schauen.

Zunächst führt die Straße durch metamorphe 150
Schiefer und Quarzite. Sie bilden die jüngsten Einheiten der proterozoischen Gesteinsserien. Nach der Überquerung des Arroyo Baja, einige Kilometer vor Erreichen des Río Bembezar, folgt eine Serie von Glimmerschiefern, die durch ihren Mineralgehalt an Muskowit, Andalusit, Staurolith und Granat eine Hochdruckbildung anzeigen. Die in NNW-SSE-Richtung streichenden hoch metamorphen Gesteine umgeben den Kern der tektonisch herausgehobenen Synkline, in der Feldspat-reiche Quarzite, Metaarkosen und Einschaltungen von Sillimanit-Schiefern auftreten. 151
Pegmatite sind verbreitet.

Aus den Pegmatiten der Sierra Albarrana werden eine Reihe akzessorischer Minerale wie Apatit, Rutil, Zirkon, Almandin-Spessartin, Brannerit, Pechblende, Monazit, Allanit, Bastnäsit, Xenotim und sekundäre Uranminerale beschrieben. Auffallend ist gelegentlich eine „schriftgranitische Verwachsung" von Quarz und Feldspat, die an hebräische Buchstaben erinnert.

Die Tagebaue und Stollen sind heute alle aufgelassen. Die Aufschlüsse können allerdings nicht, oder nur mit Sondergenehmigung, besucht werden. Entlang der A-3151 sind im Bereich der Brücke über den Río Bembezar mehrere kleine-

An- bzw. Weiterfahrt:

Variante 1: Von Süden über die A-431 Richtung Hornachuelos im gleichnamigen Naturpark und weiter auf der A-3151 Richtung Fuente Obejuna bis zur Brücke über den Río Bembezar, weiter über Cañada del Gamo und Ojuelos Altos Richtung La Cardenchosa bis Fuente Obejuna, dort auf die A-432 nach Córdoba wechseln, gegebenenfalls das Wanderziel (13) anschließen.

Variante 2: Im Anschluss an das Wanderziel (13) Weiterfahrt von Peñarroya-Pueblonuevo nach Fuente Obejuna, dort auf der A-3151 bis zur Brücke am Río Bembezar und weiter über Hornachuelos auf die A-431 zum Ausgangspunkt zurück

Variante 3: Vom Río Bembezar auf der A-3151 Richtung Hornachuelos, bei Kilometer 29 scharf rechts auf die CO-5400 nach Las Navas de la Concepción abbiegen (nach der Provinzgrenze hat sie die Nummer SE-8102). Dort schließt das Wanderziel (11) an.

Koordinaten:

Brücke über den Río Bembezar
38°3'12,26" N, 5°24'6,52" W

Abzweig von der A-3151 auf die CO-5400
37°57'23,74" N, 5°20'30,48" W

Zeitaufwand:

1 Tag; mit Wanderziel (11) und/oder (13) entsprechend länger

Abb. 148. Landschaft in der Sierra de Albarrana am Río Bembézar

re Pegmatitgänge aufgeschlossen. Bei genauerer Geländebegehung wird man sicher noch die eine odere andere Stelle ausfindig machen, an der die verschiedenen Pegmatit-Minerale vorkommen. Es lohnt sich auf jeden Fall, für eine Fahrt durch diese reizvollen Landschaften trotz der in weiten Teilen

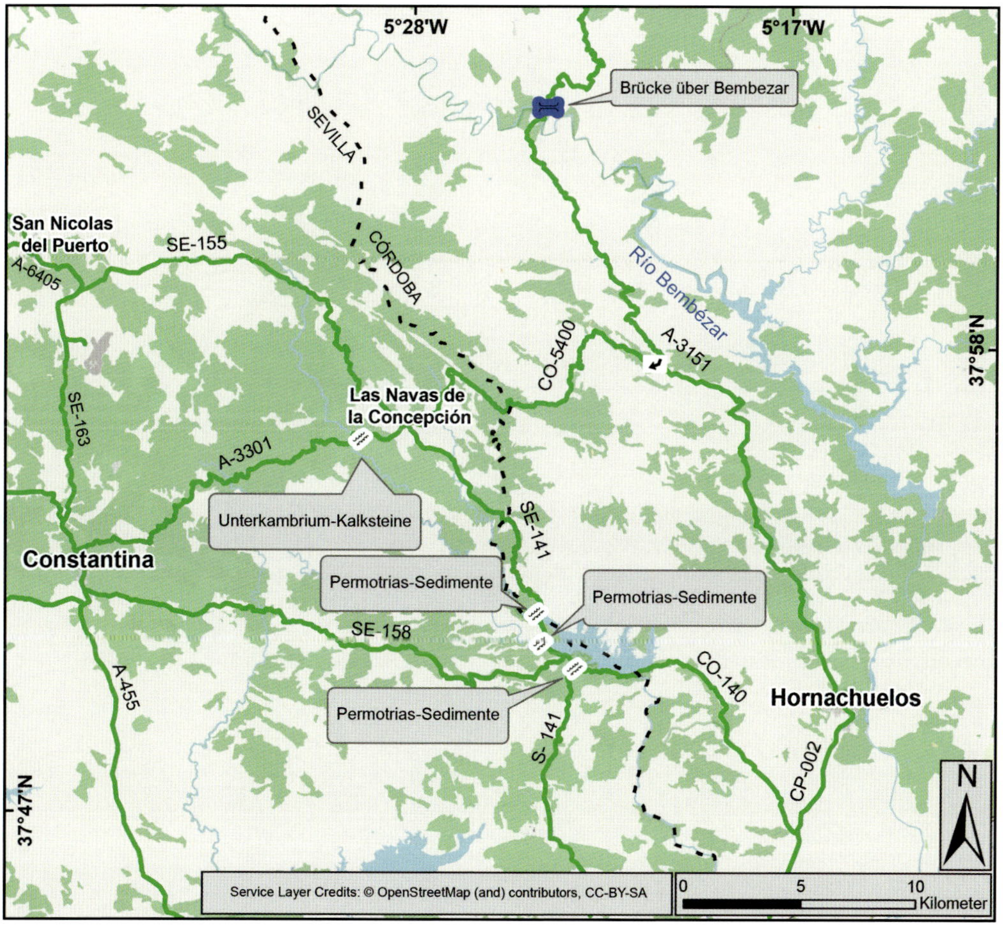

Abb. 149. Übersichtskarte der Wanderrouten (11) und (12) durch die östliche Sierra Norte de Sevilla und die Sierra de Albarrana. Für die geologische Zuordnung siehe Abbildungen 148, 150, 153 und 154.

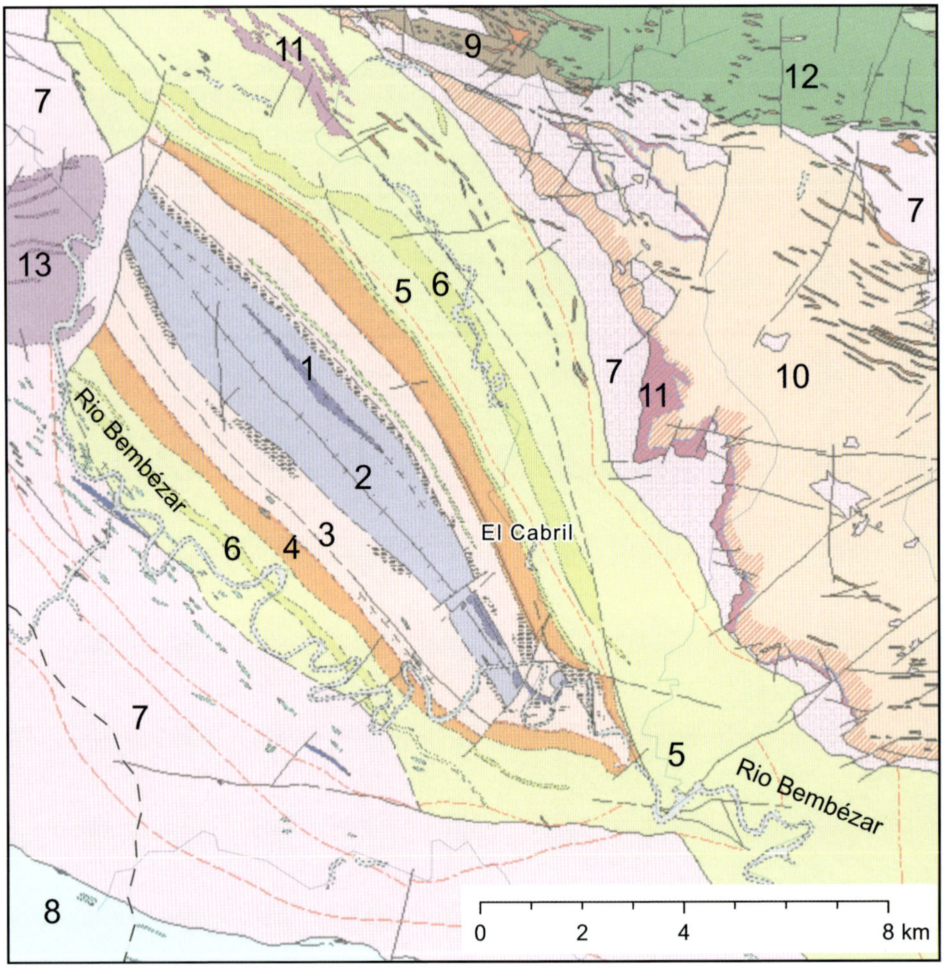

Abb. 150. Geologische Karte der Sierra de Albarrana im Bereich des Rio Bembezar (Ausschnitt aus MAGNA50 900 La Cardenchosa 1: 50 000). Die variszische Tektonik hat die proterozoischen Gesteinsserien zusammengeschoben, nördlich des Río Bembezar bilden sie eine Synkline (Mulde). Vom Muldenzentrum mit den Quarziten (2) nach außen werden die Gesteine jünger, sie stammen aber alle aus dem mittleren bis oberen Proterozoikum. Sie wurden schon vor der Variszischen Orogenese von einer Gebirgsbildung erfasst.

Legende der proterozoischen Gesteinsabfolge

1 Biotit-führende Gneise und Migmatite
2 Quarzite (Meta-Arkosen)
3 Gneise
4 Biotit-führende Gneise
5 Glimmerschiefer mit Andalusit
6 Feldspat-führende Quarzite
7 Metapelite mit Quarziten und Amphibolen
8 Metavulkanite und -vulkaniklastika
9 Gneise mit Amphiboliten

Legende der variszischen Intrusionen

10 Zweiglimmer-Granite mit Gängen
11 Leukogranite
13 Diabase (Basalte)

Karbon

12 Sandsteine mit Kohleflözen und Konglomeraten

sehr engen Gebirgsstraße, die kaum einen Halt zulässt, einen halben Tag zu „opfern“.

Nach der Überquerung des Rio Bembézar schlängelt sich die Straße Richtung Norden vor allem durch Glimmerschiefer, bis sie durch eine Kontaktzone zum Leukogranit und dann randlich durch den 2-Glimmer-Granit von Cardenchosa führt.

Nördlich von Cardenchosa tritt ein breiter Gürtel von Diabas auf. Südwestlich von Cardenchosa kommen in den Glimmerschiefern pegmatitische Körper vor. Es ist im Gelände nicht immer leicht, die verschiedenen Gesteine zu identifizieren. Mit einem guten Blick, Erfahrung und genügend Zeit mag es gelingen.

Der Wechsel des geologischen Untergrundes zeigt sich an der Vegetation. Im Bereich des Río Bembézar wurden Pinien angepflanzt. An sich überwiegt auf den hoch metamorphen Gesteinen spärliche Buschvegetation.

Im Bereich des Abzweigs nach Las Navas de la Concepción bilden Schiefer und Grauwacken den Untergrund für weiträumige *dehesas*.

Abb. 151. Gesteine aan der Straße A-3151 nördlich des Río Bembézar Oben: Kleiner Pegmatitgang in steil stehenden Glimmerschiefern. Mitte: Pegmatit-Härtling. Unten: teil stehende Glimmerschiefer.

(13) Geologische Synergien – Bergbaugeschichte in der zentralen Ossa-Morena-Zone

Hier im Kohlebecken des oberen Guadiato befinden wir uns im Zentrum der Variszischen Gebirgsbildung. Das Tal erstreckt sich zwischen Fuente Obejuna im Nordwesten und Obejo im Südosten, nahe Cerro Muriano (Wanderziel (14)). Neben den Kohlevorkommen gibt es in direkter Nachbarschaft des Beckens verschiedene spätmagmatische Ganglagerstätten (um 300 Millionen Jahre alt) mit Eisen, Kupfer und silberhaltigem Bleiglanz, die ebenfalls abgebaut wurden. Außerdem kommen hier kar-
152 bonische Riffkalke vor, die als Härtlinge das Landschaftsbild prägen (u. a. bei Belmez). Sie enthalten gelegentlich Brachiopoden, rugose Korallen, Gastropoden, Seelilien (Crinoiden) und Trilobiten. Das Gestein ist grau und fest. Die Ablagerung erfolgte im Visé bis unteren Namur.

153 Die tektonisch steil gestellten Kohlevorkommen von Peñarroya-Pueblonuevo (in der Geologischen
154 155 Karte 1:50 000 nur als ein dünner Strich zu erkennen) entstanden in einem intramontanen Becken im höheren Karbon (Westfalium, um 310 Millionen Jahre). Wie im Rheinischen Schiefergebirge sind die Kohleflöze in fluviatile und lakustrine (d. h. terrestrische) Sedimente eingebettet. Diese Ablagerungen liegen auf marinen Sedimenten des unteren Karbon (Einheit III.3 in Abb. 158 und 159).

Anfahrt:

Weiterfahrt auf der A-432 Richtung Badajoz über Espiel und Belméz bis Peñarroya

Koordinaten:

Ehemaliges Industrierevier von Peñarroya-Pueblonuevo
38°17'40,91" N, 5°12'30,86" W

Kalkfelsen (1) und Museum (2) in Belmez:
(1) 38°16'27,56" N, 5°12'45,75" W
(2) 38°16'20,12" N, 5°12'30,86" W

Die drei im oberen Guadiato-Tal an der Erdoberfläche vorkommenden geologischen Einheiten des Karbons wurden am Ende der Variszischen Orogenese zusammengeschoben und durch Überschiebungen voneinander getrennt. Dadurch liegen sie nicht mehr so über- und nebeneinander, wie sie abgelagert wurden. Dennoch kann aus den Sedimenten ihre Ablagerungsgeschichte abgeleitet werden. Die über dem Devon abgelagerten Schichten der Einheit III bezeugen terrestrisches Milieu, während die Einheit II eindeutig im

Abb. 152. Der Riffkalkfelsen von Belmez mit dem Castillo (von Osten)

Abb. 153. Vereinfachte Geologische Karte um Peñarroya. Der Stausee Sierra Boyera ist ein Erholungsgebiet (nach Geologische Karte MAGNA50 Blatt 879 Peñarroya, 1:50 000).

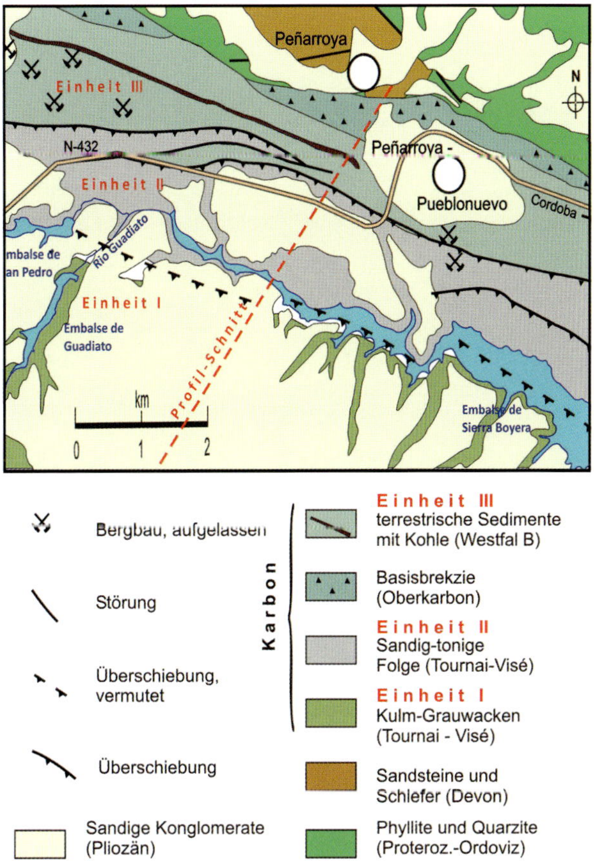

marinen Bereich abgelagert wurde. Die Sedimente der jüngsten Einheit I zeigen eine landferne Ablagerung an.

Der Abbau der Kohlenvorkommen erfolgte seit Mitte des 19. Jahrhunderts bis in eine Tiefe von 325 Metern. An vielen Stellen im Tal stehen als Verweise auf die
156 industrielle Vergangenheit Fördertürme, aber im Gelände sind die Abbauorte nicht zugänglich. In Belmez begann der Bergbau bereits Mitte des 19. Jahrhunderts, in Peñarroya ab 1900, ab 1890 erfolgte hier die Gewinnung von Blei. 1994 wurden
157 die Minen geschlossen, 2010 übernahm die Bezirksregierung die Liegenschaften.

Die wirtschaftliche Entwicklung wurde durch den Bau von zwei Eisenbahnlinien, die sich bei Peñarroya kreuzen, vorangetrieben. Über sie wurde nicht nur Kohle und Erz abtransportiert, sondern vor allem auch verschiedene Erze herantransportiert, um sie vor Ort zu verhütten. Im Westen von Peñarroya-Pueblonuevo befindet sich ein riesiges

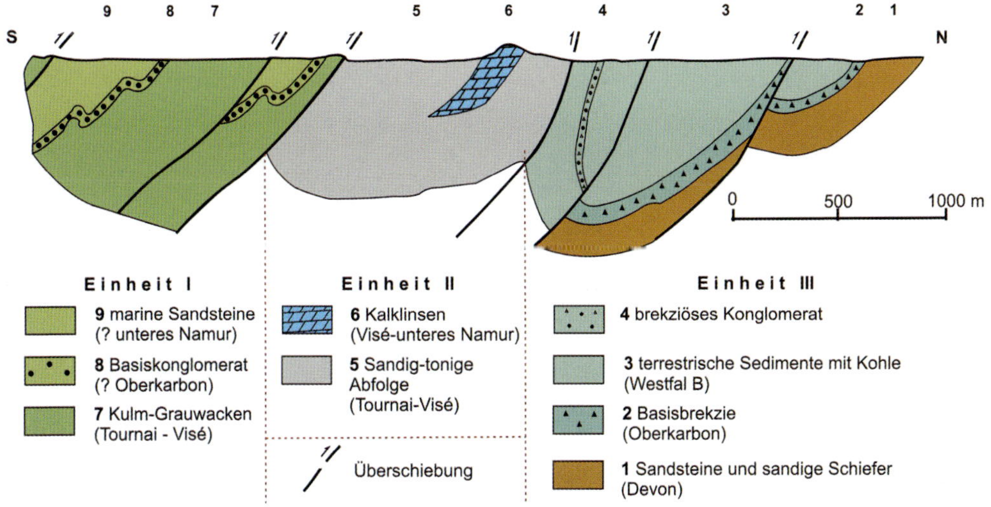

Abb. 154. Schematischer geologischer Schnitt durch das Becken des oberen Guadiato (nach HERNANDO LUNA Y HERNANDO FERNÁNDEZ 2003). Die ungefähre Lage des Profils ist in der Geologischen Karte mit roten Strichen markiert.

Abb. 155. Übersicht des Doppelortes Peñarroya-Pueblonuevo (GoogleEarth)

Gelände, in dem hinter Mauern mehrere Schornsteine zu sehen sind. Es liegt auf der linken Seite der Straße, an der sich auf der rechten Seite ein Industriegebiet befindet. Hier ist auch das Geologische
158 Museum untergebracht, das bei unserem Besuch geschlossen war (Stand: April 2016).

Eisenvererzungen gleichen Alters und gleicher Bildung wurden auch bei Villanueva del Rio y Minas (Provinz Sevilla) am Nordrand des Guadalquivir-Beckens abgebaut (zur geologischen Situation dort siehe Wanderziel (11))

Abb. 156. Förderturm bei El Porvenir, nördlich von Peñarroya-Pueblonuevo

Abb. 157. Schornsteine der ehemaligen Verhüttungsanlagen von Peñarroya-Pueblonuevo

Geschichte am Rand (4): Belmez

Die Gegend um Belmez wurde schon im Neolithikum bewohnt. Davon zeugen Dolmen, die auf einer vom Museum in Belmez organisierten und geführten Exkursion angesehen werden können. In römischer Zeit profitierte der Ort von seiner strategisch günstigen Lage entlang der Via de la Plata von Córdoba nach Badajoz. Aus dem 9. Jahrhundert (frühe Maurenzeit) stammt das Castell auf dem Riffkalkfelsen, der den Ort im Norden überragt. Macht man sich die Mühe und wandert zum Castell hinauf, hat man einen hervorragenden Blick über den zentralen Teil des oberen Guadiato-Tales, heute in weiten Teilen von einer Talsperre ausgefüllt.

Abb. 158. Eingang zum Tourismusbüro (im Rathaus), wo man nach einer Museumsführung fragen sollte.

Sehenswert ist das kleine Museum, das neben dem Rathaus mit dem Touristenbüro liegt. Es wurde 1999 eröffnet und verfügt über mehrere Abteilungen, von denen die Ausstellungen über die geologischen Pflanzenfossilien und die Relikte aus mehr als 4000 Jahren Bergbautätigkeit in der Region von besonderem Interesse sind. Der Schwerpunkt liegt auf Werkzeugen und Dokumenten zum antiken und neuzeitlichen Bergbau. Es gibt auch eine kleine mineralogische Ausstellung. Viele der Museumsaktivitäten finden im Gelände statt, so die Führungen zu den Dolmen oder den verschiedenen Fördertürmen, die man bei der Anfahrt überall sieht.

An geologischen Stücken sind Reste von verschiedenen karbonischen Pflanzenfossilien aus dem oberen Karbon (Westfalium) im Besitz des Museums: *Lepidodendron Aculatum, Lepidodendron Lossenii, Sigillaria DavreuxII* (Brogniart), *Sigillaria Polyploca* (Boulay), *Stigmaria Ficoides* (Brogniart), *Calamites Cistiis* (Brogniart), *Calamites SckowII* (Brogniart), *Alethopteris Lonchitica Paripteris Gigantea, Asterophyllites Caraeforms, Asterophyllites Grandis, Asterophyllites Grandis Paripteris Gigante, Calamostachys Charaeformis, Cycloteris, Mariopteris Muricata* (Zeiller), *Neuropteris Guadaliensis, Laveineopteris* Aff. *Tenuifolia, Lonchopteris Rugosa* (Brogniart), *Palatopteris* (Schatzlaranse), *Palmopteris* (Furcata), *Rhacopteris Elegans, Zeilleria Ovoldensis*, die beim Abbau der Kohle aus den Flözen herausgeholt worden waren. Einige davon sind in zum Teil beachtlicher Größen ausgestellt.

Museo Historico de Belmez y Territorio Minero

Calle Córdoba 3
14240 Belmez

T 957 580 702

Öffnungszeiten:

Dienstags bis sonntags
von 10 bis 14 Uhr,

Freitags und samstags
von 18:00 bis 20:00 Uhr

Internet:

http://museohistoricodebelmez.wordpress.com

Email:

museohistoricobelmez@hotmail.com

(14) Hydrothermal geprägt – Cerro Muriano

159 Cerro Muriano ist ein typisches Beispiel für die Industrialisierung einer Region im Spanien des 19.
160 Jahrhunderts. Vor allem britische Unternehmen waren an der Ausbeutung der Erze interessiert, insbesondere am Kupfer, aber auch am Eisen und den anderen Wertmetallen, die mit ihnen vorkommen (Pb, Zn, Ag, Sn). In der Sierra Morena nördlich von Córdoba waren seit altersher die Kupfervorkommen von Cerro Muriano bekannt. Die Römer hatten hier bereits einen industrie-ähnlichen Bergbau betrieben. Zeugnisse der römischen Zeit werden im Museo del Cobre ausgestellt. Bis zum Ende des 20. Jahrhunderts (ca. 1990) wurden an mehreren Stellen Schächte angelegt, die den in NW-SE-Richtung verlaufenden Vererzungen in die Tiefe folgten.

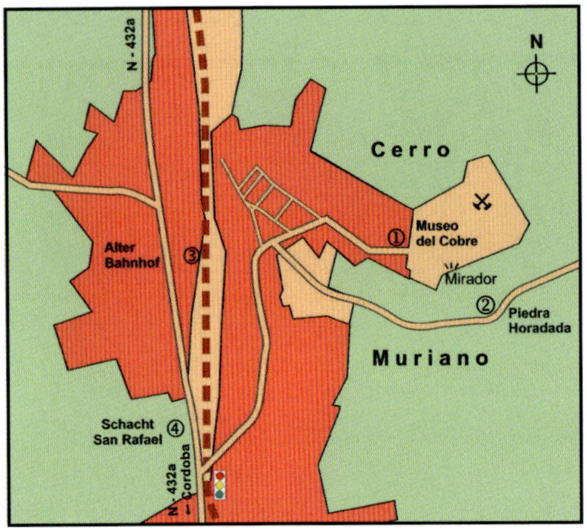

Abb. 159. Plan von Cerro Muriano

Die Wertmetalle sind hier an eine Skarn- und Gangvererzung in Dolomiten gebunden, die mit der Platznahme des im Südwesten vorkommenden Granit von Los Areales zusammenhängt. An Erzmineralen kommen vor allem Zinkblende, Kupferkies, Bleiglanz, Magnetit, in Gängen kommen untergeordnet auch Klinopyoxen, Sn-reiche Granate, Epidot, Hastingit und Biotit vor. Die hydrothermale Imprägnierung erfolgte über einen relativ langen Zeitraum, was an den Mineralphasen abgelesen werden kann. Einer frühen Skarnvererzung mit Cu-Zn-Sn folgten Cu-Pb-Zn-F-Ba-Vererzungen mit geringen As-Sb-Ag-Gehalten sowie späten Fluorit-Silikat-Gängen.
Späthydrothermale Cu-Vererzung ist im gesamten 161
Bereich der Ossa-Morena-Zone verbreitet.

Der Bergbau und die Aufbereitung in Cerro Muriano endete 1929. Eine ausführliche Veröffentlichung fasst die Geschichte zusammen (Penco Valenzuela 2010; das Buch kann im Museo del Cobre erworben werden). Es gibt noch einige wenige Reste im Umkreis von Cerro Muriano, die an den Bergbau erinnern, aber sie verfallen und sind nicht einfach zu finden. Bei Penco Valenzuela gibt es eine Liste von 21 Orten, die im Zusammenhang mit dem Bergbau auf Kupfer angesehen werden können.
162 Direkt im Ort liegt der alte Schacht der Mina San Rafael in einem verwunschenen Gebiet auf Privatgelände (über Calle Professor Rafael Cabanás oder Calle San Rafael zu erreichen). Er diente vor allem dem Abtransport von Wasser aus dem Stollensystem untertage. Dieser starke Wassereintrag war übrigens der Grund für die Aufgabe der untertägigen Abbaustellen in Cerro Muriano.

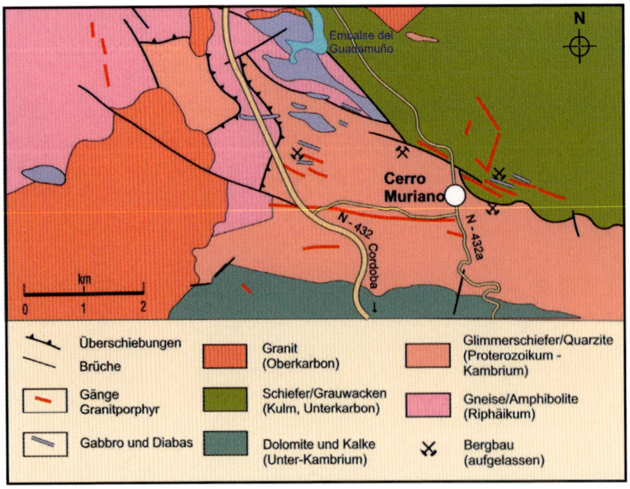

Abb. 160. Vereinfachte Geologische Karte 1:50 000 um Cerro Muriano (nach MAGNA50 902 Adamuz)

Heute wird Cerro Muriano immer noch von der Eisenbahnlinie zweigeteilt: die Durchgangsstraße N-432a ist die Hauptgeschäftsstraße, parallel zur Eisenbahnlinie. In der Nähe des kleinen Museo del Cobre liegen auch die früheren Aufbereitungsanlagen.
Von einer Aussichtsplattform nahe 163
des Museums hat man einen Blick über die Aufbereitungsanlagen der englischen Zeit. Eine Tafel informiert über den Kupferabbau zu römischer Zeit, mehr dazu gibt es im Museum.

Abb. 161. Piedra Horadada, das Wahrzeichen von Cerro Muriano - ein Bogen aus Quarz mit Resten von Kupfermineralen, gestützt von einem Stapel Ziegelsteinen.

Abb. 162. Das markante Schachtgebäude zur Entwässerung der Mina San Rafael im Stadtgebiet von Cerro Muriano. Er wurde 1919 aufgegeben und liegt heute auf Privatgelände.

Anfahrt:

Von Córdoba auf der N-432 Richtung Badajoz, Ausfahrt nach Cerro Mureano nehmen

Museo del Cobre

c/Acera del Cuartel Viejo, s/n, 14350 Cerro Muriano (siehe Lageplan). museocobre.com,

Am Südende des Ortes an der Ampel die alten Eisenbahnschienen kreuzen

Öffnungszeiten:

Do, Fr von 09:00 bis 13:00
So 10:00-14:00

Koordinaten:

Abzweig zum Museo del Cobre
37°59'53,8" N, 4°46'9,32" W

Museo del Cobre
38°0'10,69" N, 4°45'58,64" W

Piedra Horadada
38°0'5,82" N, 4°45'46,81" W

Alter Bahnhof
37°59'57,02" N, 4°46'14,56" W

Schacht San Rafael
37°59'57,07" N, 4°46'14,56" W

Zeitaufwand (ohne Anfahrt):

1/2 Tag

Abb. 163. Blick vom Mirador auf die Aufbereitungsanlagen der britischen Córdoba Copper Company (frühes 20. Jahrhundert). Der Weg zu den Aufbereitungsanlagen und auch zum neuen »Wahrzeichen« von Cerro Muriano, dem Horadada-Stein geht vom Platz Vista Alegre nach Südosten ab.

(15) Medina Azahara – Geschichte am Rand

Nach so viel Natur und Geologie lohnt ein Abstecher in das Museum und die Ausgrabung von Medina Azahara (auch Madinat al-Zahra). Die Anlage liegt direkt auf der Grenze zwischen altpaläozoischen
164 Gesteinen (Vulkaniten und Arkosen, einem Verwitterungsprodukt Feldspat-reicher Gneise und Granite) und den postorogenen marinen Sedimenten des oberen Miozän (Tortonium). Sie befindet sich etwa 8 Kilometer westlich von Córdoba in der Sierra de la Novia, zu maurischer Zeit Chábal al-Arus genannt, wenige Kilometer nördlich des Guadalquivir. Der Platz war sorgfältig gewählt, aber weniger aus strategischen Gründen, sondern wegen seiner Nützlichkeit - die Flussauen des Guadalquivir waren bestens für landwirtschaftlichen Anbau geeignet. Außerdem wurde beim Bau der Anlage ein altes römisches Aquädukt einbezogen, dass die Stadt Córdoba mit Wasser versorgte.

165 Die Palastanlage Medina Azahara wurde unter Kalif Abd al-Rahman III. ab 936 errichtet. Ab 947
166 wurde die rund 112 Hektar große Stadt zum
167 168 Sitz der Regierung. Das Haupttor lag in Richtung Córdoba und hier endete ein ausgedehntes Wegenetz, das beide Städte miteinander verband. Zeitweilig sollen in Medina Azahara, benannt nach Abd al-Rahmans Lieblingsfrau as-Zahara (die Blume), 20 000 Menschen gelebt haben. 75 Jahre nach ihrer Fertigstellung (1011) wurde sie von aufständischen Berbertruppen zerstört.

Anfahrt:

Von Córdoba auf der A-431 bei Kilometer 5,5 rechts auf die CO-3314 Richtung Tras la Sierra und der Ausschilderung folgen. Vor dem Museum ist ein großer Parkplatz. Die Ausgrabung kann nur mit einem Shuttle-Bus erreicht werden (€ 2,50), oder man wandert die etwa 2 Kilometer den Berg hinauf.

Koordinaten:

Museum
37°52'50,8" N, 4°51'15" W

Eingang zur Ausgrabung
38°10'54,88" N, 4°2'35,96" W

Zeitaufwand (ohne Anfahrt):

Im sehr sehenswerten Museum eine gute Stunde, in der Ausgrabung auch etwas mehr

Achtung: Kopfbedeckung und Getränke mitnehmen!

Die Wasserversorgung für diese Stadt war eine wesentliche Aufgabe, nicht nur für die allgemeine Hygiene, sondern auch für die auf allen drei Ebenen nachgewiesenen Gartenanlagen. Genutzt wurde das Wasser aus den Bergen im Norden, das durch ein ausgeklügeltes System von meist unterirdisch verlaufenden Rohren und Untertunnelungen geleitet wurde. An einigen Stellen verlaufen die Leitungen über Aquädukte, die mit Hufeisenbögen errichtet worden waren. Das Wasser wurde in einem im Norden der Stadt gelegenen Wasserturm gesammelt und strömte von dort aus in ein Marmorbecken. Über eine Rampe wurde es in bleiernen Rohren zur Verteilung in die Stadt geleitet. Zusätzlich gab es zahlreiche Sammelbecken, um auch das Regenwasser zu nutzen. Einzelheiten hierzu bei Barrucand und Bednorz (2007, S. 69, siehe auch QR-Code).

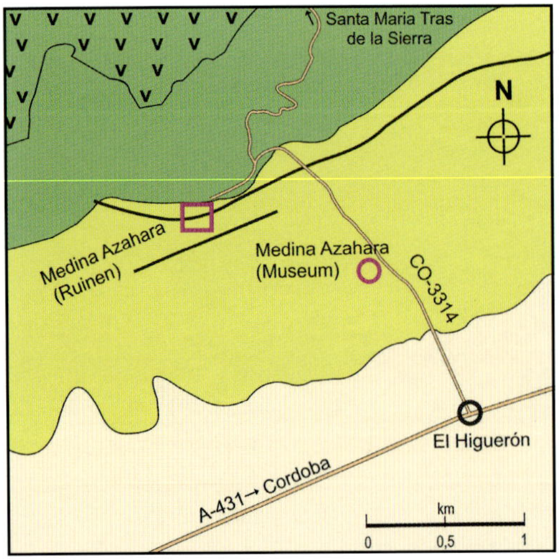

Abb. 164. Geologische Karte der Umgebung von Medina Azahara (nach Ausschnitt aus MAGNA50 922 Santa María Tras de la Sierra)

Guadalquivir-Uferterrassen (Quartär)
Konglomerate + Sandsteine (oberes Miozän)
Arkosen (Unterkambrium)
Vulkanite (Unterkambrium)
Störung

Abb. 165. Blick über einen Teil der Ausgrabung Medina Azahara, im Hintergrund die Ebene mit den obermiozänen marinen Ablagerungen und die westlichen Ausläufer von Córdoba. An einem nach Süden geneigten Hang gelegen gliederte sich die Stadt in drei Ebenen, die als getrennte Stadtteile konzipiert waren. Die oberste Terrasse beherbergte die Residenz des Kalifen. Auf der mittleren Ebene residierte die Verwaltung, auf der untersten Ebene lebten das einfache Volk und Soldaten. Der Haupteingang lag im Osten der obersten Terrasse.

Medina Azahara

Abb. 166. Die Ausgrabungen in Medina Azahara begannen 1910, erfuhren lange Unterbrechungsphasen und sind auch heute noch nicht abgeschlossen.

Abb. 167. Die Stuckarbeiten sind zum Teil außergewöhnlich fein gearbeitet. Sie stellen für die Restauratoren eine Herausforderung dar.

Abb. 168. Bewundernswert ist die akribische Rekonstruktionsarbeit, die hier aus einem Haufen Trümmern geleistet wurde und wird.

Blick in ein tiefes erdgeschichtliches Stockwerk: Der Batholith von Los Pedroches und sein Nebengestein

Wir sind bei unseren Wanderungen durch die Erdgeschichte Andalusiens im äußersten Nordosten der Sierra Morena angekommen. Nachdem wir uns bisher die Auswirkungen einer Gebirgsbildung angesehen haben, erlaubt uns die geologische Geschichte dieser Region, wesentliche Ereignisse der Zeit zwischen der Variszischen Gebirgsbildung im ausgehenden Paläozoikum über die Phase der Tethys im Mesozoikum sowie der Auffaltung der Betischen Kordilleren im Miozän bis heute nach-
169 zuvollziehen. Denn hier stoßen alle drei dieser tektonischen Großeinheiten aneinander.

Vor etwa 320 Millionen Jahren war in einem Zeitraum von mehreren Millionen Jahren das Meeresbecken verlandet, das seit dem Ordovizium bis ins untere Karbon hinein einen viele Kilometer dicken Sedimentstapel aufgenommen hatte. Im Zuge der Variszischen Gebirgsbildung wurde diese Beckenfüllung versenkt und gestaucht. Diese Gesteine, die während und am Ende der Variszischen Gebirgsbildung entstanden und verformt wurden, kommen im Norden und Nordwesten der Provinz Jaén vor. Sie gehören geologisch zur Zentraliberischen Zone und geographisch zur Sierra Morena. In einer letzten, durch Krustendehnung gekennzeichneten Phase drangen in diese bereits deformierten Gesteine vor allem granitische Intrusionen ein.

170 Eine wesentliche Rolle spielte bei der Entstehung der südlichen Iberischen Meseta der am Ende des Karbons eingedrungene Batholith von Pedroches. Er erstreckt sich über eine Distanz von über 200 Kilometer von der Provinz Jaén über die andalusischen Provinzen Córdoba und Sevilla sowie die autonome Provinz Extremadura bis nach Portugal. Die in die paläozoischen Gesteinsschichten eindringende granitische Schmelze hob die über ihr liegenden Schichten bis an die Erdoberfläche an. In den seitdem vergangenen 300 Millionen Jahren wurden diese Gesteinsschichten abgetragen, so dass der Granitkörper heute an der Erdoberfläche zwischen 8 und 30 Kilometer Breite aufgeschlossen ist. Im Nordwesten der Provinz Jaén und im Osten der Provinz Córdoba kommt er als Granit von Cardeña-Virgen de la Cabeza, in der Sierra von Cardeña und Montoro sowie in der Sierra de Andújar vor. Kleinere Vorkommen bei Santa Elena und Linares werden ebenfalls diesem Batholith zugeschrieben.

Am Südrand der Sierra Morena werden die paläozoischen Gesteine von permotriassischen Sedimenten überlagert, die den Abtragungsschutt des aufgestiegenen variszischen Gebirges darstellen (siehe auch Wanderziele ⑩ und ⑪). Mit ihrer Rotfärbung deuten sie auf terrestrische Ablagerungsbedingungen hin. Eine marine Phase, wie sie in der Germanischen Trias als Muschelkalk bekannt ist, ist hier nicht so markant ausgebildet. Ein wenige Dezimeter mächtiger dolomitischer Horizont könnte auf einen stärkeren marinen Einfluss hindeuten. Die lagunären Ablagerungen des Keuper mit Evaporiten und feinkörnigen klastischen Sedimenten sind vor allem zwischen Marmolejo und der Sierra de Cazorla y Segura landschaftsbestimmend (Wanderziel ⑳). Als Unterlager der jurassischen Schelfkarbonate kommen sie darüber hinaus in der Provinz Jaén im Kontakt zur Sierra Mágina vor (Wanderziel ④ im Band 3 der Andalusien-Trilogie).

Die Trias-Gesteine wurden an einem parallel zum gerade herausgehobenen Variszischen Gebirge verlaufenden Kontinentrand abgelagert. Mit zunehmender Sedimentauflast sank dieser Kontinentrand langsam ab und es kam zu ersten marinen Sedimenten, die in der andalusischen Fazies als Karbonate und Dolomite erhalten sind. Ein erneuter Anstieg des Meeresspiegels führte zu Lagunenablagerungen mit Gipsen und anderen Salzen. Diese wurden bei anhaltendem Meeresspiegelanstieg im Laufe der Zeit von den Sedimenten des Jura bedeckt und gelangten so in größere Tiefen. Deshalb liegen, im Gegensatz zu den anderen Provinzen Andalusiens, in denen die Gesteine der Iberischen Meseta und die der Betischen Kordilleren durch das nach Westen hin breiter werdende Tal des Guadalquivirs getrennt sind, hier im Osten die karbonatischen Sedimente des Jura oftmals konkordant auf den Ablagerungen der oberen Trias. Erst weiter im Süden und Osten zeugen die Karbonatdecken der Sierras Mágina und Cazorla von der Alpidischen Gebirgsbildung, deren früheste Phase bereits in der Oberkreide (Alb) begann (siehe Geologische Entwicklung und Wanderziele ②, ③ und ④ in Band 2 unserer Andalusien-Trilogie).

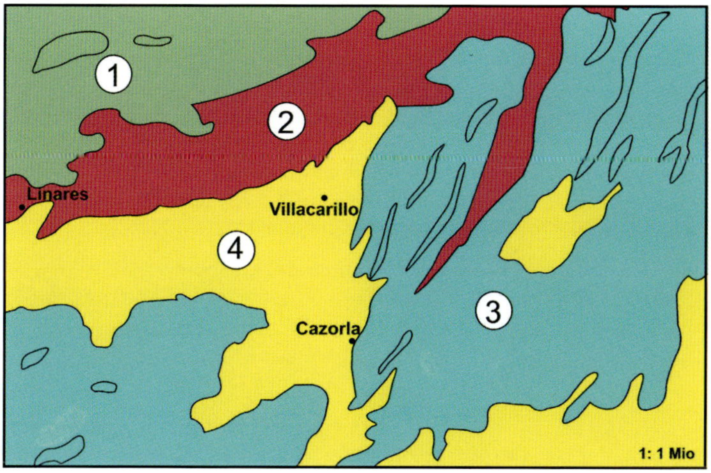

Abb. 169. Im Nordosten der Provinz Jaén treffen das Variszikum (1) der Sierra Morena und Gesteinseinheiten der Betischen Kordilleren (3) aufeinander. Permotriassische Sedimente (2) und die Sedimente des sich öffnenden Guadalquivir-Beckens (4) verbinden sie miteinander (nach MAGNA50 907 Villacarillo, Regionales Schema).

Die ältesten Gesteine der Provinz Jaén kommen im Norden in der Sierra Morena vor. Schiefer und Grauwacken bilden Höhenzüge um 800 bis fast 1300 Meter (Sierra de Quintana, 1290 m), die an einigen Stellen von mächtigen Quarzitserien durchzogen werden. Diese bilden in den leichter verwitternden Sedimenten herausragende Härtlinge. Werden diese harten Gesteine von Klüften durchzogen, kann fließendes Wasser diese Kerben vergrößern und es bilden sich tiefe Schluchten, wie das Flusstal des Río Despeñaperros, der aus der Sierra de San Andrés (Kastilien-La Mancha) nach Süden letztendlich in den Guadalquivir und mit ihm in den Atlantik fließt. Das Tor des Despeñaperros wird zusammen mit den Wasserfällen des Cimbarra beim Wanderziel (19) beschrieben.

Die Heraushebung und Deformation der paläozoischen Sedimente erzeugte im Zusammenhang mit der Intrusion von Granitplutonen eine partielle Anreicherung von Mineralen zu abbauwürdigen Lagerstätten. Das Bergbaugebiet Linares-La Carolina, in dem vor allem Blei und Silber, untergeordnet Kupfer, gewonnen wurde, wird im Wanderziel (18) beschrieben. Die südöstlichen Ausläufer des riesigen Batholith von Pedroches können im Nordwesten der Provinz in der Sierra de Andújar sowie in der Sierra de Cardeña y Montoro im Nordosten der Provinz Córdoba angesehen werden (Wanderziele (16) und (17)). Die permotriassichen Sedimente, die an mehreren Stellen die paläozoischen Gesteine der Sierra Morena säumen, reichen zum Teil bis an das Nordufer des Guadalquivir heran. Wir besuchen sie bei zwei Ausflügen von La Carolina und von Andújar aus im Rahmen des Wanderziels (20).

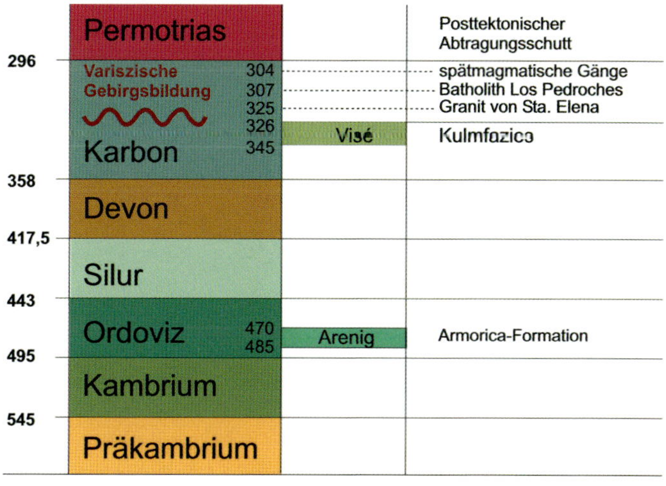

Abb. 170. Stratigraphische Entwicklung der Sierra Morena im Nordosten der östlichen Sierra Morena (Zahlen in Millionen)

16 Spätorogene Erscheinungen – Die Sierra de Cardeña y Montoro

Hier im Nordosten der Provinz Córdoba liegen die Höhen der Sierra Morena um 800 Meter. Im
171 Naturpark Sierra de Cardeña y Montoro hat der Batholith von Los Pedroches die paläozoischen Ablagerungen so weit angehoben, dass sie heute durch die Millionen Jahre währende Erosion bereits zum großen Teil abgetragen sind und der Granit an der Erdoberfläche vorkommt. Bei der Anfahrt queren wir den Kontakt, aber auf der gut ausgebauten N-420 kann man nicht anhalten, um ihn anzusehen. Die Rückfahrt über die A-420, die am Stausee des Río Yeguas vorbei nach Marmolejo und zurück zur A-4 führt, bietet bessere Möglichkeiten.

Bereits vor Marmolejo werden die Gesteine am Straßenrand farbig - wir sind in den permotriassischen Sedimenten, die etwa zeitgleich mit dem Batholith von Los Pedroches direkt am Ende der Variszischen Gebirgsbildung am Südrand des neu gebildeten Gebirges abgelagert wurden (Wanderziel (20), Ausflug 2). Auf diesen Gesteinen liegt malerisch die Stadt Montoro am Südufer des Guadalquivir, der hier eine enge Schlinge um die Sandsteinfelsen macht (mehr dazu über den QR-Code auf S. 123).

Kurz vor Cardeña nehmen wir die Ausfahrt 79. An der Abfahrt befindet sich an einem Kreisel das Besucherzentrum Venta Nueva. Hier gibt es eine Ausstellung zu den Besonderheiten des Naturparks, Bücher und Karten. Jeder Naturpark in Andalusien hat ein eigenes Logo. Das Logo des Naturparks Sierra de Cardeña y Montoro ist der Luchs.

Von Cardeña aus gibt es viele ausgeschilderte Wanderwege, vor allem in die Granitlandschaften und die *dehesas* auf den paläozoischen Schiefergesteinen. Wir stellen hier den Wanderweg vor, der von
172 Cardeña nach Osten zur Aldea de El Cerezo führt (ein Weg 6 km, geringste Schwierigkeit). Der Weg ist gut mit Pkw zu befahren, wer das Fahrrad oder das Wandern bevorzugt, muss etwas mehr Zeit einplanen. Da es auf dem Weg keine Einkehrmöglichkeit gibt, bitte genügend Wasser und auch Sonnenschutz mitnehmen.

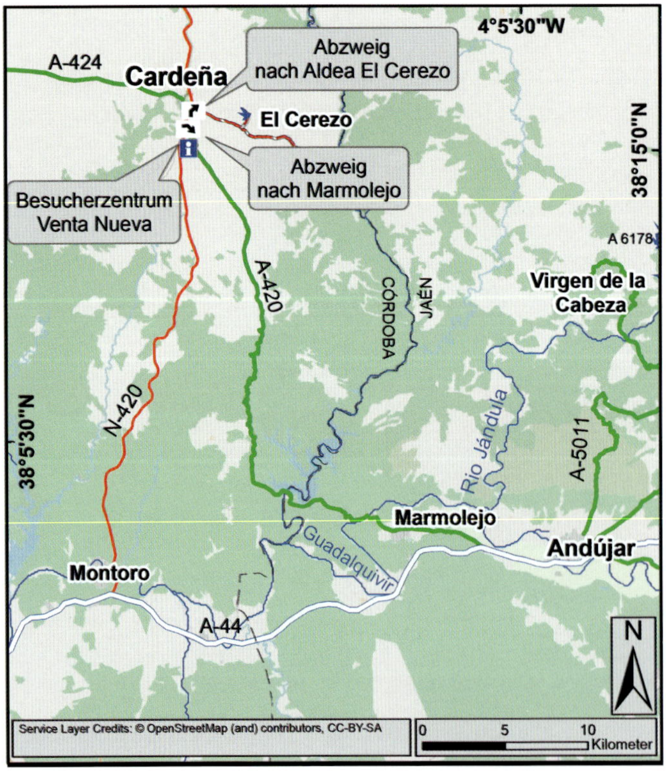

Abb. 171. Übersichtskarte des Wanderziels 16 zwischen Andújar, Cardeña und Montoro. Die Karte gibt auch einen Überblick über die Lage des Wanderziels (17) sowie den Ausflug 1 des Wanderziels (20).

Der ausgeschilderte Weg beginnt am östlichen Ortsrand von Cardeña. Er verläuft komplett durch Granit und führt die meiste Zeit
durch *dehesas*. Diese zeigen an 173
einigen Stellen Anzeichen für 174
Überweidung, einzelne alte Steineichen sind abgestorben. Hier sind die Zaunpfähle aus Granit.

Aldea de El Cerezo liegt am Kreuzungspunkt mehrerer alter Wege, die von Süden, Osten, Norden und Westen über diesen Teil des Gebirges führen. Sie verbinden beispielsweise Cardeña mit der Sierra de Andújar und dem dort gelegenen Heiligtum der Virgen de la Cabeza (Wanderziel (17)). Der Ort ist seit 1960 verlassen, aber es gibt einige gut restaurierte Gebäude, die für touristische Zwecke genutzt werden. Diese Restaurationsaktivitäten fanden

175 zwischen 1988 und 1992 statt. Alle Gebäude sind aus den verschiedenen Granitvarietäten gebaut, die im Umkreis von Kilometern vorkommen.

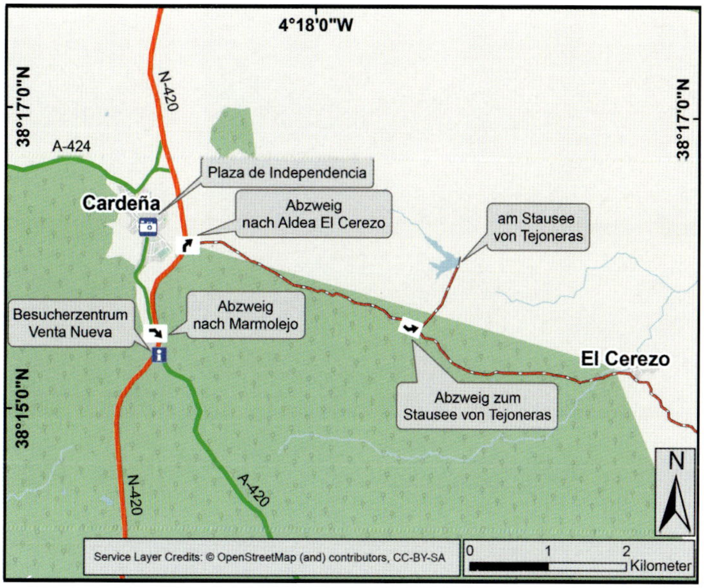

Abb. 172. Der Wanderweg von Cardeña nach Aldea de El Cerezo

Auf dem Rückweg nach Cardeña können wir auf einer Stichstraße nach Norden zu einem Vogelbeobachtungsstand an der Talsperre von Tejoneras fahren (ein Weg ca. 800 m). Die Talsperre wurde aus verschiedenen Gründen angelegt. Sie sammelt das Wasser für die Viehhaltung und rudimentäre Landwirtschaft, aber sie bietet auch Zugvögeln und anderen Wasservögeln einen Lebensraum.

Unterhalb der Staumauer liegt ein Schweinemastbetrieb. Wenn die Steineicheln reif sind und von den Bäumen fallen, werden die Schweine in die *dehesas* gelassen, wo sie sich dann vor allem von diesen Steineicheln (*bellotas*) ernähren und das besondere Aroma bekommen, das beim *Jamón Serrano* so begehrt ist.

Wir kehren auf diesem Weg nach Cardeña zurück und können uns dort stärken.

Für den Rückweg zur A-4 empfehlen wir die Fahrt auf der A-420 über Venta del Charco nach Marmolejo. Zwischen Kilometer 31 und 30 queren wir den Kontakt des Granits zu paläozoischen Grauwacken und Schiefern in Kulm-Fazies, die hier *Culm de Los Pedroches* genannt werden. Wenn

Anfahrt:

Von Córdoba auf der Autobahn A-4 Richtung Madrid, bei Montoro auf die N-420 wechseln und Richtung Cardeña fahren

Koordinaten:

Besucherzentrum Venta Nueva
38°15'18,85" N, 4°19'18,64" W

Cardeña Plaza de Independencia
38°16'14,1" N, 4°19'25,21" W

Abzweig in Cardeña nach Aldea de El Cerezo
38°16'7,62" N, 4°19'13,61" W

Eingang Aldea El Cerezo
38°15'18,53" N, 4°15'14,3" W

Abzweig zum Stausee von Tejoneras
38°15'33,61" N, 4°17'4,69" W

Parkplatz am Stausee von Tejoneras
38°15'58,43" N, 4°16'44,53" W

Abzweig der A-420 vom Kreisel am Besucherzentrum nach Marmolejo
38°15'22,51" N, 4°19'16,07" W

Zeitaufwand (einschl. Fahrzeit):

1 Tag

Besucherzentrum Venta Nueva

An der Kreuzung der N-420 mit der CO-510, Kilometer 79, 14445 Cardeña

Email:

cvventanueva@reservatuvisita.es
T 685 957 187

Öffnungszeiten:

Über www.juntadeandalucia.es

Abb. 173. *Berrocal auf dem Wanderweg von Cardeña nach Aldea de El Cerezo*

Abb. 174. *Dehesa in paläozoischen Schiefern und Grauwacken*

die Straße den Naturpark verlässt, gibt es auf der östlichen Seite einen großen Parkplatz, von dem aus man einen guten Blick auf die *dehesa*-Landschaften hat.

176 Ab Kilometer 16/17 werden die paläozoischen Culm-Sedimente von den rötlichen bis roten Sandsteinen und Konglomeraten der Permotrias abgelöst. Bis zur Staumauer über den Río Yegas bleiben wir jetzt in diesen roten Sedimenten. Die Grenze zwischen den Provinzen Córdoba und Jaén verläuft hier etwa entlang des Flusses (siehe Wanderziel (20), Ausflug 1). Für die Rückkehr nach Córdoba setzen wir die Fahrt auf der A-420 Richtung Montoro und Villa del Río fort und gelangen dort wieder auf die Autobahn A-4. Die Weiterfahrt nach Andújar leitet zum nächsten Wanderziel (17) über, das uns in die Sierra de Andújar und zum Heiligtum der Virgen de la Cabeza bringt.

Abb. 175. *Granitvarietäten der Sierra de Cardeña y Montoro in einer Mauer in Aldea de El Cerezo*

Abb. 176. *Schiefer und Grauwacken aus dem unteren Karbon (Visé) in Kulm-Fazies (Culm de Los Pedroches)*

(17) Granit ohne Ende – Sierra de Andújar

Bei der Fahrt zum Heiligtum der Virgen de la Cabeza in der Sierra de Andújar bewegen wir uns vor allem durch die südöstlichen Ausläufer des riesigen Batholiths von Pedroches. Seine Fortsetzung 177
nach Nordwesten in die Provinz Córdoba beschreiben wir beim Wanderziel (16). 178

Durch die Auffaltung der Gesteinsabfolgen im Zuge einer Gebirgsbildung wird die kontinentale Kruste verdickt und es kommt durch die Auflast zu einer Erhöhung der Temperatur im Untergrund. Diese erhöhten Temperaturen verändern Gesteinspartien bis hin zur Schmelze. Solche granitischen Schmelzen drangen am Ende der Variszischen Gebirgsbildung in die paläozoischen Sedimente ein. Im Fall des Batholith von Los Pedroches (2 in der Geologischen Karte der Umgebung von Andújar) 179
wurden im Untergrund verschiedenste Gesteine aufgeschmolzen, was heute in einer großen Variabilität der granitischen Gesteine zum Ausdruck kommt (siehe Kasten 7: Granit ist nicht gleich Granit).

Abb. 177. Im Gebiet östlich der Virgen de la Cabeza kommt vor allem ein Biotit führender porphyrischer Granit vor (Blick vom Mirador del Peregrino nach Norden, bei Kilometer 16).

Anfahrt:

Von Andújar am besten von der A-4 die Ausfahrt Richtung Sanctuario de la Virgen de la Cabeza/Puertollano nehmen und auf der A-6177 in die Sierra fahren, zwischen Kilometer 30 und 31 Abzweig zum Ort und Heiligtum Virgen de la Cabeza

Koordinaten:

Übergang Obermiozän/Paläozoikum
38°3'59,20" N, 3°59'53,89" W

Übergang Paläozoikum/Granit (Kilometer 8)
38°4'51,94" N, 3°59'1,57" W

Mirador El Peregrino (Kilometer 16)
38°7'53,26" N, 3°58'36,52" W

Granit-Konglomerat (Kilometer 22)
38°8'57,48" N, 4°0'54,04" W

Area Recreativa El Jabalí (im Granit, zwischen Kilometer 28 und 27)
38°11'1,05" N, 4°0'58,45" W

Abzweig zum Ort/Heiligtum Virgen de la Cabeza
38°11'16,69" N, 4°2'21,56" W

Vorplatz des Heiligtums Virgen de la Cabeza
38°10'54,88" N, 4°2'35,96" W

Zeitaufwand der gesamten Route:

1 Tag

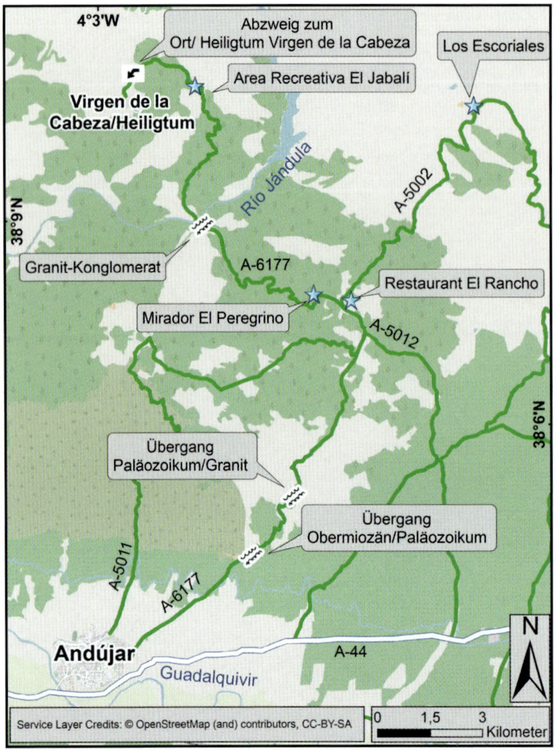

Abb. 178. Übersichtskarte der Stops des Wanderziels (17) *zwischen Andújar und Virgen de la Cabeza*

In der Sierra de Andújar kommen vor allem Granodiorite, zum Teil porphyrisch, bis zu Leukograniten vor. Das Mineralspektrum 180
besteht aus Quarz, Plagioklas, Kalifeldspäten, Biotit, selten Hornblende sowie Apatit, Zirkon und Rutil als Akzessorien. Die Korngrößen liegen in der Regel zwischen 5 und 10 Millimeter.

Nach neuesten Erkenntnissen hat der Batholith von Los Pedroches ein Alter um 307 Millionen Jahre. Er intrudierte im oberen Karbon (Moscovium/Westfalium) bis in circa 4 Kilometer Tiefe in die paläozoischen Sedimente und erzeugte in ihnen eine leichte Metamorphose. In einer Entfernung von 1 bis 1,5 Kilometer vom Granit sind kontaktmetamorphe Mineralbildungen beobachtet worden.

Hier am südöstlichen Ausläufer des Batholiths von Los Pedroches (siehe Abb. 160) durchziehen mehrere Gangschwärme die Granite. Direkt nach der Platznahme des Plutons bildeten sich im abkühlenden Granitkörper Dehnungsrisse, die von nachfließender Schmelze verheilt wurden. Diese Gänge haben mit circa 304 Millionen Jahren ein etwas jüngeres Alter als der Granitkörper (siehe Abb. 170). An einigen Stellen wurden die Dehnungsrisse auch durch porphyrische Gänge verheilt, die die vorherigen Gänge schneiden. Sehr markant ist der rote Granit, auf dem das Heiligtum der Virgen de la Cabeza steht (Stop 2).

Im Gelände, vor allem entlang der Straßen, erkennt man die unterschiedliche Ausbildung der Granite (Stop 1, Stop 3). Entlang der A-6177, die von Andújar nach Puertollano (Provinz Ciudad Real, autonome Region Kastilien-La Mancha) führt, sind die Granite 181
in unterschiedlichsten Erhaltungszuständen 182

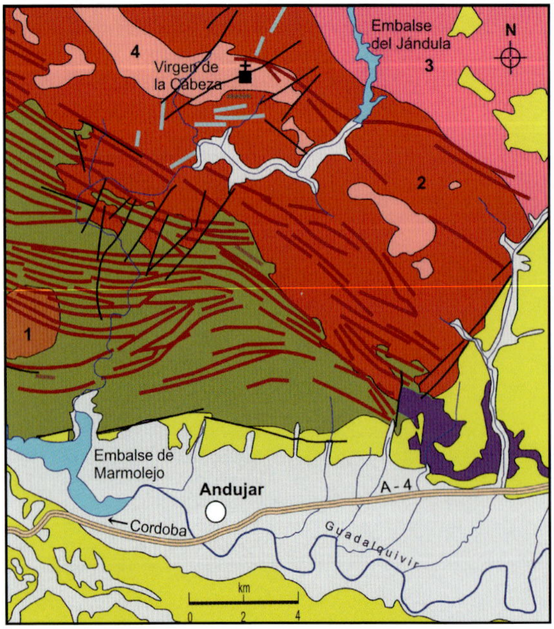

Abb. 179. Geologische Karte der Umgebung von Andújar bis Virgen de la Cabeza (vereinfachter Ausschnitt aus der Geologischen Karte 70 Linares 1:200 000, IGME 2004).

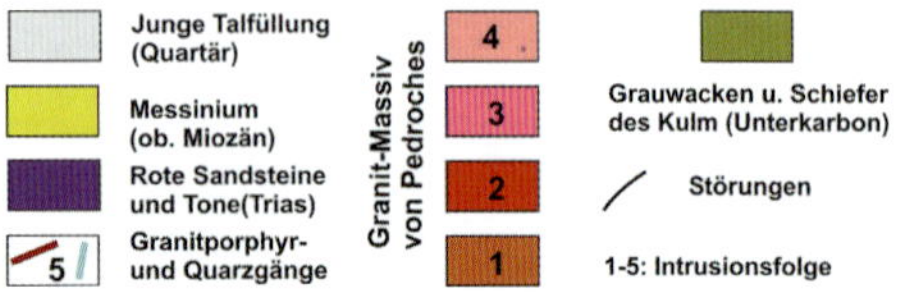

Abb. 180. *Der porphyrische Charakter des Granits ist mit bloßem Auge zu erkennen: der Feldspat im rechten Bildteil (▸) ist 5 Zentimeter lang.*

Abb. 181. *Schuppen von unterkarbonischen Sedimenten im Granit*

aufgeschlossen. Kompakte Körper bilden Hügel und Berge, dazwischen liegen immer wieder Partien, die zum Teil stark vergrust, also verwittert sind. Während der 300 Millionen Jahre, die seit der Intrusion des Batholiths in die paläozoischen Schiefer vergangen sind, hat die Erosion den Granit allmählich so weit freigelegt, wie wir ihn heute an der Erdoberfläche vorfinden. In dieser langen Zeit gab es immer wieder warm-feuchte Phasen, die die Verwitterung dieser Gesteine vorangetrieben hat (siehe Kasten 6). Die Vergrusung ist also nicht notwendigerweise ein erst kürzlich stattgefundener Prozess, sondern sie kann bereits vor mehr als 50 Millionen Jahren, vielleicht aber auch schon vor 90 Millionen Jahren geschehen sein. Ein Ergebnis einer nicht sehr lange zurück liegenden Verwitterung kann am Ostufer des Río Jándula angesehen werden (Stop 3).

Abb. 182. *Der Granit ist oberflächlich zum Teil stark vergrust.*

Abb. 183. *Pfosten aus Granit sind hier günstiger als solche aus Holz oder Metall.*

Abb. 184. Das Heiligtüm der Virgen de la Cabeza wurde auf dem roten Granit erbaut, der hier die Höhe bildet. Das in den 1990er Jahren errichtete Gebäude selbst besteht aus grauem Granit, aus dem auch die Skulptur der Jungfrau gearbeitet wurde.

Stop 1: Auf dem Weg zum Heiligtum der Virgen de la Cabeza

Zunächst verläuft die Straße in Flussterrassen des Guadalquivir, die auf obermiozänen postorogenen Sedimenten liegen, die im Verlauf der Straße dann auch anstehen. Zwischen Kilometer 5 und 6 erscheinen die Schiefer und Grauwacken des Unterkarbons (Culm de Pedroches). Diese Grenze wird durch Olivenhaine auf den postorogenen Sedimenten gegen Viehweiden (*dehesas*) auf den paläozoischen Gesteinen auch landschaftlich markiert. Bei Kilometer 8 befindet sich der Übergang von den Schiefern und Grauwacken zum Granit, zum Teil kommen zwischen dem Granit immer noch Schuppen der paläozoischen Gesteine vor (siehe Abb. 181). Auch der Granit eignet sich nur
183 als Viehweide – und als Zaunpfosten.

184 *Stop 2: Am Heiligtum der Virgen de la Cabeza*

Die zum Teil stark zertalte Granit-Landschaft ist sehr reizvoll und wir haben in dem lichten Gehölz im Herbst Hirsche gesehen – und gehört! Im Osten der Virgen de la Cabeza überqueren wir den Río Jándula, der nach Süden zum Río Guadalquivir fließt. Er führt auch heute noch ganzjährig Wasser.
185 Dass er mal sehr viel kräftiger geschüttet hat, lange bevor er aufgestaut wurde, zeigt ein Konglomerat aus Granitschotter am Straßenrand am Kreisel bei Kilometer 22 (Stop 3). Wir beschreiben dieses Konglomerat auf dem Rückweg, weil man es dann direkt im Blickfeld hat und weil auf der Straßenseite eine gute Haltemöglichkeit besteht.

Vom Granit selbst sieht man während der Fahrt bis auf die Straßenanschnitte wenig, aber zwischen Kilometer 27 und 28 gibt es auf der südlichen Seite der Straße eine große Rastanlage (El Jabalí, das Wildschwein). Hier kann man sich ganz in Ruhe verschiedene Phasen der Graniterhaltung ansehen. Wenn man den Ort Virgen de la Cabeza erreicht hat, besticht die rote Farbe des hier sehr dichten Granits.

Stop 3: Granit-Konglomerat am Río Jándula

Heute wird der Río Jándula mehrfach aufgestaut. Bevor er durch den Naturpark Sierra de Andújar fließt, wird sein Wasser in der Talsperre von Encinarejo gesammelt. Die Fotos hier sind im September gemacht worden, im Frühjahr dürfte der Fluss insgesamt mehr Wasser führen.

186 Dass er in früheren Zeiten wesentlich mehr Wasser führte, bezeugen die Flussschotter, die auf der nördlichen Seite der Straße am Kreisverkehr anstehen. Das war vor allem, bevor er gestaut wurde und insbesondere während der pleistozänen Vereisungen, als das Klima hier auf der Iberischen Halbinsel kühler und feuchter war als heute.

Abb. 185. Der Río Jándula von der Brücke flussaufwärts (links) und flussabwärts gesehen (rechts).

Wir kehren nach Andújar zurück und können uns im Restaurant El Rancho (mit Bar) oder in seinen Außenanlagen auf der westlichen Seite der Straße an der Kreuzung mit der A-6177 (zwischen Kilometer 15 und 14) stärken und von den vielen Eindrücken des Tages erholen. Dieses Haus hat eine Jahrzehnte lange Tradition, ist das ganze Jahr geöffnet und hat eine gute saisonale Küche.

Rückfahrt:
Vom Heiligtum der Virgen de la Cabeza auf der A-6177, kurz nach der Überquerung des Río Jándula wird die Straße durch einen Kreisverkehr geleitet.
(Übersichtskarte Abb. 178)

Koordinaten:
38°8'57,48" N, 4°0'54,04" W

Zeitaufwand:
15 Minuten

Abb. 186. *Auf dem anstehenden Granit hat der Río Jándula ein mächtiges Flussschotter-Konglomerat abgelagert (oben). Die Komponenten stammen von den paläozoischen Gesteinen, die im Norden der Sierra de Andújar anstehen und durch die der Fluss fließt, aber auch vom Granit selbst. Zum Rand hin wird das Konglomerat feiner und jünger (unten).*

(18) Vererzung und Bergbaugeschichte – Das Revier von La Carolina

187 Im Zuge der Heraushebung und Deformation der paläozoischen Sedimente drang am Übergang
vom Unter- zum Oberkarbon (vor ca. 315–320 Millionen Jahren) der Granit von Santa Elena in
die Krustengesteine ein. Nur wenige Millionen Jahre später (um 307 Millionen Jahre) wölbte der
Pedroches-Batholith die Lithosphäre weiträumig auf (vgl. Wanderziele (16) und (17)). Mineralisierte
Lösungen, die diese Intrusionen begleiten, führten zu einer partiellen Anreicherung von Mineralen
188 zu abbauwürdigen Lagerstätten. In dem Bergbaugebiet nordöstlich und westlich von La Carolina
189 wurden seit vorrömischer Zeit vor allem Kupfer, Blei und Silber aus den Sulfid-betonten Ganglager-
stätten gewonnen. Nach einer wechselvollen Geschichte wurden die Minen in dieser Region in der
2. Hälfte des 20. Jahrhunderts wegen Unrentabilität geschlossen. Ihre Geschichte ist eindrucksvoll
im Museum in La Carolina dargestellt (Stop 1).

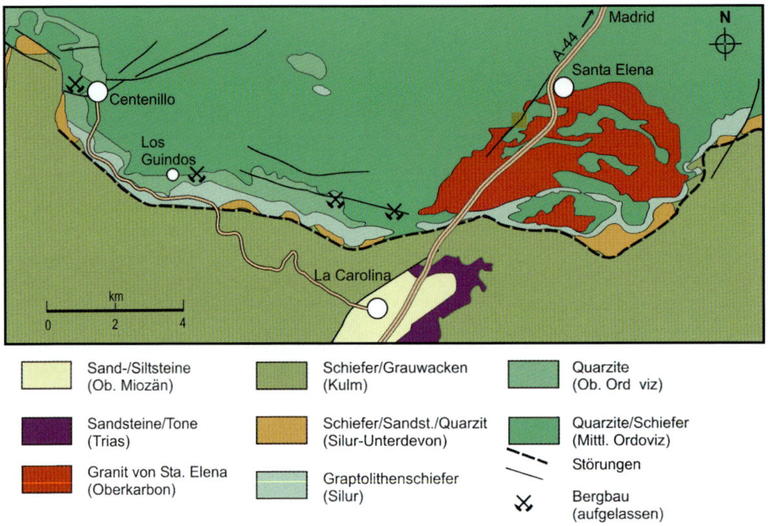

Abb. 187. Geologische Karte der Umgebung von La Carolina (vereinfacht nach einem Ausschnitt aus der Geologischen Karte 1:200000, Blatt 70 Linares, IGME 2004)

Andresse/Anfahrt:

Stop 1:
Museo de La Carolina,
Plaza de la Iglesia, s/n
Oficinas: C/Convento, 5
2320 La Carolina, Jaén

Stop 2: Vom Museum in La Carolina den westlichen Ortsausgang ansteuern und am Kreisel auf die JV-5031 nach El Centenillo abbiegen (ca. 16 km), bei Kilometer 7 Abzweig zum Ort Los Guindos. Mehr zur Bergbaugeschichte über den QR-Code.

Öffnungszeiten:

siehe http//museo.lacarolina.es
(Mo geschlossen)

Koordinaten:

Stop : 38°16'32,93'' N, 3°37'1,22'' W

Stop 2: Abzweig nach Los Guindos
38°18'21,87'' N, 3°41'10,15'' W

Zeitaufwand:

Stop 1: 1–2 Stunden

Stop 2: 2–3 Stunden (ein Weg)

Im Gelände sieht man Ruinen und vor allem entlang der Straße von La Carolina nach El Centenillo Halden und Abbaustellen (Stop 2). Einige dieser alten Minengelände können nach vorheriger Anmeldung besucht werden.

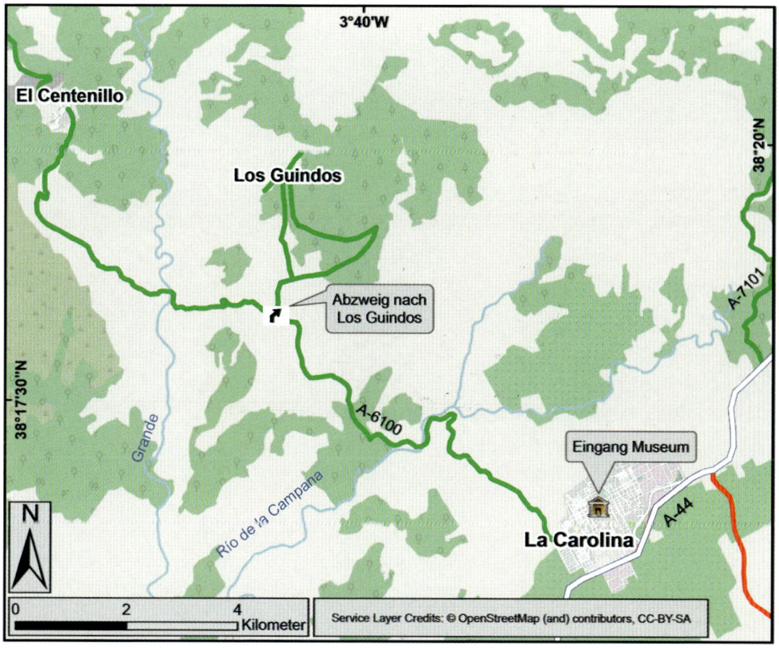

Abb. 188. Übersichtskarte des Wanderziels (18) zwischen La Carolina und El Centenillo

Die im 19. und 20. Jahrhundert für mehrere Jahrzehnte reichste Lagerstättenzone Europas war der rund 10 Kilometer lange Los Guindos-Gang zwischen La Carolina und El Centenillo. Hier gab es Taschen von 2 Meter Durchmesser, die aus purem Silberreichem Bleiglanz bestanden. Ein solcher Brocken ist im Museum von La Carolina ausgestellt (Stop 1; mehr dazu über den QR-Code). Datierungen ergaben ein 190
Bleiglanz-Alter zwischen 190 und 250 Millionen Jahren. Damit gehören die erzbildenden Lösungen zur spätorogenen Phase. Die Gänge führen Quarz, Karbonate, Baryt, Ag-Bleiglanz, Zinkblende und in geringen Mengen Pyrit, Markasit und Kupferkies.

Abb. 189. Erzbrocken am Eingang zum Ort Los Guindos. Auf einer Plakette steht: Als Ehrung und zur Erinnerung an alle Bergarbeiter von Los Guindos. A.A.V.V. »El Guindo«, März 2003.

Abb. 190. Der Eingang zum Museum zur Bergbaugeschichte von La Carolina befindet sich in dem Gebäude zwischen der Kirche rechts und dem Wohngebäude links.

Abb. 191. Weideland (links) über karbonischen Schiefern und Grauwacken (»Culm de Pedroches«, rechts)

Stop 1: Das Museum in La Carolina

Zwischen eine Kirche und ein Wohngebäude geklemmt hält dieser moderne An-Bau eine liebevoll zusammengestellte Auswahl von geschichtlichen, bergbaulichen und mineralogischen Kostbarkeiten bereit.

La Carolina liegt auf postorogenen Sedimenten aus dem oberen Miozän in einer Mulde aus Permotrias, die wiederum in einer Mulde von Unterkarbon-Gesteinen (Visé) liegt. Nach Norden schließen Streifen von Devon, Silur und Ordovizium an (siehe auch Abb. 212).

An den Gebäuden wurden verschiedene Gesteine verarbeitet, vor allem aber der farbenprächtige Buntsandstein, der gerne auch als Tür- und Fensterumrahmung verwendet wird. Der Granit aus dieser Gegend wird offensichtlich nicht häufig als Baustein eingesetzt.

Stop 2: Von La Carolina nach El Centenillo

191 Die Straße führt durch Weideland über Unterkarbon-Gesteinen (Kulm-Fazies/Visé). Als der Bergbau in voller Blüte stand, reihte sich an den nördlichen Höhenzügen eine Abbaustelle an die andere. Halden und Fördertürme zeugen von dieser Zeit. Zwischen La Carolina und El Centenillo war seit

Abb. 192. Blick auf den Pozo Federico und die unterbrochene Eisenbahnbrücke über den Río Renegado

Abb. 193. Quarzgang (links), Detail eines Quarzganges (rechts); mehr dazu über den QR-Code auf S. 112.

1892 eine Eisenbahn für den Abtransport des Erzes in Betrieb. Sie wurde in den 1960er Jahren stillgelegt, die Trasse wurde abgebaut. Sie dient heute als grüner Wanderweg (so genannte „via verde"). 192

Der reiche Erzgang von Los Guindos wurde hauptsächlich untertage abgebaut. Der im Museum in La Carolina ausgestellte 3-D-Vertikalschnitt und der Aufriss von Los Guindos zeigen die Ausmaße des Abbaus. Die Tiefe der Förderschächte lag zwischen 719 Meter (Pozo Grande) und 564 Meter (Pozo Urbana), die Abbautiefe mehrere Hundert Meter unter der Geländeoberfläche. 193

El Centenillo war um die Wende vom 19./20. Jahrhundert eine englische Kolonie, in der es an nichts fehlte: Schulen, Krankenhäuser, öffentliche Waschanlagen, Lebensmittelmarkt, Kirche, Kasino, Fußballplatz und Tennisanlagen. Dieses soziale Engagement geht auf den Engländer Arthur Hasselden zurück, der die Gesellschaft „New Centenillo Silver-Lead Mines Company Limited" gegründet hatte. Mit dem Verkauf an die französische Gesellschaft von Peñarroya 1945 endete der Bergbau noch nicht, aber zurückgehende Nachfrage, der Preis für Blei und andere wirtschaftliche Bedingungen führten dazu, dass der Bergbau in der Region ab 1964 nach und nach eingestellt wurde. Heute ist El Centenillo ein Bergstädtchen mit einer glorreichen bergbaulichen Vergangenheit.

Geschichte am Rand (5): La Carolina – Hauptstadt der neuen Siedlungen

La Carolina wurde 1767 durch König Carlos III. gegründet, um eine ökonomische und soziale Modernisierung von Spanien einzuleiten. Dieser Plan wurde von dem Superintendenten Don Pablo de Olavide umgesetzt. Es kam zur Neuansiedlung von 8000 Kolonisten aus Mitteleuropa (Deutsche, Wallonen und Flamen), von denen alleine 6000 durch den bayerischen Militär Johann Kaspar Thürriegel (1722–1800) vermittelt wurden. Ab 1867 entstanden in der Region rund 30 neue Siedlungen.

Die Neusiedler mussten ihren neuen Lebensraum zunächst urbar machen, danach arbeiteten sie in der Landwirtschaft und ab der Mitte des 19. Jahrhunderts auch im Bergbau. In La Carolina haben sich als Erbe dieser Vergangenheit vor allem deutsche Vornamen erhalten. Als Kuriosität hat die Tradition bemalter Ostereier überlebt, die auch immer wieder in Gesprächen erwähnt wird.

Die Menschen von Linares und La Carolina sind so stolz auf ihre bergbauliche Vergangenheit, dass sich schon bald nach der endgültigen Schließung der letzten Mine eine lokale Interessengemeinschaft gründete, die das industrielle und kulturelle Erde bewahren möchte (www.proyectoarrayanes.org).

Mehr Informationen über www.iaph.es (Instituto Andaluz del Património Histórico)

(19) Quarzite von Despeñaperros und Cimbarra

194 Im hohen Norden der Provinz Jaén kommen an der Grenze zur zentraliberischen Provinz Kas-
195 tilien-La Mancha in den östlichen Ausläufern der Sierra de San Andrés markant verwitternde Quarzite vor. In diesen Gesteinen wurden Fossilien gefunden, die auf die Ablagerung in marinem Milieu hinweisen. Das Wasser kann nicht sehr tief gewesen sein, denn es wurden Wellenrippeln und Anzeichen für Bioturbation gefunden. Einzelne Quarzrippen werden durch leichter verwitternde Schieferschichten getrennt. Durch die Steilstellung der Schichten entstehen an manchen Stellen Felsformationen, die an Orgelpfeifen (Los Órganos, 196
Stop 1) erinnern.

Abb. 194. Von der Cueva de los Muñecos (Stop 2) aus geht der Blick nach Südwesten über das Tal des Despeñaperros, in dem die neoproterozoisch-altpaläozoische Gesteinsserie liegt und durch das heute die Autobahn A-44 zwischen Madrid und Granada verläuft.

Die Quarzite, Sandsteine und Schiefer gehören zur Zentraliberischen Zone, in der Gesteine vorkommen, die vor mehr als 500 Millionen Jahren gebildet wurden. Heute sind es Quarz-
ite, Grauwacken, Sandsteine und 197

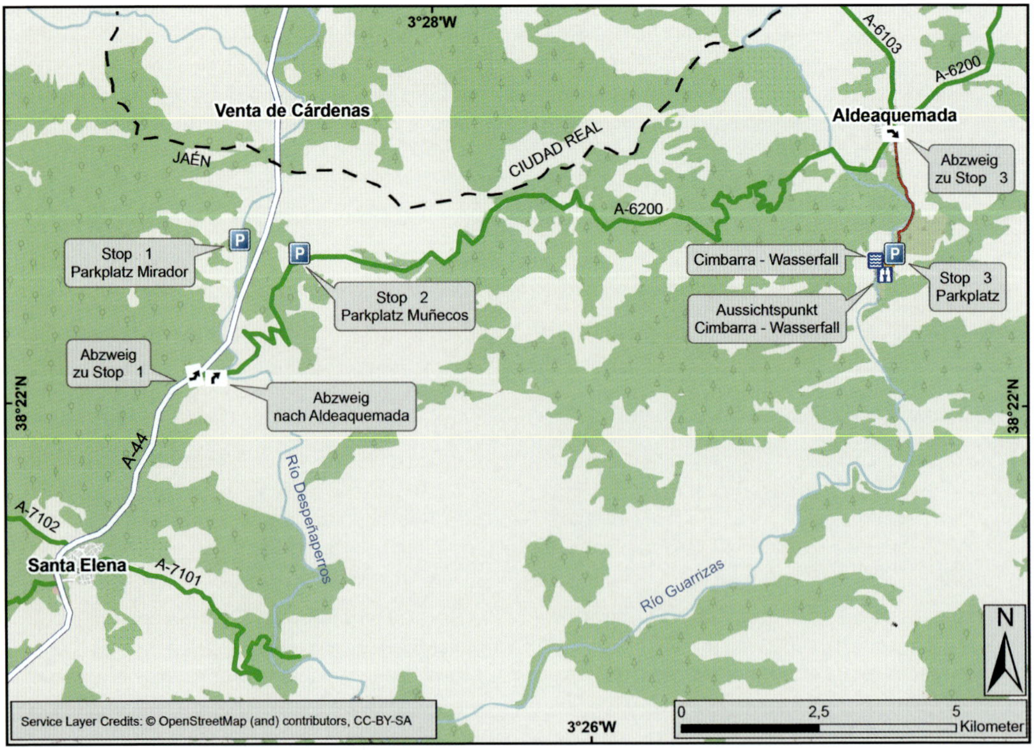

Abb. 195. Übersicht der Stops von Wanderziel (19)

Abb. 196. Blick von der westlichen Seite der Autobahn A-44 beim Mirador (Stop 1) auf die Orgelpfeiffen Los Órganos aus unterordovizischem Armorica-Quarzit.

Schiefer, die über einen Zeitraum von mehreren Hundert Millionen Jahren in einem Meeresbecken abgelagert wurden. Die älteren, aus dem oberen Proterozoikum (Vendium, ca. 650 bis 542 Millionen Jahre alt), entstanden am Nordrand des Kontinentblocks Gondwana. Sie kommen heute in einem „tektonischen Fenster" innerhalb der ordovizischen Gesteinsserie vor. Die jüngeren wurden im unteren Ordovizium abgelagert (Arenig, vor ca. 485 bis 470 Millionen Jahren); sie entstanden ebenfalls am Nordrand von Gondwana in einem nicht sehr tiefen Meeresarm. Sie unterscheiden sich von den älteren durch eine sehr hohe Reinheit und einen etwas höheren Metamorphosegrad, der aus den Sandsteinen Quarzite werden ließ.

Quarzite aus diesen Zeitabschnitten kommen an vielen Stellen in Mitteleuropa zwischen Böhmen, Sachsen-Thüringen, der Bretagne und hier in der Provinz Jaén vor. Sie werden einer Inselgruppe zugeordnet, die nach einem alten Namen der Bretagne „Armorica" genannt wird.

Im Bereich Despeñaperros ist diese armorikanische Quarzitserie insgesamt etwa 500 Meter mächtig und es können drei

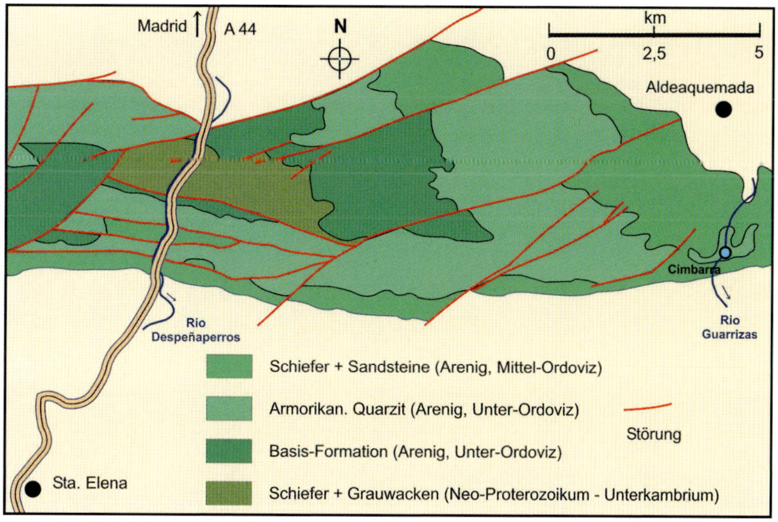

Abb. 197. Geologische Übersichtskarte von Despeñaperros (vereinfacht nach Geologische Karte 1:200 000, Blatt 70 Linares, IGME 2004)

Abb. 198. Der Armorikanische Quarzit ist stark zerklüftet, aber insgesamt sehr fest.

Abb. 199. Die weicheren Schieferschichten zwischen den harten Quarzitrippen wurden erodiert und haben einen schützenden Überhang gebildet.

198 aufeinander folgende Abschnitte unterschieden werden. Es handelt sich um sehr reine Sandsteine
199 mit einem Quarz-Anteil von mehr als 90 Prozent und geringen Anteilen an Serizit, Zirkon, Rutil oder Turmalin. Sie wurden in einer flachen Meeresbucht mit Gezeiteneinfluss und Wellengang abgelagert. Im unteren Bereich der Folge kommen Skolithos-Spurenfossilien vor, während im oberen Abschnitt verstärkte Wellenbewegung erkennbar ist. Die feineren Lagen zwischen den bis zu mehrere 100 Meter mächtigen Sandsteinfolgen bestehen aus sehr feinen Sandsteinen, die reich an Glimmern sind (siehe auch Abb. 209), es konnte organischer Kohlenstoff nachgeweisen werden.

Nachdem die Meeressedimente versenkt und im Zuge der Variszischen Gebirgsbildung im ausgehenden Karbon wieder an die Erdoberfläche gehoben worden waren, begann sofort die Erosion. Die weicheren und feineren Partien wurden schneller herausgewaschen als die härteren Quarzite. Die waren allerdings von Klüften durchzogen, die durch Regen, Eis und Tau verbreitert wurden. Auf diese Weise entstand das Tor des Río Despeñaperros (Stop 1). Auch die Cimbarra-Wasserfälle des Río Guarrizas (Stop 3) fließen über den armorikanischen Quarzit.

Anfahrt Stop 1:

Von Santa Elena aus auf der N-IV den Schildern in den Parque Natural Despeñaperros folgen, nach circa 6 Kilometern teilt sich die Straße, wir nehmen den linken Abzweig und gelangen auf der westlichen Seite der Autobahn A-44 zu einem Aussichtspunkt (Mirador)

Koordinaten:

Abzweig zu Stop 1
38°22'10,87" N, 3°31'5,17" W

Parkplatz am Mirador
38°23'30,32" N, 3°30'24,53" W

Zeitaufwand:

30 Minuten (1 Weg)

Stop 1: Das Tor des Río Despeñaperros

Das Tor des Río Despeñaperros trennt Sandsteine, Grauwacken, Schiefer und Konglomerate der unterordovizischen Basisformation von Quarziten und quarzitischen Sandsteinen der Armorica-Formation, die hier tektonisch bedingt aneinanderstoßen. An dieser Störung schuf der Fluss den Durchbruch. Beide Gesteinsserien stehen steil bis saiger und streichen mehr oder weniger in Ost-West-Richtung.

Stop 2: Die Höhle der Puppen (Muñecos)

In der Höhle der Muñecos fand man mehr als 200
2500 Figuren (*muñecos*) unterschiedlichster Größe, zwischen 8 und 18 Zentimeter. Sie stellen Priester, Krieger, Frauen, Männer und Tiere in Dankesposen dar und bestehen sowohl aus Stein oder Sandstein als auch aus Bronze. Sie befinden sich heute in verschiedenen Museen, zum Beispiel in Jaén

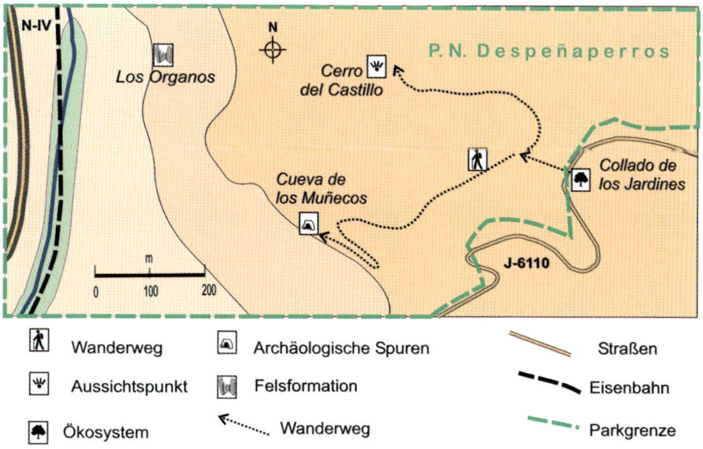

Abb. 200. Übersichtsplan Cueva de los Muñecos im Parque Natural Despeñaperros

oder Madrid. Die Arbeiten werden Iberern zugeordnet, die hier zwischen etwa 1000 Jahren v. Chr. bis in das 5. und 4. Jahrhundert v. Chr. lebten. Zu dieser Zeit begann in dem Gebiet der Bergbau auf Blei und Silber, die Römer setzten den Bergbau fort und gründeten zu diesem Zweck die Stadt Cástulo, nahe des heutigen Linares. In der Nähe der Höhle der Muñecos wurden 1916 Reste einer Besiedlung und einer Nekropole ausgegraben. Bereits Ende des 18. Jahrhunderts gab es Kenntnis von der Höhle, aber erst Anfang des 20. Jahrhunderts wurden erste archäologische Untersuchungen durchgeführt. In dieser Höhle wurde auch eine Felsmalerei gefunden, die einen springenden Hirschen darstellt und die heute das Logo des Naturparkes ist.
201
202

Anfahrt Stop 2:

Vom Stop 1 zurück bis zum Abzweig und dort nach rechts auf die A-6200 Richtung Aldeaquemada abbiegen, bis zur Höhe Collado de Los Jardínes (871 m) bei Kilometer 6,5. Auf der nördlichen Straßenseite steht ein Gebäude, von dem aus zwei Wanderwege abgehen (Infotafel), der untere führt circa 500 Meter bergab zur Cueva de los Muñecos

Koordinaten:

Abzweig nach Aldeaquemada und der Cueva de los Muñecos
38°22'16,08'' N, 3°31'5,17'' W

Parkplatz Cueva de los Muñecos
38°23'25,38'' N, 3°29'40,65'' W

Zeitaufwand:

Hin und zurück etwa 45 Minuten

Centro de Visitantes Llano de las Américas

Dieses erreicht man von der A-44 über die Ausfahrt 57 Santa Elena, dort auf der JA-7102 circa 2 Kilometer in Richtung Miranda del Rey.

Abb. 201. Das Centro de Visitantes Llano de las Américas

Öffnungszeiten:

Siehe www.ventana-delvisitante.es

Gesamtzeitaufwand:

1 Tag

Abb. 202. Das Logo des Naturparks Despeñaperros und Cimbarra ist ein stilisierter Hirsch, der einer in der Höhle der Muñecos gefundenen Felsmalerei nachempfunden ist

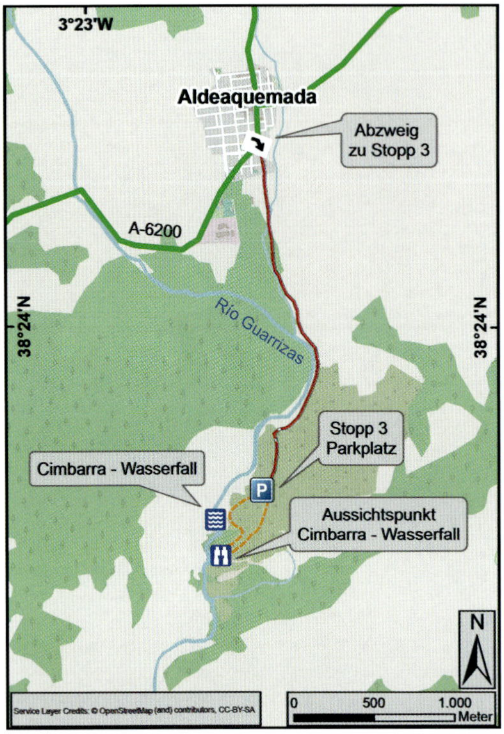

Abb. 203. Übersicht der Stops zwischen Aldeaquemada und den Cimbarra-Wasserfällen

Anfahrt Stop 3:

Vom Stop 2 weiter in Richtung Aldeaquemada (ca. 16,5 km), dort am Südrand des Ortes der Ausschilderung zu den Wasserfällen folgen (weitere 2,5 km), zum Teil Schotterpiste, die auf einer Anhöhe endet (Infotafeln)

Koordinaten:

Abzweig in Aldeaquemada zu den Wasserfällen
38°24'37,53" N, 3°22'14,59" W

P Cimbarra
38°23'28,35" N, 3°22'12,28" W

Mirador Cimbarra
38°23'16,17" N, 3°22'24,31" W

Brücke über den Río Guarrizas
38°24'26,6" N, 3°23'0,84" W

Zeitaufwand (ohne Anfahrt):

Rundwanderung 1,2 Kilometer, etwa 45 Minuten

Stop 3: Die Cimbarra-Wasserfälle

Die circa 40 Meter hohen Cimbarra-Wasserfälle sind als Naturschutzgebiet Teil des Naturparks Despeñaperros. Das Besucherzentrum zu diesem Naturpark liegt weit im Westen, während die Wasserfälle noch einmal gut 20 Kilometer vom
Stop 2 entfernt sind. Die Straße ist kurvig, die 203
Ausblicke zum Teil spektakulär – die Fahrt lohnt sich. Erst recht, wenn man dann vor den Quarzitfelsen steht, über die das Wasser strömt - strömen sollte. Wir waren im Herbst dort, nach einer langen Trockenzeit. Es stand noch etwas Wasser in dem tiefen Kolk, aber sonst war alles ziemlich ausgetrocknet. Im April/Mai soll es dort traumhaft sein, wie uns mehrfach versichert wurde.

Der Armorikanische Quarzit aus dem unteren 204
Ordovizium (Arenig) bildet hier ein Fenster in der überlagernden Wechselfolge von Orthoquarziten,
Sandsteinen und Schiefern aus dem mittleren Or- 205
dovizium (oberes Arenig). Die Gesteinseinheiten wurden außerdem, wahrscheinlich während der Variszischen Gebirgsbildung, durch Störungen versetzt. Die wasserundurchlässigen Quarzitschichten und -rippen werden von weicheren Schieferschichten getrennt. Diese werden vom Wasser leichter ausgewaschen und es entstehen
Wasserwegsamkeiten. Nach starken Regenfällen 206
fließen die Bäche zusammen und lassen den Río Guarrizas anschwellen. Wenn der Fluss über die hier flach lagernden Quarzitbänke strömt, bildet er die Cimbarra-Wasserfälle. Das kleine Plateau, über das das Wasser fließt, entstand durch einen tektonischen Versatz und besteht aus dem harten armorikanischen Quarzit ((1) in Abb. 206), der hier durch die Erosion von den überlagernden Gesteinsserien ((2)) frei gelegt wurde. Sobald das Wasser die in der harten Quarzitschicht vorhandenen Klüfte geweitet hat, wird auch diese Schicht langsam zersetzt werden.

Eine Platte, die zur Wegbefestigung verwendet wurde, zeigt Anzeichen von Bioturbation und damit die Bildung in flachmarinem Milieu an. Neben Trilobiten wurden Lamellibranchien, Brachiopoden und Graptolithen gefunden, vor allem in den schiefrigen Partien der ordovizischen Gesteinsabfolge.

Auf dem Rückweg queren wir zwischen Kilometer 23 und 22 den Río Guarrizas. Kurz vorher stehen die mittelordovizischen Schiefer und Sandsteine ((2) in Abb. 206) an. Sie liegen stratigraphisch über dem armorikanischen Quarzit ((1)). Es

Abb. 204. Innenansicht des unterordovizischen Armorica-Quarzits an den Cimbarra-Wasserfällen. Die dunkleren Streifen deuten eine Bankung des sehr festen und reinen Sandsteins an.

lohnt sich, kurz anzuhalten und sich diese Gesteine etwas näher anzusehen. Mehr dazu über den QR-Code:

Quarzite von Despeñaperros und Cimbarra

Abb. 205. Oberhalb der Cimbarra-Wasserfälle bilden die mittelordovizischen Schichtfolgen eine flache Antiklinale. Sie ist in Abb. 206 durch die gewölbte Schichtung ① angedeutet.

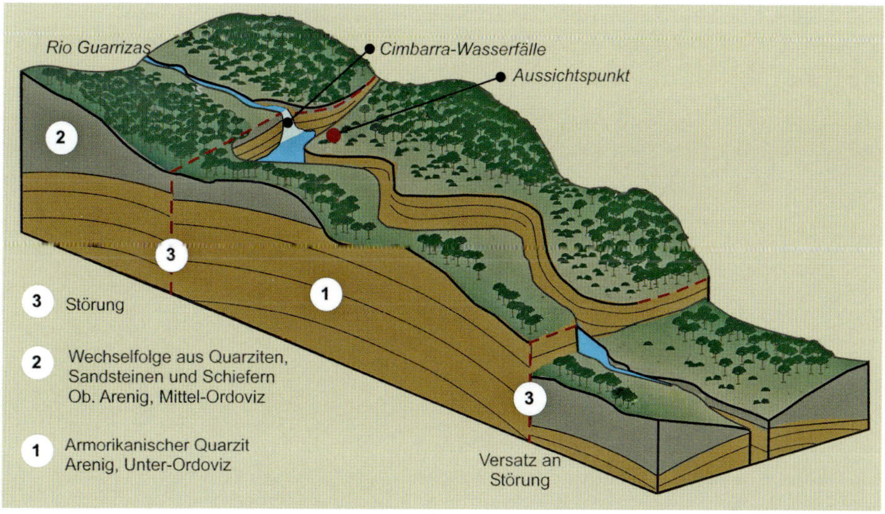

Abb. 206. Skizze zur Entstehung der Cimbarra-Wasserfälle: Der Río Guarrizas hat die mittelordovizische Gesteinsfolge bis auf den unterordovizischen Quarzit erodiert. Der Wasserfall befindet sich an der tektonisch bedingten Steilstufe im Quarzit (nach Infotafel).

(20) Der iberische Südrand in der Permotrias

In einem bis zu mehrere Kilometer breiten Streifen säumen im Südosten und Osten der Sierra Morena permotriassiche Sedimente die paläozoischen Gesteine. Sie entstanden am Fuß des gerade aufgestiegenen Variszischen Gebirges in einem trockenen, wüstenhaften Milieu. Häufige sintflutartige Starkregen schwemmten aus den umliegenden Bergen grobes und feines Material herunter. Diese Rotsedimente reichen bis an die nördliche Begrenzung des Guadalquivir-Beckens heran und
207 werden nur von postorogenen Beckensedimenten überlagert. Bereits im Luftbild (GoogleEarth) ist die Verbreitung dieser Gesteine an der rotbraunen Färbung der Erdoberfläche gut zu erkennen.

208 Wir stellen diese permo-triassischen Rotsedimente bei zwei Ausflügen vor. Der erste erkundet das Vorkommen im Westen von Andújar entlang des Südrandes der Sierra de Andújar, das bis Montoro in der Provinz Córdoba hineinreicht. Er kann mit den Wanderzielen (16) und (17) verbunden werden. Mehr zur Stadtgeschichte von Montoro über den QR-Code (S. 123).

Beim zweiten Ausflug von La Carolina nach Úbeda queren wir den Nordrand des Guadalquivir-Beckens. Dieser Ausflug leitet sowohl zum zweiten Teil dieses Bandes als auch zu den beiden weiteren Bänden unserer Andalusien-Trilogie über.

Anfahrt Ausflug 1:

a) Von Andújar auf der A-4 Richtung Córdoba, die Ausfahrt 329 nehmen und auf der A-420 Richtung Marmolejo fahren.

b) Von Andújar auf der A-420 Richtung Marmolejo fahren, durch den Ort durch weiter auf der A-420 bleiben.

Koordinaten:

Stop 1: 38°3'15,78" N, 4°11'37,79" W

Stop 2: 38°3'49,85" N, 4°14'49,32" W

Zeitaufwand:

2–3 Stunden (ein Weg), zum Beispiel nach Erkundung der Wanderziele (16), (17) und (18) oder als Anfahrt zu den Zielen (21) und (22) im Guadalquivir-Becken

Ausflug 1: Von Andújar nach Westen

Stop 1: Konglomeratlagen an der Römischen Brücke

Nur wenige Kilometer westlich von Marmolejo führt die Straße über den Guadalquivir, der Blick fällt unweigerlich auf die rote Wand gegenüber der Brücke. Es handelt sich um einen alten Steinbruch, ein großer Platz lädt zum Halt ein.

Abb. 207. Übersichtskarte der Wanderroute (20) mit den Ausflügen in die Permotrias im Westen von Andújar (Rechteck links) sowie zwischen La Carolina, Vilches und Úbeda (Rechteck rechts). In dem GoogleEarth-Bild sind die Rotsedimente gut zu erkennen.

Iberischer Südrand in der Permotrias

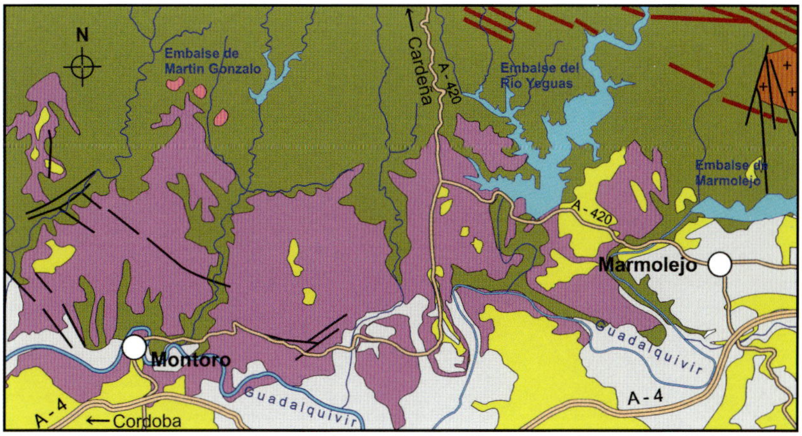

Abb. 208. Geologische Karte der Region von Ausflug 1 Andújar nach Westen, vereinfacht nach Geologische Karte 1:200 000 Blatt 70 Linares (IGME 2004)

An der Steinbruchwand können mehrere Konglomeratlagen unterschieden werden, getrennt durch dünnere Lagen aus feinerem Material. Im oberen Bereich ist das Zinnoberrot des unteren Bereichs in ein Rotbraun verwittert. *209*

Das Konglomerat sind rund 250 Millionen Jahre alte Flussschotter, die vom gerade aufgestiegenen Gebirge stammen und in einer flachen Schwemmebene vor dem Hochgebirge abgelagert wurden. Die Rotfärbung weist auf ein fluviatil-terrestrisches Ablagerungsmilieu hin. Jede Schotterschicht stammt von einem Starkregenereignis, jede feinere Schicht zwischen den Schotterschichten wurde nach dem abgelaufenen Starkregen in flachem Wasser abgelagert.

Abb. 209. Konglomeratlagen der Permotrias westlich von Marmolejo an der Römischen Brücke über den Guadalquivir

Abb. 210. Der Stausee des Río Yeguas in Trias-Gesteinen. Die feinen Partien im Buntsandstein sind ein guter Wasserstauer. Deshalb eignen sie sich gut als Unterlage für einen Stausee.

Diese Steilwand dokumentiert die Zeit am Ende der Variszischen Gebirgsbildung. An verschiedenen Stellen kam es in dem gerade entstandenen Gebirge zu intramontanem Vulkanismus, beispielsweise im Perm-Becken des Río Viar (Wanderziel 10, Stop 5, und Kasten 8), aber auch im mitteleuropäischen Variszikum etwa im Saar-Nahe-Becken und im Thüringer Becken. Und zu dieser Zeit waren Vorläufer der Dinosaurier unterwegs. Von ihnen sind nur Spuren erhalten, sie werden Diadictiden genannt (mehr darüber bei www.urweltmuseum-geoskop.de). In der andalusischen Permotrias finden sich, vor allem in den Betischen Kordilleren, basische Vulkanite, so genannte Ophite, die wurzellos in den weichen bunten Keuperschichten vorkommen (siehe Band 2 der Andalusien-Trilogie).

Stop 2: Am Stausee des Río Yeguas

210 Wir fahren weiter auf der A-420 Richtung Montoro und gelangen an den Stausee des Río Yeguas. Hier befinden wir uns an der Provinzgrenze zwischen Jaén und Córdoba. Auf der östlichen Straßenseite stehen dicke rote Bänke an und auch der Stausee wurde in diesen roten Gesteinen angelegt.

211 Die mächtigen Sandsteinbänke mit den zwischengeschalteten feineren Partien belegen eine wesentlich ausgeglichenere Erosion und Ablagerung als noch beim Stop 1. Die Sandsteine enthalten Partien mit Schrägschichtung, was auf subaerische Sedimentation, also auf Dünen hinweist. Damit haben wir erdgeschichtlich die Grenze vom Perm zur Trias überschritten. Es ist nicht immer leicht, diese Grenze zu definieren, deshalb sprechen Geologen dann von Permotrias. Sie bildet den Übergang von den paläozoischen Gesteinen, die von der Variszischen Gebirgsbildung erfasst worden waren, in das Mesozoikum, dem Erdmittelalter, dessen Gesteine später während der Alpidischen Gebirgsbildung beansprucht werden.

Abb. 211. Der Buntsandstein zeichnet sich durch mächtige Sandsteinbänke und feinere Lagen dazwischen aus. Schrägschichtung im Buntsandstein weist auf Dünenablagerung hin.

Diese Geschichte ist das Thema der weiteren zwei Bände unserer Andalusien-Trilogie, die die Entstehung der Betischen Kordilleren beschreiben. Im Band 2 „Serria de Grazalema und der Westen der Betischen Kordilleren“ geht es um den Beginn dieser Gebirgsbildung in den Provinzen Cádiz, Málaga und im Süden der Provinz Córdoba und im Band 3 „Sierra Nevada und der Osten der Betischen Kordilleren“ beschreiben wir die Hauptphase der Gebirgsbildung und die Nachwehen, die bis heute anhalten. Sie werden wir in den Provinzen Jaén, Granada und Almería erkunden.

Ausflug 2: Permotrias zwischen La Carolina, Vilches und Úbeda

212 Der Ort La Carolina wurde auf postorogenen Sedimenten aus dem Obermiozän errichtet, die auf Trias-Sedimenten liegen. Diese werden nach Osten hin älter und grenzen kurz nach dem Stadtgebiet an unterkarbonische Schiefer und Grauwacken. In diesen Gesteinen wurde auch der Stausee von Fernandina angelegt, über dessen Staumauer die Straße führt. Kurz vor Vilches, das südlich der A-301 liegt, grenzen die paläozoischen Gesteine tektonisch an die Trias-Gesteine, hier vor allem Buntsandstein.

Beim Abzweig nach Navas de San Juan, zwischen Kilometer 31 und 32, passieren wir die Grenze zwischen den Trias-Sedimenten und Gesteinen des unteren Jura. Der Stausee von Giribaile liegt noch in Trias. Kurz nach Kilometer 33 überqueren wir den Guadalimar, der den Stausee speist. Nachdem die Straße ab Kilometer 35 an Höhe verliert, kommen wir in die obermiozänen hellen Sedimente der Beckenfüllung. Auf diesen nicht sehr stark verfestigten Sandsteinen, die von Mergellagen getrennt werden, liegen die UNESCO-Welterbestädte Úbeda und Baeza, die wir beim Wanderziel (21) aus geologischer Sicht vorstellen.

Die Provinz Jaén ist berühmt für
213 Olivenöl. Olivenbäume wachsen sowohl auf (rotem) Trias- als auch auf (hellbeigem) obermiozänem Untergrund. Beim Wanderziel (22) stellen wir das Museum zur Kultivierung der Olive vor.

Anfahrt Ausflug 2:

Von La Carolina auf der A-301 Richtung Úbeda

Zeitaufwand:

Etwa 2 Stunden (ein Weg)

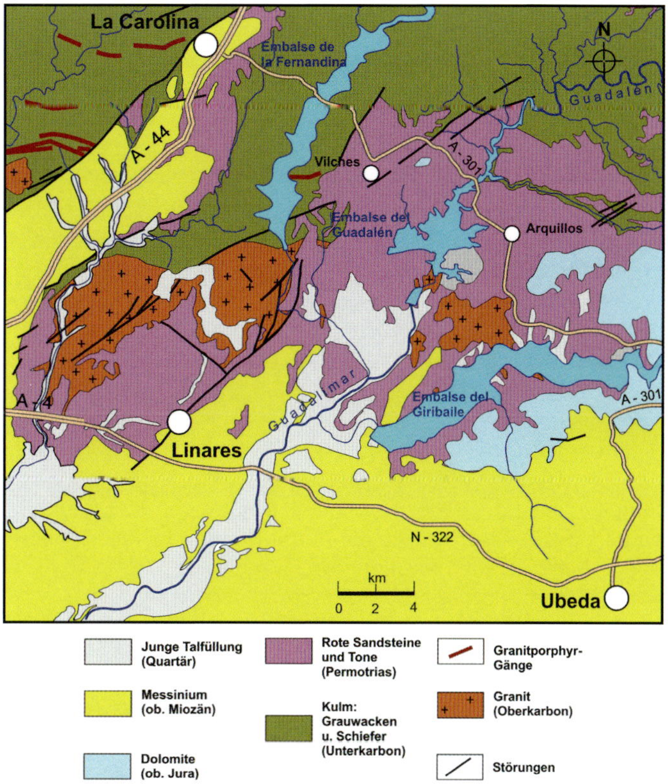

Abb. 212. Geologische Karte der Region zwischen La Carolina und Úbeda (vereinfacht nach Geologische Karte 1:200 000, Blatt 70 Linares, IGME 2004)

Abb. 213. Olivenbäume wachsen sowohl auf Trias- als auch auf obermiozänem Untergrund.

Das Guadalquivir-Becken

214 Der Río Guadalquivir fließt nicht in der Mitte des nach ihm benannten Beckens, sondern bis Sevilla am nördlichen Rand nahe an der Grenze zur Sierra Morena, die wir im Abschnitt 1 vorgestellt haben. Ihre Gesteine stoßen in NW-SE-Richtung mit relativ scharfem Kontakt auf das ENE-WSW gerichtete Becken. Diese Grenze zwischen den paläozoischen Gesteinen der Meseta zum Becken des Guadalquivir ist jedoch keine gerade Linie. Vielmehr ragen Felsvorsprünge aus festerem Gestein zum Teil bis nahe an das Flusstal heran, während weichere Gesteine weggeschwemmt und dafür neue, jüngere, im spätmiozänen Meer gebildete sowie vom Fluss herantransportierte Sedimente abgelagert wurden.

215 Das rund 330 Kilometer lange Guadalquivir-Becken ist mehr als nur das Flusstal. Aus geologischer Sicht ist es die Einsenkung, die sich am Ende der Auffaltung der Betischen Kordilleren zwischen diesen im Süden und der Iberischen Meseta im Norden gebildet hatte und die mit postorogenen Sedimenten gefüllt wurde. Eine Rekonstruktion der Entwicklung dieser Einsenkung geht von dem vorhandenen Sedimentinventar aus (vgl. Kasten 10).

Entlang einer Linie vom heutigen Sevilla bis in den Nordosten der Provinz Jaén lag während des gesamten Mesozoikums das Nordufer des Tethys-Meeresarmes, der das zukünftige Mittelmeer mit dem Atlantik verband. Von dem stabilen Gebirge des Iberischen Massivs erfolgte eine kontinuierliche Sedimentation in dieses Meeresbecken (vgl. das Kapitel Geologische Entwicklung). Die Beckenfül-
216 lung besteht aus Sedimenten aus dem jüngeren Känozoikum. Nach Westen hin kommen immer jüngere Sedimente vor, die bis in die Provinz Huelva hinein reichen. Die nördliche Seite ist über die gesamte Zeit der Beckenentwicklung stabil geblieben, die Grenze zum Betischen Kettengebirge wird durch mesozoische Gesteine markiert. Auf deren Geschichte gehen wir in den zwei Bänden zur Entwicklung der Betischen Kordilleren näher ein (Band 2 und 3 unserer Andalusien-Trilogie).

Das im Süden aufsteigende Gebirge der Betischen Kordilleren führte zu einer Verdickung der kontinentalen Kruste, die sich unter dem Gewicht zu dehnen begann. Dies geschah zuerst an Schwächezonen, wie beispielsweise dem Rand des iberischen Festlandes. Mit zunehmender Dehnung und Eintiefung des Beckens bildete sich eine Verbindung zum Weltmeer heraus. Die Beckenfüllung besteht aus marinen Ablagerungen aus dem mittleren Tortonium bis in das Messinium hinein und belegt eine kontinuierliche Sedimentation über mehrere Millionen Jahre hinweg. Neben der Füllung des Beckens durch den Abtrag des während der alpidischen Gebirgsbildung aufsteigenden Gebirges wurden auch Vertiefungen in den entstandenen Gebirgsketten von den postorogenen Sedimenten aufgefüllt. Deshalb reichen diese zum Teil weit in die Betischen Zonen hinein. Überlagert werden die flachmarinen Sedimente der Beckenfüllung von dem Abtragungsschutt des jungen Gebirges.

Abb. 214. Blick von Sanlúcar de Barrameda (Provinz Cádiz) über den Río Guadalquivir, nur wenige Hundert Meter vor seiner Mündung in den Atlantik, auf die Wanderdünen der Doñana.

Die Entwicklung des Guadalquivir-Beckens begann vor etwa 12 Millionen Jahren im oberen Miozän und setzte sich bis ins obere Pliozän fort. Es stellte in dieser Zeit eine Meeresverbindung zwischen dem Mittelmeer und dem zentralen Atlantik dar. Im Verlauf von rund 10 Millionen Jahren wurde diese Verbindung geschlossen (siehe auch Wanderziel (16) in Band 2 der Andalusien-Trilogie) und das Becken verlandete.

Im oberen Guadalquivirtal bei Sabiote liegen die postorogenen marinen Sedimente aus dem unteren bis mittleren Tortonium direkt auf den jüngsten paläozoischen Gesteinen der Iberischen Meseta. Diese älteste Sequenz der Guadalquivir-Beckenfüllung kommt nur in der Provinz

Jaén in einer Zone von Bailén bis Iznatoraf an der Oberfläche vor. In allen weiter westlich gelegenen Bereichen wurden diese Sedimente von jüngeren überdeckt.

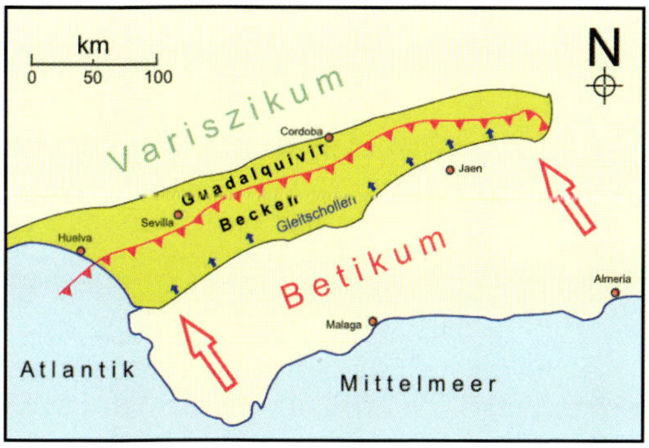

Abb. 215. Das Guadalquivir-Becken zwischen dem Iberischen Massiv im Norden und den Betischen Kordilleren im Süden. Die gezackte rote Linie markiert die Beckenachse.

Im westlichsten Abschnitt des Beckens kommen die jüngsten Sedimenteinheiten vor (siehe Kasten 10). Sie beginnen im oberen Messinium mit den Kalkareniten von Carmona, die einen weiterhin höheren Meeresspiegel anzeigen, gefolgt von Tonen und Sanden, die bis zum unteren Pliozän am Südrand des Iberischen Massivs abgelagert wurden. Die Sedimentation der Tone zieht sich bis zum Top der gesamten Sequenz durch und geht Richtung Westen in die Sande von Huelva und Bonares über. Der Übergang von den Tonen zu den Sanden wird nach Westen immer jünger. Auf die marinen Sedimente folgen die Abtragungsprodukte der aufsteigenden Betischen Kordilleren als eine Form von Molasse. Diese Schüttungen werden in 14 Terrassen untergliedert (siehe S. 139). In diese Schotter und Sande hat sich dann seit 1,8 Millionen Jahren der Guadalquivir einen Weg zum Meer gebahnt.

Die südliche Begrenzung der Einsenkung ist nicht so gut definiert wie die nördliche. Vom Fluss aus muss man erst einmal auf die ursprüngliche obermiozäne Beckenfüllung hinauffahren. Hier formen die syn- und postorogenen Gesteine des Känozoikums eher weiche Hügel, auf denen ausgedehnte Olivenhaine angelegt wurden und werden. Sie gehen über in verschiedenste Gesteine des Mesozoikums und Känozoikums (Alter etwa zwischen 250 und 25 Millionen Jahren), die die nördlichen Ausläufer der Betischen Kordilleren bilden (siehe Wanderziel (10) in Band 2 der Andalusien-Trilogie).

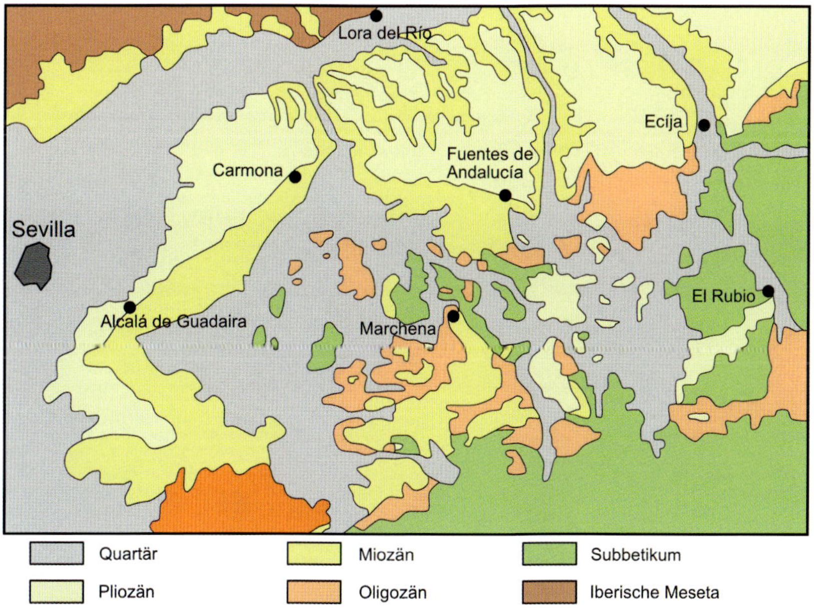

Abb. 216. Überblick über den Abschnitt des Guadalquivir-Beckens in der Provinz Sevilla. Die Subbetischen Einheiten gehören zu den Betischen Kordilleren. Die marinen Sedimente des jüngeren Känozoikums werden von den quartären Sedimenten bedeckt, die während und nach der pleistozänen Eiszeit abgelagert wurden.

Kasten 10: Das Miozän ist der Schlüssel

Vor ungefähr 100 Millionen Jahren setzte durch die Öffnung des Atlantiks sowie der Biscaya im Westen und Norden in südöstliche Richtung eine rotierende Bewegung der Iberischen Halbinsel gegen den Uhrzeigersinn ein. Durch den gleichzeitig sich öffnenden Südatlantik und dadurch anhaltenden Druck von Süden durch den Afrikanischen Kontinent kam es zu einer Einengung des Meeresbeckens am westlichen Ende der Tethys und in der Folge zur Faltung und Heraushebung der darin aufgehäuften mesozoischen Sedimente. Vor rund 24 Millionen Jahren (im Chattium, Oligozän) war dieser Meeresarm der Tethys geschlossen worden, aber der Schub aus Süden ließ nicht nach, die Betischen Kordilleren formten sich. Die Heraushebung führte
217 letztendlich zur Erosion der Gesteinspakete, die in einem Vorlandbecken, dem Guadalquivir-Becken, aufgenommen wurden. Zunächst durchlief das Becken eine marine Tiefwasser-Phase, bis es im oberen Miozän mit Flachwasserkarbonaten letztlich verlandete; nur die Teile am Golf von Cádiz zeigen noch marine Einflüsse. Durch die weitere einengende Deformation sind die ersten Sedimente im Becken nahe der Deformationsfront ebenfalls wieder verfaltet, und abschließend von mächtigen Olisthostromen, gravitativen Wildflysch-artigen Ablagerungen, überdeckt. Diese sedimentäre Auflast führte dazu, dass sich an der alten mesozoischen Küstenlinie der Iberischen Halbinsel, einer Schwächezone, erneut Flexuren und Störungen entwickelten und sich eine Grabenstruktur bildete. Die Entwicklung des Guadalquivir-Beckens begann vor etwa 12 bis 11 Millionen Jahren.

Die in dem Meeresarm abgelagerten Sedimente kamen sowohl aus dem Iberischen Massiv im Norden als auch von dem gerade aufgeschobenen Gebirge im Süden. Vor allem am Nordrand des Beckens liegen sie direkt auf den paläozoischen Gesteinen der Sierra Morena. Über einen Zeitraum von etwa 10 Millionen Jahren wurden vom mittleren Tortonium (vor ca. 12 Millionen
218 Jahre) bis in das Pliozän marine Sedimente abgelagert. Dann verlandete das Becken, es nahm noch terrestrische Sedimente auf und wurde dann auch wieder erodiert. Insgesamt können fünf

			Huelva	Sevilla	Cordoba	Jaen
Quartär		Quartär	Terrassen mit Blockschutt, Schottern, Lehm und äolischen Sanden			
Känozoikum		Pliozän	Sandsteine roter Lehm Mergel ±Konglomerate	Kongl. Sandsteine Kalke mit Fossilien Tone	Konglomerate roter Lehm Sande Mergel Kalke	rote Kongl.
	Ober-Miozän	Messinium	Mergel Lehm	Mergel, Lehm Kalksandsteine Konglomerate Kalke mit Fossilien	Mergel Kalksandsteine ± Konglomerate	Mergel Kalksandsteine ± Konglomerate
		Tortonium	biogene Kalke Sandst. Kongl.	Mergel Konglomerate Kalkbrekzien	Mergel, Lehm, Kalksandsteine ± Konglomerate	helle Mergel Kalksandsteine ± Konglomerate
		Unterlager	Devon, Karbon, Muschelkalk, *Hiatus*	Devon, Muschelkalk, *Hiatus*	Kambrium, Buntsandst., Oligozän, Serraval	Buntsandst., Keuper, Kreide, Serraval

Abb. 217. Stratigraphische Übersicht der Sedimenteinheiten im Guadalquivir-Becken von Jaén im Nordosten bis Huelva im Südwesten (zusammengestellt aus den Geologischen Karten der MAGNA50-Serie)

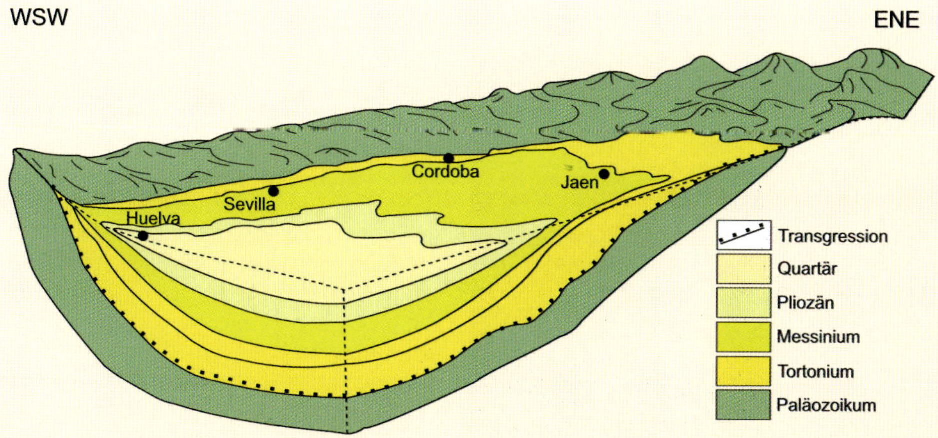

Abb. 218. Stratigraphische Entwicklung des Guadalquivir-Beckens (nach MAYORAL ALFARO & ABAD DE LOS SANTOS *2009). Die Tiefenlage der Basis der marinen Sedimente nimmt von Osten nach Westen zu. Die Sedimentstrukturen zeigen eine Absenkung des Beckens in westliche Richtung.*

Sedimentationseinheiten unterschieden werden. Die älteste Einheit aus dem mittleren Tortonium kommt nur in der Provinz Jaén vor. In Richtung Südwesten werden die Einheiten jünger, bis in der Provinz Huelva die jüngsten Einheiten vorkommen. Eine Bohrung in der Beckenachse würde nahe der Mündung alle fünf Einheiten erreichen (Gesamtmächtigkeit etwa 1500 m, bei Carmona etwa 1000 m). Das Vorkommen der Sedimenteinheiten im Guadalquivir-Becken ist in den Abbildungen 217 und 218 zusammengestellt.

Im gesamten Zeitraum vom mittleren Tortonium bis ins Messinium hinein führten geodynamische und tektonische Bewegungen zu einem häufig wechselnden Meeresspiegelstand. Die Sandeinheit von Porcuna, die vom oberen Tortonium bis zum unteren Messinium abgelagert wurde, zeigt nach einem Hochstand bei etwa 7 Millionen Jahren einen Tiefstand des Meeresspiegels an. Darüber folgen blaue Mergel („*margas azules*") des unteren Messiniums von Carmona, die einen Hochstand des Meeres und Transgression repräsentieren. Die Sedimente dieser Sequenz kommen im extremen Norden (teilweise zentral und östlich) und in der Beckenachse vor. Das Alter liegt für die ersten turbiditischen Sedimente in der Region von Bujalance-Porcuna bei 6,6 Millionen Jahren, wo sie mit dem folgenden Zyklus des Meeresspiegelwechsels korreliert werden können. Turbiditserien diesen Alters wurden von verschiedenen Orten im Guadalquivir-Becken und im Golf von Cádiz beschrieben.

Die älteste Einheit aus dem unteren mittleren Tortonium beginnt im nördlichen Bereich mit flachmarinen Sedimenten, die transgressiv auf paläozoischem Grundgebirge liegen. In rascher Folge wurden dann in mittleren Wassertiefen feinkörnige Sedimente abgelagert, die reich an Foraminiferen sind. Über diesen folgen graue Mergel und Sande, die schlechte Aufschlüsse liefern. Die nächstjüngere Einheit, die im oberen Tortonium abgelagert wurde, beginnt mit einer Turbidit-Sedimentation, die auf eine Vertiefung des Beckens hinweist. Da sich das Becken in dieser kurzen Zeit aber nicht so stark abgesenkt haben konnte und diese Sedimentationsform zur gleichen Zeit weltweit beobachtet wird, geht man von globalen (sog. eustatischen) Meeresspiegelschwankungen aus, die im wesentlichen durch plattentektonische Vorgänge verursacht werden. Stratigraphisch folgen über den oberen *Roca Ostionera*-Schichten (Messinium, 6 Millionen Jahre), die beispielsweise die Hügel bilden, auf denen Carmona liegt, dann die Schotter des aufsteigenden Betischen Gebirges. Diese Zusammenfassung wurde vor allem nach MAYORAL ALFARO & ABAD DE LOS SANTOS (2009) erstellt.

(21) Entlang des Guadalquivir von der Quelle bis Montoro – Einsenkung durch Auflast

Abb. 219. Stop 1: Der Guadalquivir als Gebirgsbach im Längstal der Sierra de Cazorla

Der Guadalquivir entspringt in der Sierra de 219
Cazorla, wo er sich zunächst mühsam seinen
Weg durch die mesozoischen Deckenstapel (siehe
Wanderziel (2) im Band 3 der Andalusien-Trilogie)
suchen musste, bis er in das Tal fließen konnte,
das sich im Süden der Iberischen Meseta gebildet
hatte. Zu diesem Zeitpunkt wurden auch die im
Süden aufsteigenden Gebirge bereits wieder abgetragen, deren Erosionsprodukte nun zum Teil die postorogenen marinen Sedimente bedecken. Sie waren am Ende der Alpidischen Gebirgsbildung in diesem Meeresarm abgelagert worden, der entlang des Südrandes der Iberischen Meseta das Mittelmeer mit dem Atlantik verband.

Die geologische Entwicklung beschreiben wir in Kasten 10. Ablagerungen aus dem oberen Tortonium kommen in den weiter westlichen Abschnitten des Beckens nur im Untergrund vor. In diesem Bereich des Beckens entspricht die Untergrenze dieser Sequenz also den transgressiven Küstensedimenten, die über den prä-neogenen Gesteinen an der nördlichen Seite des Beckens vorkommen. An verschiedenen Stops zeigen wir Eindrücke des Río Guadalquivir und des Beckens mit den obermiozänen Ablagerungen.

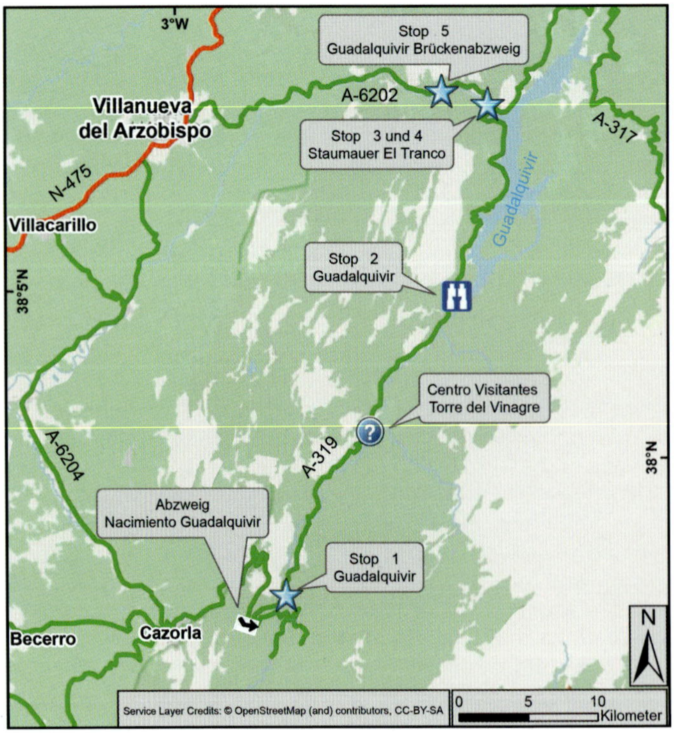

Abb. 220. Übersicht des Wanderziels (21) mit den Stops 1–5

Die Quelle des Flusses, der dem
Becken den Namen gegeben hat,
kann am besten von Cazorla aus
angefahren werden. Im Verlauf 220
der A-319 von Cazorla nach El
Tranco, die ab Vadillo Castril den
jungen Guadalquivir begleitet,
befindet sich zwischen Kilometer 31 und 32 der Abzweig auf
die JF-7091 zur Quelle. Nachdem
sich der junge Fluss entlang des
in Nordwest-Südost-Richtung
verlaufenden Haupttales von
einem Gebirgsbach in einen Fluss
entwickelt hat, wird er bereits das
erste Mal gestaut. Der Talboden 221
besteht hier aus gut wasserstauenden Permotrias-Sedimenten, was man nach einem trockenen Sommer gut sehen kann.

Der natürliche Ausfluss des Guadalquivir erfolgte durch eine Kluft in den Kalkmassiven Richtung

Anfahrt:

Von Cazorla über die A-319 bis El Tranco, dort auf die A-6202 Richtung Villanueva de Arzobispo wechseln, nach circa 3 Kilometer Abzweig scharf links zur Brücke über den Guadalquivir (Stops 1–5), am besten zurück zur A-6202 und über die N-322 nach Úbeda, von dort auf der A-313 nach Baeza und nach Puente del Obispo (Stop 6).

Koordinaten:

Abzweig in Vadillo Castril zur Quelle des Guadalquivir über die JF-7091 (zwischen Kilometer 31 und 32 der A-319)
37°54'59,79" N, 2°57'15,66" W

Stop 1: 37°55'50,07" N, 2°55'42,07" W

Stop 2: 38°4'46,28" N, 2°49'7,12" W

Stop 3 und 4 (Staumauer El Tranco)
38°10'32,07" N, 2°47'45,02" W

Stop 5: 38°10'52,25" N, 2°49'38,73" W

Stop 6: 37°55'12,65" N, 3°33'10,17" W

Zeitaufwand:

Stops 1–5 (Fahrt durch die Sierra de Cazorla)
1 Tag

Stop 6 (und Besuch des Oliven-Museums)
1/2 Tag

Westen. An diesem Ausfluss wurde die Staumauer
222 der Talsperre El Tranco errichtet.

223
224 Westlich von Mogón wird das Relief flacher und der Fluss beginnt zu mäandrieren. Durch die Zuflüsse des Guadiana Menor und des Río Jandulilla führt der Guadalquivir so viel Wasser, dass er erneut mehrfach aufgestaut wird. Die Beckensedimente werden mächtiger und der Fluss gräbt sich sein Bett in die weichen, meist hellen Mergel. Auf ihnen werden heute vor allem Olivenhaine angelegt.

Die Zertalung und Ausräumung der weichen Sedimente durch die Flüsse vor allem während der pleistozänen Vereisung, als das Klima kühler und feuchter war und dadurch mehr Niederschläge, sowohl als Regen als auch als Schnee fielen, machte die Beckensedimente sichtbar.

Abb. 221. Stop 2: Der Guadalquivir verschwindet normalerweise) im Stausee El Tranco. Das Foto wurde im September nach langer Trockenheit gemacht. Dadurch kommen die Permotrias-Sedimente zum Vorschein.

Abb. 222. Stop 3: Der Stausee El Tranco vor der Staumauer

Abb. 223. Stop 4: Die Staumauer schließt den natürlichen Ausfluss des Guadalquivir nach Westen ab.

Abb. 224. Stop 5: Der Guadalquivir circa 3 Kilometer unterhalb der Staumauer an der Brücke der JH-7156

Bei Puente del Obispo wurde
in einer Hacienda ein Museum 225
zur Kultur der Olive eingerich- 226
tet. Vor oder nach dem Besuch 227
kann die alte Brücke über den Fluss angesehen werden. Dazu am östlichen Ende des Ortes von der neuen Brücke rechts (nach Süden) abfahren und sofort einen Parkplatz suchen.

Die Zuflüsse des Guadalimar in den Guadalén und dieser selbst wurden ebenfalls gestaut, so dass der Guadalquivir nicht zu mächtig wird. Westlich von Mengíbar mäandriert der Guadalquivir wieder stark. Obwohl der Río Jandula, aus der Sierra de Puertollano (Kastilien-La Mancha) kommend zwei Mal gestaut wird, gibt er dem Guadalquivir doch wieder so viel Kraft, dass er sich an den Ausläufern der Sierra Morena entlang weiter nach Westen bewegen kann. Bei Andújar mäandriert der Guadalquivir im flachen Gelände wieder stärker und streift bis zur Provinzgrenze bei Montoro permotriassische Konglomerate. Kurz hinter Marmolejo wird der Fluss von einer römischen Brücke gequert, die genau auf diese Gesteine zuführt (Wanderziel **20**, Ausflug 1).

Abb. 225. Stop 6: Der Guadalquivir bei Puente del Obispo an der alten Brücke

Abb. 226. Stop 6: Die alte Bücke bei Puente del Obispo über den Guadalquivir

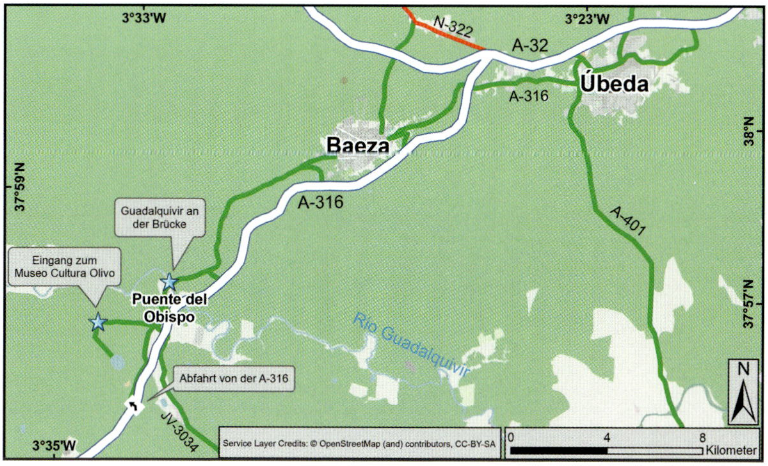

Abb. 227. Übersicht von Stop 6 der Wanderroute (21) mit dem Museo de la Cultura del Olivo sowie den UNESCO-Weltkulturerbestädten Úbeda und Baeza (siehe folgende Doppelseite)

Geschichte am Rand (6): Das Museum zur Kultur der Olive bei Puente del Obispo

Überall in Andalusienn wachsen Olivenbäume, sie wurden von den Römern hierher gebracht. Das Öl aus der Provinz Jaén soll das Feinste sein.

In der Hacienda La Laguna bei Puente del Obispo am Guadalquivir wurde vor einigen Jahren 228
ein Museum eingerichtet, in dem die Kultivierung des Olivenbaums und die Schritte zur Herstellung von Olivenöl thematisiert werden. Darüber hinaus wurden in einem Innenhof aus den verschiedenen Gegenden des Mittelmeerraums Olivenbäume angepflanzt und ihre Bedeutung für die Herstellung von Olivenöl und zum Verzehr beschrieben.

Öffnungszeiten:

Sommer: 10:30–13:30 Uhr und 17:30–20.00 Uhr.
Frühjahr und Herbst: 10.30–13.30 Uhr und 16.30–19.00 Uhr.
Winter: 10.30–13.30 Uhr und 16.00–18.30 Uhr

Zeitaufwand:

1–2 Stunden

Abb. 228. Olivenpresse mit zwei konischen Gewichten, bei der über ein kompliziertes mechanisches System, das von Eseln angetrieben wurde, die Oliven zerquetscht und das Öl aufgefangen wurde.

(22) UNESCO-Welterbestädte Úbeda und Baeza – Geschichte am Rand

Heute liegen die beiden Städte Úbeda und Baeza inmitten von Olivenhainen auf obermiozänen Beckensedimenten, relativ weichen Kalksandsteinen und Mergeln (Lage siehe Abb. 227). Seit dem 16. Jahrhundert teilen sie eine ähnliche Geschichte und seit Juli 2003 sind sie UNESCO-Welterbestädte. Die zivile und religiöse Architektur war dafür ausschlaggebend. Sie entstand nach der Zurückdrängung der maurischen Herrschaft.

Úbeda war bereits 712, kurz nach der Eroberung durch die Araber, als Ubbadat Al-Arab gegründet worden. Im Laufe des 13. Jahrhunderts, nach der für die Christen siegreichen Schlacht von Navas de Tolosa (vgl. Wanderziel (19)), war diese Region Grenzgebiet zwischen den Christen im Norden und den Mauren im Süden. Erst durch die Einnahme Granadas im Januar 1492 kehrte allmählich Frieden in die Region ein. Zunächst die Kirche und später auch die Kaufleute und Kommunen
errichteten repräsentative Gebäude. Als Baustein 230 231 232 233
wurde der obermiozäne Kalksandstein verwendet, der im Untergrund der Umgebung beider Städte vorkommt.

Über den QR-Code sind weitere Informationen erhältlich.

Úbeda und Baeza

229

Abb. 229. *Der Untergrund von Úbeda und Baeza besteht aus obermiozänen Kalksandsteinen und Mergeln.*

Abb. 230. *Baeza: Palacio de Jabalquinto, heute Universitätgebäude*

Andresse/Anfahrt:

Von Jaén auf der A-316 zunächst nach Baeza und anschließend nach Úbeda

Zeitaufwand:

Für beide Städte sollte man einen Tag einplanen, zum Beispiel im Zusammenhang mit der Erdkundung des oberen Guadalquivirbeckens (siehe Wanderziel (21))

Abb. 231. Baeza: Kathedrale (links). Die verwendeten Bausteine sind bei der heutigen Luftverschmutzung verwitterungsanfällig, wie das Foto von einer der Seitenwände zeigt (rechts).

Abb. 232. Baeza: Iglesia de Santa Cruz

Abb. 233. Úbeda: Puerta de Granada aus obermiozänem Kalkdsandstein

Das Guadalquivir-Becken zwischen Montoro und Villa del Río – Einsenkung und Verlandung

Der mittlere Teil des Guadalquivir-Beckens liegt auf dem Gebiet der Provinz Córdoba. Die wichtigsten Zuflüsse des Guadalquivir kommen auf diesem Abschnitt sowohl aus der Sierra Morena (z. B. Río Guadiato und Río Bembezar, vgl. Wanderziele (12) und (13)) als auch aus dem Betischen Gebirge (Río Guadaljoz, Río Genil). Die geologische Entwicklung der Sedimentation ist geprägt durch Einsenkung und Verlandung.

Die Aufschlüsse im Guadalquivir-Becken sind nicht sehenswert. Deshalb konzentrieren wir uns auf die Lage der Stadt Córdoba und ihre geologisch begründete Geschichte (Wanderziel (23)). Der Bereich, in
234 dem heute die Stadt Córdoba liegt, war zur Tortonium-Zeit von Meer bedeckt. Dadurch kommen in
235 den Bergen nördlich von Córdoba an manchen Stellen marine Ablagerungen des Tortoniums (*Roca Ostionera*) vor. Sie entstanden in einem flachen Meer und enthalten eine Vielzahl an Fossilien, unter anderem Seeigel, Brachiopoden, Pecten und Seepocken.

Von den fünf Sedimentationseinheiten der Beckenfüllung kommen in diesem Abschnitt die drei ältesten vor (siehe Kasten 10, S. 128). Über den flachmarinen Sedimenten des mittleren Tortonium (ca. 12 bis 9 Millionen Jahre vor heute) folgen in diesem Abschnitt des Guadalquivir-Beckens die Turbidite des mittleren bis oberen Tortoniums, die wir schon in Baeza kennen gelernt haben. Eine kalkarenitische Einheit kennzeichnet eine erneute Transgression und der Hochstand des Meeres wird durch grau-blaue Mergel (*margas azules*) angezeigt, während die pelagischen Sedimente der kondensierten Sektion entsprechen. Das Alter dieser Glaukonit-haltigen Schicht liegt bei ziemlich genau 7 Millionen Jahre, die gesamte Einheit wurde zwischen circa 9 und 7,6 Millionen Jahre abgelagert.

Insbesondere nördlich des Guadalquivir wurden in den vergangenen Jahrzehnten auf den marinen Sedimenten und den Flussterrassen um Palma del Río Orangenplantagen angelegt.

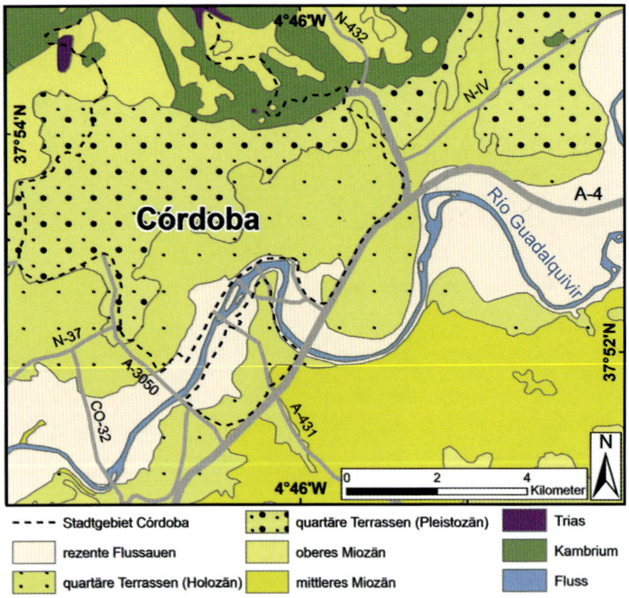

Abb. 234. Geologische Karte der Umgebung von Córdoba (nach MAGNA50 923 Córdoba)

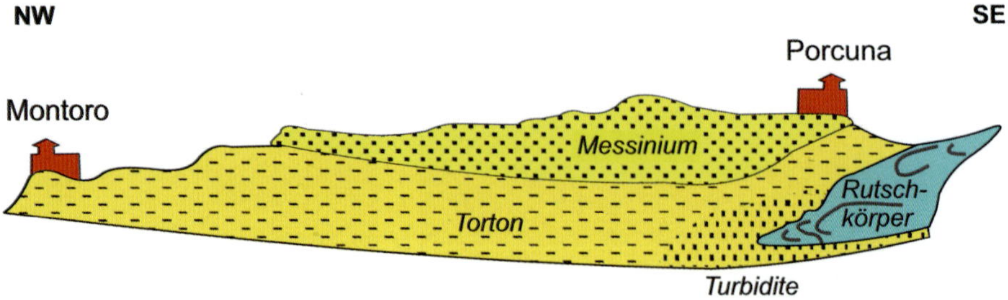

Abb. 235. Schematische Rekonstruktion der Sedimente im Guadalquivir-Becken entlang eines geologischen Schnitts zwischen Montoro und Porcuna (nach MAYORAL ALFARO *&* ABAD DE LOS SANTOS *2008)*

23 Córdoba – Geschichte am Rand

Die Tartesser gründeten hier 230 v. Chr. an der Stelle einer iberischen Siedlung den Ort Karduba. Nach der römischen Übernahme ab 169 v. Chr. hieß die Stadt Corduba. In den Flussauen des Guadalquivir wurde vor allem Landwirtschaft und Viehzucht betrieben. 584 n. Chr. kam es zu einem Kampf zwischen Byzantinern und Westgoten, wodurch die zu römischer Zeit erbaute Brücke teilweise zerstört wurde. In der Maurenzeit (ab 716 Hauptsitz von al-Andalus) wurde die Brücke ausgebessert, die Landwirtschaft ausgeweitet und um 1200 am Südufer die Verteidigungsanlage Calahorra errichtet (siehe QR-Code al-Andalus für die maurische Zeit Andalusien). Heute wird das Gebäude in Form eines Kreuzes mit 4-eckigen Türmen *Castillo* genannt. Auf halber Strecke über den Fluss steht seit *236*
1651 die Statue des Heiligen Rafael.

Vor 2000 Jahren, zur römischen Zeit, lag das Mündungsgebiet des Guadalquivir etwa bei Sevilla (siehe S. 148 und Wanderziel 26). Ohne die vielen Stauseen, die die Zuflüsse in den Guadalquivir mindern, würde er einen wesentlich höheren Wasserstand haben. Mit flacheren Schiffen war der Fluss zu römischer und wahrscheinlich auch noch zu maurischer Zeit mindestens bis Córdoba schiffbar.

Córdoba lag seit altersher an einem strategischen Kreuzungspunkt, der seit römischer Zeit durch befestigte Militärstraßen in alle Himmelsrichtungen verbunden ist. Nach Osten und Norden besteht über die Despeñaperros-Enge (siehe Wanderziel 19) Verbindung auf die iberische Meseta und bis Madrid. Nach Norden und Nordwesten führte die *via balata* (Via de la Plata) nach Mérida (Emerita Augusta; heute in Extremadura) und in den Nordwesten des Römischen Reiches. Die Via Augusta verband Córdoba nach Westen mit Sevilla und Cádiz. Nach Süden bestand spätestens in der maurischen Zeit auf der Route des Kalifats (siehe Wanderziel 11 im Band 2 der Andalusien-Trilogie) die Verbindung nach Granada.

Das Gebäude des heutigen Alcazar de los Reyes Cristianos, der christlichen Könige, wurde mehrfach verändert. Die Mauren erbauten auf römischen und westgotischen Ruinen im 8. Jahrhundert eine Festung. Die Versorgung der Anlage mit Wasser aus dem Guadalquivir war zu maurischer Zeit einzigartig. Über einen Kanal, der an der südlichen Mauer verlief, gelangte das Wasser über ein Schöpfrad bis zum Badeturm und wurde sowohl zum Baden als auch für die Bewässerung der Gärten verwendet.

Al-Andalus

Abb. 236 Die römische Brücke auf der flussabwärts zeigenden Seite. Der Turm auf der Südseite ist der Torre beziehungsweise das Castillo de la Calahorra.

Das Tal des Guadalquivir zwischen Ecija und Sevilla – Sedimente und Terrassen

Mit über 650 Kilometer Länge ist der Guadalquivir der längste Fluss Andalusiens. Noch in römischer Zeit hieß der Fluss Baetis/Betis und gab der römischen Provinz Baetica ihren Namen. Die Mauren nannten ihn Wadi al-Kabir (der große Fluss), daraus wurde dann sein heutiger Name. Das Mündungsgebiet des Guadalquivir lag vor 6500 Jahren um 60 bis 70 Kilometer weiter nordöstlich, nahe der heutigen Stadt Sevilla. Zu dieser Zeit war der Meeresspiegel auf das heutige Niveau angestiegen, nachdem am Ende der pleistozänen Vereisung über mehrere tausend Jahre die Eiskappen auf der Nordhemisphäre abgeschmolzen waren.

Das circa 330 Kilometer lange Guadalquivir-Becken hat am Atlantik eine Breite von knapp 200 Meter. Das Mündungsgebiet zwischen Sevilla im Nordosten sowie Huelva im Westen und Sanlúcar de Barrameda im Süden besteht aus feinem Schwemmmaterial, das in den vergangenen 6500 Jahren angesammelt wurde.

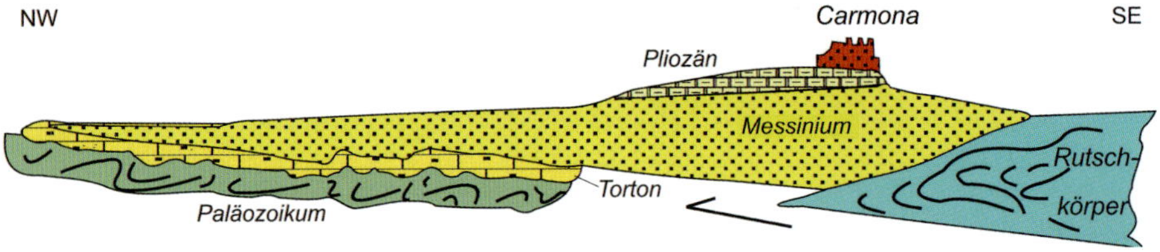

Abb. 237. Schematische Rekonstruktion der Sedimente im Guadalquivir-Becken entlang eines geologischen Schnitts bei Carmona, nach MAYORAL ALFARO & ABAD DE LOS SANTOS (2009)

Die geologische Entwicklung dieses Abschnitts des Guadalquivir-Beckens ist durch marine Ablagerungen geprägt (siehe auch Abb. 217 und 218). Am Weg zur Ermita der Jungfrau von Setefilla kann der Kontakt der marinen miozänen (Obertortonium, ca. 8 Millionen Jahre) mit unterlagernden
237 Gneisen angesehen werden. Auf ihnen liegt der Abtragungsschutt der aufsteigenden Betischen Kordilleren in Form von Schottern und Sanden, die vor allem während der pleistozänen Vereisung
238 der Nordhemisphäre abgelagert wurden. Die jüngste Schotterschicht, das so genannte Raña-Konglomerat, stammt aus dem Zeitraum vom mittleren Pliozän bis zum Beginn des Pleistozäns. In diese Sedimente hat sich der Guadalquivir auf seinem Weg zum Meer eingetieft und dabei die Sande und Schotter wieder frei gelegt. Im Laufe der vergangenen 1,8 Millionen Jahre hat sich der Fluss rund 200 Meter tief in die Beckenfüllung gegraben und zwischen Ecija und Sevilla zur Ausbildung 239
von mehreren Terrassenniveaus geführt.

Abb. 238 Die jüngsten Sedimente der Beckenfüllung, das Raña-Konglomerat, sind Schotter aus dem mittleren Pliozän bis zum Beginn des Pleistozäns.

Die verschiedenen Stadien des Flusslaufs können anhand dieser Terrassen rekonstruiert werden. Mit Hilfe archäologischer Grabungen konnte das Alter der Terrassen genauer bestimmt werden. Dabei markieren die ersten 4 Terrassen unter dem obersten Raña-Konglomerat die ältesten Flussbett-Phasen mit einem Alter von etwas über 1 Million Jahren. Die Terrassen T5 bis T9 kommen im gesamten Tal auf der südlichen Seite des Flusses vor (siehe auch S. 136). Ihr Alter liegt im Schnitt zwischen 990 000 und 780 000 Jahren (unteres bis

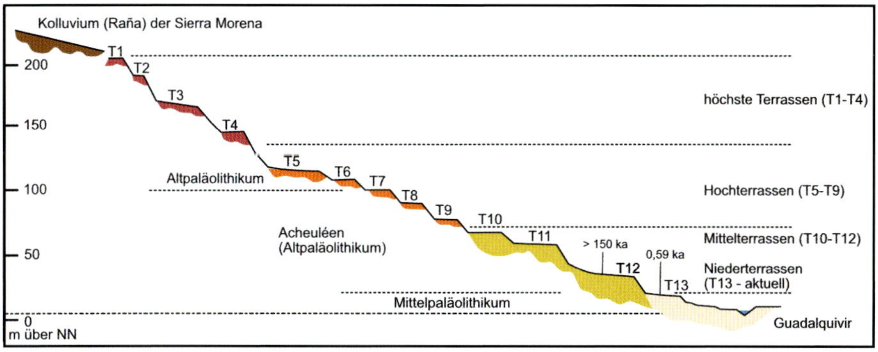

Abb. 239. Terrassen des Guadalquivir in Relation zu archäologischen Daten (aus BAENA-ESCUDERO ET AL. *2013)*

mittleres Pleistozän). Im Sektor Sevilla liegen die Terrassen T10 bis T12 mit einem Alter zwischen 700 000 bis 80 000 Jahren (mittleres bis oberes Pleistozän). Die tiefsten und jüngsten Terrassen T13 und T14 wurden im Sektor Carmona-Sevilla gefunden. Sie stammen aus dem oberen Pleistozän und der mittleren Steinzeit (T13) beziehungsweise dem Holozän (T14).

Abb. 240. Vor 6500 Jahren mündete der Guadalquivir in eine Meeresbucht, die die Römer »Lacus Ligustinus« nannten (nach BORJA BARRERA ET AL. *2018).*

Das Tal des Guadalquivir war bereits in der Altsteinzeit von Menschen besiedelt, wie archäologische Befunde bei der Untersuchung der Terrassen an den Ufern des Guadalquivir gezeigt haben. Es wurde aber auch vom Atlantik aus schon früh erobert, erst von Tartessern und Phöniziern, dann von den Römern. Diese Invasionen wurden durch die Bucht erleichtert, in die der Guadalquivir noch zu Zeiten der Römer mündete. Sie stellt die südwestliche Verlängerung des Guadalquivir-Beckens dar. Während der Kaltzeiten der mehrere Hunderttausend Jahre währenden pleistozänen Eiszeit lag der Meeresspiegel teilweise bis zu 150 Meter niedriger als heute. Erst nach dem Abtauen des Eisschildes über der Nordhalbkugel und den dadurch ansteigenden Meeresspiegel wurde die Bucht wieder
240 dauerhaft überflutet. Sogleich begann aber auch ihre Verlandung, die zur Entstehung des Dünengürtels und den Marschen der Doñana geführt hat (Wanderziele (25) bis (27)).

Aufschlüsse in den Terrassensedimenten sind vor allem wegen des Abbaus von Kies und Sand kaum zugänglich. Deshalb wollen wir auch in diesem Abschnitt des Guadalquivir-Beckens die geologische Entwicklung mit der kulturellen Geschichte verknüpfen. Die bedeutendsten Orte im Guadalquivirtal sind in diesem Gebiet zweifellos Sevilla, Carmona und Itálica. Wir stellen diese Orte mit ihrem jeweiligen geologischen Bezug vor, der auch ihre geopolitische Bedeutung im Laufe der Zeiten unterstreicht.

Über den QR-Code sind Informationen zur jüngsten Geschichte des unteren Guadalquivir einzusehen.

Der untere Guadalquivir ab dem mittleren Holozän

(24) Geschichten am Rand

Ausflug 1: Historischer Ort Sevilla

Bereits zu tartessischer und phönizischer Zeit war Sevilla ein Handelsknotenpunkt. Zu dieser Zeit, vor rund 2800 Jahren, lag der antike Ort Ispal (aus dem die Römer 600 Jahre später Hispalis machten)
241 am nordöstlichen Rand einer großen Meeresbucht, in die der Guadalquivir mündete. Sevilla hat immer noch einen Hafen, aber der Guadalquivir ist nur deshalb bis hierher mit modernen Schiffen zu befahren, weil er seit mehreren Jahrhunderten ausgebaggert wird.

Wanderziele im Guadalquivir-Becken um Sevilla:

1: Sevilla | 2: Carmona | 3: Itálica

Anfahrt:

Ausflug 1: Sevilla
Vom Flughafen Sevilla auf der A-4 Richtung Sevilla

Ausflug 2: Carmona
Vom Flughafen Sevilla auf der A-4 Richtung Córdoba, es gibt 4 Abfahrten nach Carmona

Ausflug 3: Itálica
Von Sevilla aus über die A-66 Richtung Mérida, Ausfahrt Santiponce, den Schildern folgen

Koordinaten:

Sevilla: Stadttor Macarena
37°24'9,27" N, 5°59'15,24" W

Sevilla: Alameda de Hercules
37°23'49,11" N, 5°59'38,81" W

Carmona: Eingang zum Parador
37°28'20,86" N, 5°38'0,57" W

Itálica: Eingang
37°26'38,8" N, 6°2'40,28" W

Italica im Internet:

www.juntadeandalucia.es/cultura/museos

Di–Sa 9.00–18.30
So + Feiertage 10.00–16.00

Zeitaufwand:

Ausflug 1: Sevilla
1 Tag empfohlen

Ausflug 2: Carmona
1 Tag empfohlen; im Zusammenhang mit Ausflügen zu den Wanderzielen (10), (11) und (12) bietet sich Carmona für eine Übernachtung an

Ausflug 3: Itálica
2–3 Stunden (Rundgang)

Die Stadt liegt komplett auf quartären Terrassen des Guadalquivirs. Im Westen grenzt das Flusstal mit scharfem Kontakt an obermiozäne Mergel, auf denen beispielsweise die römische Siedlung Itálica angelegt wurde (Ausflug 3). Darauf folgen weiter nach Süden weitere marine Sedimente aus dem oberen Miozän, die zur Füllung des Guadalquivir-Beckens gehören. Bei Santiponce/Itálica mündet die Rivera de Huelva in den Guadalquivir.

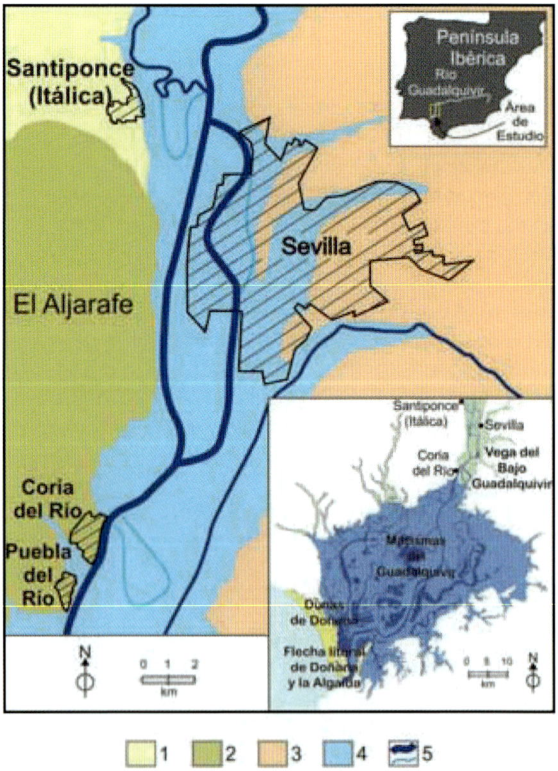

Abb. 241. Verlauf des Guadalquivir zwischen Santiponce/Itálica und Sevilla zur Zeitenwende (nach BORJA BARRERA ET AL. *2018). Legende: 1, marine karbonatische Tone mit Gips und Eisenoxiden; 2, Übergangsfazies mit Tonen und Sanden; 3, fluviatile Terrassensedimente; 4, Auenablagerungen; 5, aktive und inaktive Kanäle.*

Abb. 242. Die Verteidigungsanlagen von Sevilla. Links: Detail des Kalksand-Materials, aus dem die Stadtmauer von Macarena gebaut wurde. Mitte: Wehrturm der Stadtmauer La Macarena aus maurischer (almohadischer) Zeit, um 1200. Rechts: Auch der Torre del Oro auf der östlichen Uferseite des Guadalquivir wurde in der spätmaurischen Zeit der Almohaden errichtet. Er soll auf der anderen Uferseite ein Gegenstück gehabt haben, so dass der Fluss durch eine Kette gesperrt werden konnte.

Sevilla profitierte also schon immer von der Lage am Fluss und an einer relativ ruhigen Meeresbucht, die über mehrere Jahrhunderte allerdings immer weiter verlandete (siehe S. 148). Die Bausteine für die in den verschiedenen historischen Epochen errichteten Gebäude stammen aus der näheren Umgebung. Auch Marmor aus der Sierra Norte wurde verwendet (Wanderziel 11). Heute liegt der Rohstoffreichtum eher in den Sand-, Mergel- und Kalkmergel-Vorkommen, die zur Herstellung von Beton und Betonziegeln verwendet werden.

Allerdings gibt es ein Bauwerk, das zu spätmaurischer Zeit (Sevilla war 1248 durch die Katholischen Könige erobert worden) aus gestampftem Lehm und gröberen Sedimenten errichtet wurde. Im Stadtteil La Macarena sind (entlang der
242 Calle Muñoz León) einige Zehner Meter Stadtmauer mit einem alten Stadttor und Wehrtürmen erhalten geblieben.

Nicht weit davon entfernt befindet sich der Platz Alameda de
243 Hercules, an dessen südlichem Ende zwei Marmorsäulen stehen. Die Alameda-Promenade wurde im 16. Jahrhundert angelegt, nachdem ein Seitenarm des Guadalquivir trocken gelegt worden war. Die Säulen stammen von einem römischen Tempel aus dem 2. Jahrhundert. Das Ensemble mit den Statuen von Julius Caesar und Herkules wurde 1754 komplettiert und soll auf die beiden Stadtväter Sevillas verweisen, aber wohl auch auf den Weg, den Phönizier, Herkules und Römer durch die Meerenge von Gibraltar, flankiert von den „Säulen des Herkules", nach Sevilla zurückgelegt haben.

Abb. 243. Südende der Alameda-Promenade mit den Säulen, auf denen Statuen von Julius Caesar und Herkules stehen.

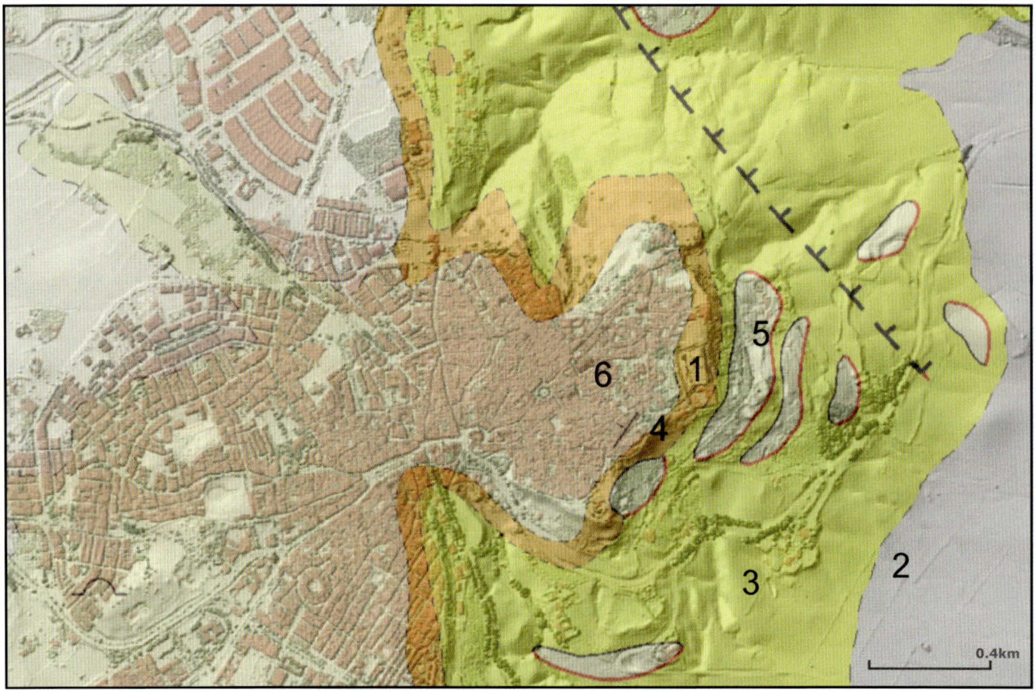

Abb. 244. Übersicht Carmona mit Geologie. 1, Parador; 2, quartäre Sande; 3, blaue und graugelbe Mergel (ob. Tortonium); 4, Wechsellagerung von blauen Mergeln und Kalksteinen (Messinium); 5, sandige Kalksteine und gelbe Lehme; 6, Stadtgebiet von Carmona.

Abb. 245. Das Sevilla-Tor und Teile der Stadtmauer im Westen der Altstadt

Ausflug 2: Historischer Ort Carmona

Wie auf einer Perlenkette liegen am südöstlichen Rand des Guadalquivir-Beckens auf Höhenrücken aus
obermiozänen (ca. 5–6 Millionen Jahre alten) Kalk- 244
sandsteinen mehrere Orte. Auf dem nordöstlichsten liegt Carmona, das bereits in vorgeschichtlicher Zeit bestand. Später wurde der Ort von Tartessern und Karthagern bewohnt. Letztere gründeten die Siedlung Car Hammon, die dem Sonnengott Ammon oder Amun geweiht war. Unter dem Namen Carmo war es ein bedeutender römischer Ort, was durch einige Ausgrabungen belegt ist. Unter der Herrschaft der Araber wurde Carmona zum Hauptort eines kleinen Teilreiches. Die Eroberung durch die Christen erfolgte 1247.

Der Ort liegt südlich des Guadalquivir an der Durchgangsstraße von Cádiz an der Küste über Sevilla/Hispalis nach Córdoba und Jaén.

Das relativ leicht zu bearbeitende Kalksandgestein
wurde für den Bau der Stadttore und der Stadtmauer, 245
in der Reste/Bruchstücke aus der Zeit der Karthager zu finden sind, sowie für den Alcazar verwendet, in
dem heute der Parador untergebracht ist. 246

Geht man vom Haupttor zum Parador rechts herum (Richtung Süden), kommt man an einer Mauer entlang. Auf dieser Seite der Stadt hat 1504
247 ein Erdbeben mehrere Schäden angerichtet. Der Erdbebenherd hat nach neuesten Berechnungen unter dem Guadalquivir-Becken gelegen, wo die Nordost-Südwest gerichtete Grabenstörung auf Nordwest-Südost gerichtete Störungen trifft, die aus dem Iberischen Massiv heraus unter dem Guadalquivir-Becken verlaufen. Das Epizentrum des Erdbebens kann auf die Gegend zwischen Sevilla-Alcalá del Rio und Cantillana-Palma del Rio eingegrenzt werden, wo in den Lockersedimenten der Grabenfüllung Verflüssigungsstrukturen gefunden wurden, die Anzeichen für Erdbeben sind. Solche Verflüssigungseffekte kommen höchstens in einem Radius von etwa 40 Kilometer vom Epizentrum vor.

Unterhalb der wieder errichteten Mauer sind noch heute die Zerstörungen zu erkennen. Blöcke von mehr als 100 Kubikmeter und Teile aus der Stadtmauer können im südöstlichen Abhang angetroffen werden. Dieses Gebiet wird als El Picacho-Steinschlagzone bezeichnet. Über das Erdbeben von 1504 war 1918 erstmals von Jorge/George Bonsor in einer spanischen Wissenschaftszeitschrift berichtet worden (siehe auch Silva et al. 2013).

Abb. 246. Eingang zum Parador im Palast Don Pedro (aus dem 14. Jahrhundert)

Abb. 247. Das historische Foto von P. Castro Barea (A) wurde von J. Bonsor 1918 veröffentlicht. Es zeigt die Zerstörung durch das Erdbeben von 1504, die auch zu Beginn des 20. Jahrhunderts noch sichtbar waren, bevor sie für den Umbau des Gebäudes zu einem Parador behoben wurden. Das historische Foto (B) von P. Bosch Gimpera stammt ebenfalls aus der Publikation von J. Bonsor und zeigt den mehr als 300 Meter langen Verlauf einer Störung zwischen dem Palast und dem alten Kloster Santa María de Gracia im Osten von Carmona (beide aus Silva et al. 2013). Über den QR-Code gibt es weitere Informationen zum Erdbeben.

Carmona-Erdbeben

Ausflug 3: Ausgrabung der römischen Siedlung Itálica

Nachdem die Römer Karthago im Jahre 146 v. Chr. besetzt und zerstört hatten, war für Rom der Weg auf die Iberische Halbinsel frei (siehe QR-Code Römisches Andalusien, S. 145). Die Römer wollten den
248 Abbau von Silber in der Sierra Morena kontrollieren, was sie mit der Siedlungsgründung Itálica am Ende des 3. Jahrhunderts v. Chr. an strategisch guter Stelle über mehrere Jahrhunderte taten. Und sie begannen sofort, auch die Lagerstätten im Riotinto-Revier (Provinz Huelva, Wanderziel (1)) zu nutzen.

Der Gründung von Itálica ging die Schlacht von Ilipa (heute: Alcalá del Rio) im Jahre 206 v. Chr. voraus, in der der römische Feldherr Cipion auf den Karthager Asdrubal Giscon traf. Der Sieg der Römer war wichtig für die Kontrolle der Iberischen Halbinsel, aber noch nicht das Ende des Krieges. In den folgenden Jahrzehnten entwickelte sich Itálica zu der strategischen Stadt, die später unter Trajan und Hadrian so berühmt wurde.

Die römische Stadt Itálica hatte eine große politische, ökonomische und zeitweilig auch eine militärische Bedeutung, die vor allem durch ihre strategische Lage begünstigt wurde. Auf halbem Weg zwischen Sevilla (dem römischen Hispalis) und Alcalá del Rio (dem römischen Ilipa) am östlichen Rand der Sierra Morena gelegen kreuzten sich hier die Wege, die die im Norden der heutigen Provinzen Sevilla und Huelva gelegenen Erzvorkommen miteinander verbanden. Die Blütezeit Itálicas lag vor allem an Trajan, der 53 n. Chr. hier geboren wurde und die Stadt von 98 bis 117 regierte, und Hadrian, der von 117 bis zu seinem Tod im Jahre 138 herrschte. Während seiner Regentschaft wurde
249 das Amphitheater erbaut. Es war zu seiner Zeit das drittgrößte des gesamten römischen Imperiums.

Auf dem gegenüberliegenden Hügel ließ Hadrian ein städtisches Areal mit prachtvollen Gebäuden errichten. Hier befand sich das Trajaneum, ein Tempel, der dem imperialen Kult des Trajan gewidmet war.

250 In der römischen Ausgrabung Itálica sind das Amphitheater und die Stadtausgrabungen auf dem Hügel sehenswert. Im Ort Santiponce können die Ausgrabungen einer Therme angesehen werden. Der Untergrund der Ansiedlungen besteht aus obermiozänen Kalksandsteinen (ca. 10 Millionen Jahre alt), die auch zum Bau des Amphitheaters und der Stadtgebäude verwendet wurden.

Itálica ist berühmt für die Mosaike, die die Böden der 251
verschiedenen Gebäude schmückten. Bei unseren

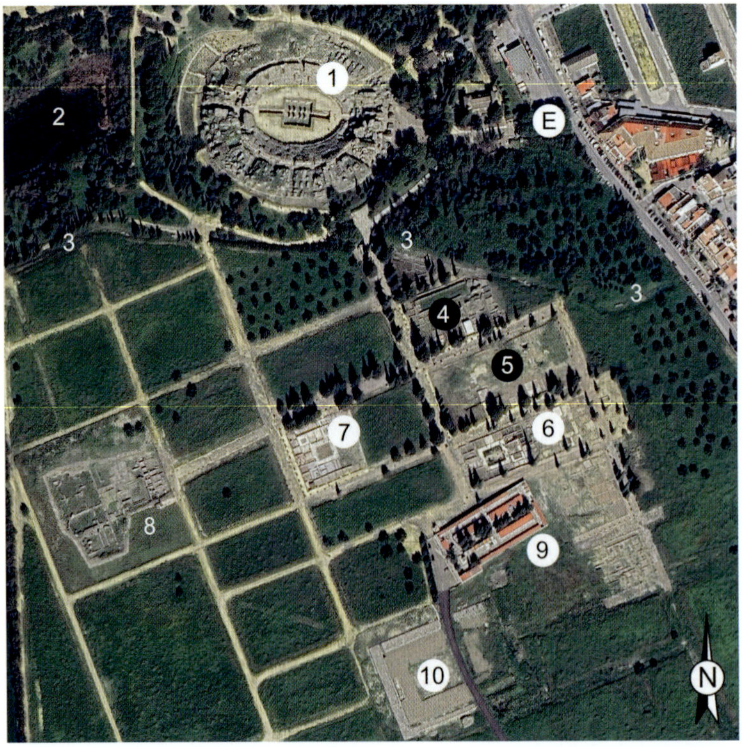

Abb. 248. Übersichtsplan der Ausgrabung Itálica (Urbs Nova, Hadrian). Der Ort Samtiponce liegt im Osten und Süden der antiken Stadt.

- (E) *Eingang*
- (1) *Amphitheater*
- (2) *See*
- (3) *Stadtmauer*
- (4) *Haus der Exedra*
- (5) *Haus des Neptuns*
- (6) *Haus der Vögel*
- (7) *Haus des Planetariums*
- (8) *öffentliche Thermen*
- (9) *neuzeitlicher Friedhof*
- (10) *Traianeum (Tempel)*

ersten Besuchen zwischen 2007 und 2009 waren sie völlig ungeschützt der Witterung ausgesetzt. Als wir 2016 wieder dort waren, wurden zumindest einige von ihnen durch Dächer vor Sonneneinstrahlung und Regen geschützt.

Zur Unterstützung der klassischen archäologischen Ausgrabungen wurden in den Jahren 1991 bis 1993 und im Jahr 2004 geophysikalische Untersuchungen durchgeführt. Diese Methoden liefern wichtige Detailinformationen, ohne den Untergrund zu zerstören. So gaben sie Hinweise über den Verlauf der damaligen Wasserversorgung sowie die Lage von Gebäuden und Straßen. Dadurch war auch die Tempelanlage des Trajan gefunden worden, die seit Beginn der 2000er Jahre ausgegraben wird. Über den oberen QR-Code gibt es Informationen zu den geophysikalischen Erkundungen. Über den unteren QR-Code gibt es zusätzliche Informationen zur römischen Zeit Andalusiens.

Abb. 249. Blick in die Arena des Amphitheaters von Itálica

Itálica-Geophysik

Abb. 250. Blick über die Ausgrabung von Itálica

Das römische Andalusien

Abb. 251. Bodenmosaik neben dem Haus von Dionysos und Ariadne

Doñana und Küstenentwicklung

Die Küste der Provinz Huelva am südwestlichen Rand Andalusiens ist durch junges Schwemmland im Gezeitenbereich geprägt. Sowohl der Río Guadiana im Westen, an der Grenze zu Portugal, als auch der Río Guadalquivir an der Grenze zur Provinz Cádiz bilden weit verzweigte Deltas. Aber auch die Mündungsgebiete der kleineren Flüsse Río Odiel und Río Piedras bringen nach Winter-
252 hochwässern eine Menge Sedimentfracht mit. Diese natürlichen Prozesse werden durch menschliche Eingriffe unter Umständen empfindlich gestört. An mehreren Stellen können wir uns die Dynamik von Flusseintrag, Gezeiten und Küstenströmungen ansehen.

253 Die geologische Entwicklung ist hier durch die zunehmende Verlandung einer Meeresbucht gekennzeichnet. Noch vor knapp 6500 Jahren lag die Mündung des Guadalquivir in den Atlantik weiter nördlich. Das Einzugsgebiet des Guadalquivir reicht weit auf die Iberische Halbinsel, denn der Fluss wird sowohl von der stabilen Meseta als auch von den jungen Betischen Kordilleren gespeist. Im Laufe von wenigen Jahrtausenden führte verstärkter Sedimenteintrag daher zu einer Verlandung des Mündungsgebietes (Kasten 10).

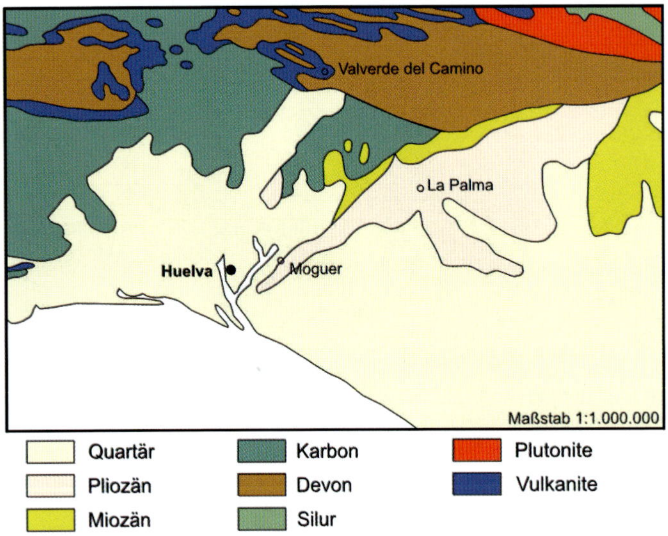

Abb. 252. Regionales Schema zwischen der Küste und den südlichen Ausläufern der Sierra Morena (nach MAGNA50 Blatt 1017 El Abalario)

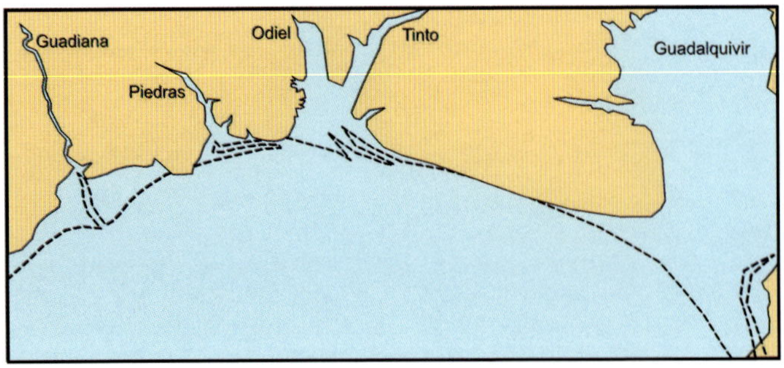

Abb. 253. Die Küste der Provinz Huelva zwischen der Mündung des Guadiana und des Guadalquivir vor circa 5500 Jahren (nach MORALES & BORREGO FLORES 2009)

Die Flüsse transportieren das erodierte Material aus dem Hinterland ins Meer und lassen es dort quasi einfach fallen, wenn die Strömungsgeschwindigkeit nachlässt. Möglicherweise wurde der Prozess von Erosion/Abtragung und Transport des feinen Gesteinsmaterials über die Flüsse dadurch verstärkt, dass etwa zur gleichen Zeit vermehrt Menschen in die Region kamen und das Land urbar machten. Belege für eine Besiedlung dieser Gegend ab der Bronzezeit liefert der Dolmen von Soto, der damals nahe der Küste gelegen haben muss. Im nördlichen Hinterland gibt es weitere erhaltene Dolmenkomplexe (Wanderziel 3).

Neben dem Sedimenteintrag über
die Flüsse spielt bei der Verlan- 254
dung einer Meeresbucht auch das Meer eine Rolle. Die Meeresströmung nimmt das von den Flüssen angeschwemmte feine Material wieder auf und transportiert es vor die nächste Flussmündung.

Nach der letzten großen Eiszeit war der Meeresspiegel etwa auf das heutige Niveau angestiegen. Zu phönizischer Zeit (vor etwa 3000 Jahren) befand sich zwischen den Mündungen von Guadiana und Guadalquivir eine Inselkette, von denen die zwei größten

zeitweise von den Phöniziern besetzt waren. Durch die Bildung einer wallarti-
255 gen Dünenkette entstand landwärts eine flache Lagune, die später ganz vom Meer abgeschnürt wurde. In vor-römischer Zeit befand sich westlich des heutigen Matalascañas, etwa dort, wo die Ruine des Torre Carbonera steht, ein Zugang der Lagune zum Atlantik. Die Römer nannten den durch weitere Verlandung entstandenen See „Lacus Ligustinus". Er war mit flachen Booten schiffbar. Nach den winterlichen Regenzeiten führte der Guadalquivir genug Wasser, um sich jährlich neu seinen Weg ins Meer zu suchen.

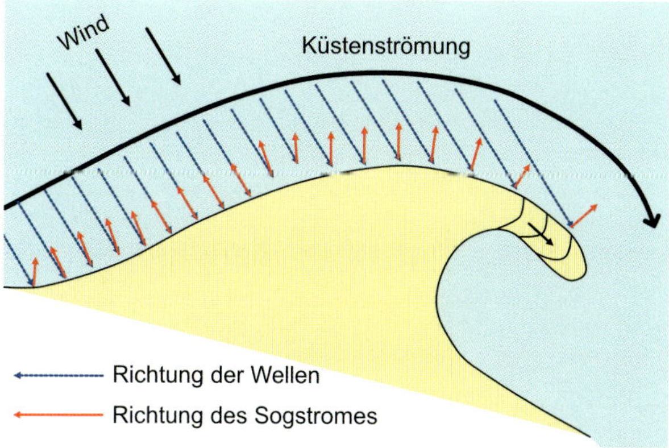

Abb. 254. Prinzipskizze zur Entstehung von Landzungen. In Abhängigkeit von Wind- und Wellenintensität wird die Landzunge, zum Beispiel vor einer Flussmündung, so lange weiterwachsen, bis sie die Bucht zu einer Lagune abteilt, die später zu einem See wird, der irgendwann verlandet (nach LENZ UND WIEDERSICH 1993).

Im Laufe von wenigen Jahrhunderten verflachte die Lagune zunehmend und war ab dem 4. oder 5. Jahrhundert nicht mehr schiffbar. Sie entwickelte sich zu einer Salzmarsch, denn es bestand immer noch ein Zustrom von Meerwasser. Gegen Ende des Mittelalters war das Gebiet so weit vom Meer abgeschnitten, dass es zu einer nur noch wenig salzhaltigen Süßwassermarsch wurde. Durch das Ausbaggern des Guadalquivir für den Schiffsverkehr ab dem 18. Jahrhundert wurde die Marsch nicht mehr überflutet und trocknet seitdem im Sommer aus.

An der westlichen Costa de la Luz, zwischen den Mündungen von Guadalquivir im Osten bei San Lucár de Barameda und Guadiana bei Ayamonte im Westen, können verschiedene Stadien von Verlandungsprozessen angesehen werden (Wanderziele 25 und 26). Dieses rund 2000 Quadratkilometer große Gebiet besteht aus Feinsanden und sandigen Tonen. Die Fließkraft der verbliebenen Flussläufe hat so weit nachgelassen, dass sich verzweigte Deltas gebildet haben. Die Küstenströmung schiebt nach wie vor die von Westen angelieferten Sande und Tone vor die Mündungen der Flüsse, die sich dadurch immer weiter nach Südosten verschieben. Zusätzlich treibt der Wind den Sand landeinwärts, was zu einem ausgedehnten Wanderdünengürtel geführt hat. In kommenden Jahrhunderten werden die heutigen Marismas völlig verlanden. Auf Satellitenfotos ist erkennbar, dass sich vor der heutigen Küste bereits Sandbarrieren aufbauen, so dass der ganze Prozess in ähnlicher Weise fortschreitet. Im Hinterland der Küstenbarriere befindet sich der Coto Doñana, der 1994 als UNESCO-Weltnaturerbe der Menschheit anerkannt wurde (Wanderziel 26).

Vor etwas mehr als 500 Jahren war diese Region aber auch Ausgangspunkt einer historischen Entwicklung, die das gesamte Weltbild veränderte. Von dem Hafen Palos de la Frontera (siehe Abb. 276), nahe des Hafens von Huelva, stieß Christoph Columbus 1492 mit drei Schiffen in See, um den Seeweg nach Indien zu finden. Er entdeckte statt dessen einen neuen Kontinent (Wanderziel 27, Stop 1).

Abb. 255. Der Wanderdünengürtel der Doñana vom Strand aus gesehen.

Küstendynamik und menschliche Interaktion

An mehreren Stellen können an der Atlantikküste der Provinz Huelva Erscheinungen beobachtet werden, die durch menschliche Interaktion die natürlichen Prozesse verstärken. Die Veränderungen können vor allem aus der Luft, also durch Satellitenaufnahmen, und über einen längeren Zeitraum
256 (Monitoring) verfolgt werden (Kasten 11). In Abbildung 256 sind vier solcher Auswirkungen gekennzeichnet. Die heutige Situation kann im Zusammenhang mit Ausflügen der Wanderziele (25), (26) und (27) angesehen werden.

Die Atlantikküste im Süden der Provinz Huelva ist durch Schwemmland gekennzeichnet, das zum Teil erst vor wenigen tausend Jahren entstanden ist. Neben dem Río Guadalquivir im Osten und dem Río Guadiana im Westen entwässern vor allem die beiden Flüsse Odiel und Tinto bei Huelva in den Atlantik. Alle diese Flüsse bringen mit den Winterregen und -hochwässern eine Menge an Sediment mit (siehe Kasten 11). Der Guadiana ist mehrfach aufgestaut, so dass er bei seiner Mündung nicht mehr viel Energie hat und auch nicht mehr viel Sediment bringt (siehe auch Abb. 257). Die nicht verbauten Flüsse Odiel und Tinto bringen dagegen eine Fracht mit, die ihre Unterläufe stark geschädigt hat. Beim Durchfließen des Sulfiderzgürtels werden sie durch die Aufnahme von Schwefel sauer und der Anteil an Schwermetallen steigt (Wanderziele (1) und (2), Kasten 12). Im Unterlauf beider Flüsse ist das Relief sehr flach, das heißt, das feine Sediment bleibt lange im Wasser, bis es allmählich zum Boden absinkt. Hier gab es bis zu den 1990er Jahren kein Leben mehr, weder im Wasser noch im Boden. Ein umfangreiches Renaturierungsprogramm hat dazu geführt, dass sich inzwischen zumindest an einzelnen Stellen Epifauna (am Boden lebende Tiere) und Infauna (im Sediment lebende Tiere) wieder ansiedeln.

Die Verlandung des Hafens von Palos de la Frontera (Wanderziel (27), Stop 1), von dem aus die Schiffe von Christoph Columbus nach Westen aufbrachen, um den Seeweg nach Indien zu finden und stattdessen einen neuen Kontinent entdeckten, geht möglicherweise auch auf menschliche Eingriffe zurück, die die Sedimentation im Fluss verstärkten.

Abb. 256. Von der Mündung des Río Guadiana bei Ayamonte (von Huelva über A-49 Richtung Portugal zu erreichen) über die Mündung des Río Piedras und das Mündungsgebiet von Río Odiel/Río Tinto (Wanderziele (26), (27), Kasten 12) bis zur Verlandung des alten Hafens von Palos de la Frontera (Wanderziel (27), Ausflug 2) wurde die natürliche Küstendynamik durch menschliche Interaktionen verändert (GoogleEarth).

Kasten 11: Meeresströmungen und Küstendynamik

Die Meeresströmungen modellieren die Küsten nach den jeweiligen Gegebenheiten. Stellt sich der Meeresströmung ein Hindernis entgegen, so ändern sich ihre Richtung und Intensität. Das zeigt sich vor allem an den Flussmündungen, wo einerseits eine zusätzliche Strömung eintrifft, aber vor allem das mitgeführte Sediment abgesetzt wird. Kommen küstenbefestigende Konstruktionen wie Wellenbrechanlagen hinzu, ergeben sich neue Strömungsmuster, die das Mündungsgebiet eines Flusses völlig verändern können. Solche Entwicklungen sind am besten 257
aus der Luft zu erkennen (z. B. an der Mündung des Rio Guadiana bei Ayamonte). 258

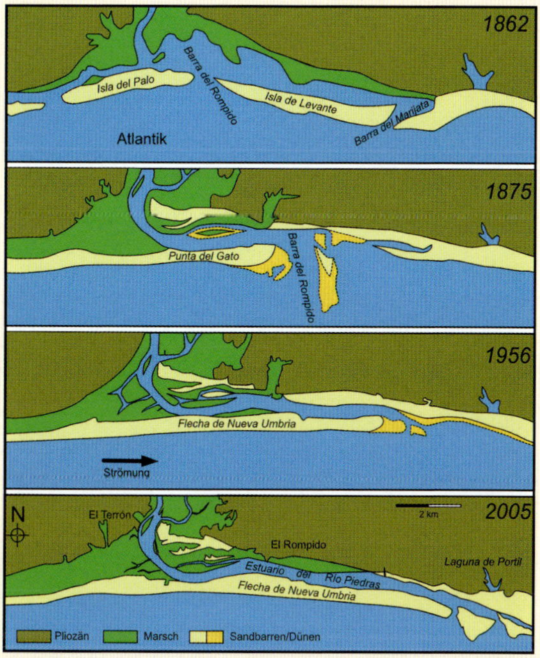

Abb. 257. Entwicklung der Landzunge Nueva Umbría zwischen 1862 und 2005 (nach Delgado Rodríguez *2009). Der relativ kurze Fluss Piedras kommt aus dem südwestlichen Andévalo und hatte nur in den Wintermonaten eine genügende Fließkraft, um gegen die nach Osten gerichtete Küstenströmung anzukommen. In der Abbildung ist die Entwicklung der Küste im Mündungsgebiet des Río Piedras zwischen 1862 und 2005 dargestellt. Bis zur Mitte des 20. Jahrhunderts hatte sich die Landzunge vor der Mündung des Río Piedras mit rund 30 Meter pro Jahr nach Osten entwickelt. Nach dem Bau des Stausees Embalse del Piedras (1968) ließ die Fließkraft des Unterlaufs in dem ohnehin flachen Gelände weiter nach. Als Folge ist die Landzunge inzwischen mehr als 12 Kilometer lang und reicht bis zum Küstenort El Potríl (siehe Wanderziel* (25)*).*

Abb. 258. Der Küstenabschnitt zwischen der Mündung des Río Guadiana bei Ayamonte und Isla Cristina (GoogleEarth; die gelbe Linie markiert die Grenze zwischen Spanien, rechts, und Portugal, links). Vor dem Wellenbrecher auf portugiesischer Seite hat sich von Westen bereits Sand angesammelt. Im Süden der Isla Canela sind deutlich die unter Wasser liegenden »dünenartigen« Sandverfrachtungen zu erkennen. Die Hafenzufahrt zu Isla Cristina wird regelmäßig ausgebaggert.

Kasten 12: Die Verschmutzung der Bucht von Huelva

259 Das Mündungsgebiet der Flüsse Tinto und Odiel bildet ein 15 Qudratkilometer großes Ästuarsystem, das „Ría de Huelva" genannt wird. Die charakteristischen Dynamiken in diesem sehr flachen Mündungsgebiet hängen weitgehend vom Einfluss der Tiden ab, die die Vermischungsprozesse von Süß- und Meerwasser bestimmen. Der Tidenhub beträgt durchschnittlich 2,30 Meter. Bei mittlerem Niedrigwasser liegt er bei 1,6 Meter, bei höchstem Hochwasser erreicht er 2,90 Meter. In dem Ästuarsystem können nach den verschiedenen Sedimentationsräumen vier Sektoren unterschieden werden:

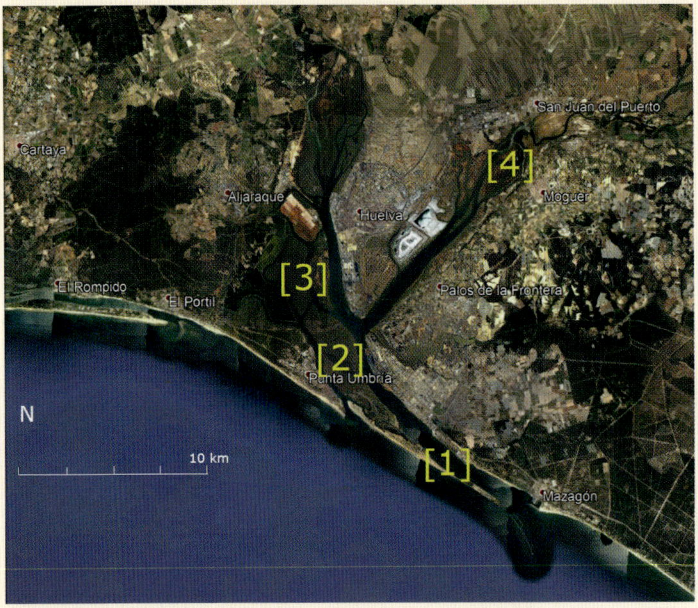

Abb. 259. Übersicht der Ría de Huelva, des Mündungsgebietes von Río Tinto und Río Odiel (GoogleEarth). Die 4 sedimentologisch-ökologischen Sektoren [1] Kanal von Padre Santo, [2] Punta Umbría, [3] Ästuar des Río Odiel und [4] Ästuar des Río Tinto werden im Text näher beschrieben.

[1] Kanal von Padre Santo. Hier, an der Grenze zum Atlantik, strömt das meiste Wasser der Tide ein, und bis hier gelangt der Abfluss des ausströmenden Wassers bei Hochständen von Odiel und Tinto. Dieser Kanal ist der Hauptschifffahrtsweg zum Hafen von Huelva. An seiner östlichen Seite befindet sich ein großer Teil der Hafenanlagen und ein wichtiges Industriegebiet für Chemikalien.

[2] Subsystem Punta Umbría. Der westliche Uferbereich des Mündungsgebietes wird durch weitläufige bewachsene tidale Ebenen gekennzeichnet, die über den Canal de Punta Umbría mit dem Meer verbunden sind. In diesem Sektor befindet sich die „Reserva Integral de la isla Enmedio", die Teil des Naturparks Marismas del Odiel ist. In diese Zone gelangen keine direkten Einträge der Flüsse, aber der Bereich steht mit dem Rest des Ästuars in Verbindung und wird von den Prozessen der Vermischungszone beeinflusst.

[3] Ästuar des Odiel. In diesem Sektor, der die direkten Zuflüsse des Río Odiel erhält, befindet sich die fluviomarine Mischungszone des Flusses. In seiner innersten Zone haben sich weitläufige Marschen entwickelt, die Teil des Naturparks Marismas del Odiel sind. Sie bilden ein komplexes System von Inseln, die durch Siele getrennt sind. Nahe des Übergangs zum Sektor [1] Kanal von Padre Santo befinden sich weitere Hafenanlagen und ein zweites Industriegebiet.

260 **[4] Ästuar des Río Tinto.** Diese Zone wird direkt durch den Río Tinto beeinflusst, und sie ist die am weitesten degradierte des gesamten Systems. An seiner westlichen Seite stehen große Industrieanlagen, wo auf einer Fläche von etwa 1200 Hektar industrielle Abwässer, aber auch Pyrit-haltige Schlämme eine Quelle für Verunreinigungen bilden.

Abb. 260. Der Unterlauf des Río Tinto kurz vor der Mündung in den Río Odiel mit Blick auf die Industrieanlagen im Nordosten Huelvas. Das Foto wurde im September 2007 vom Liegeplatz der Schiffe des Columbus gemacht.

Entwicklung der Kontamination im Ästuarsystem

Ein Teil der Verunreinigungen des Ästuars kommt über die Flüsse Odiel und Tinto. Sie sind durch sehr saures Wasser (pH<3) und Schwermetalle gekennzeichnet, die aus der intensiven Bergbautätigkeit in den Einzugsgebieten der beiden Flüsse resultieren. Während der 1960er Jahre wurde ein bedeutender Industriekomplex im Ästuar angesiedelt, wodurch die Umweltbelastungen erheblich erhöht wurden. Als Folge dieser Kontamination verschwand das Leben in diesem Teil des Ästuars sowohl auf dem Boden als auch im Sediment quasi komplett. Insgesamt zeigen die Sedimente der Ría de Huelva eine sehr hohe Konzentration an Schwermetallen, mit mittleren Konzentrationen beispielsweise von Kupfer (928 ppm), Zink (1146 ppm) und Blei (730 ppm).

Auch wenn die Konzentration der Metalle in allen Sektoren des Ästuars erhöht ist, so hat man Zonen identifizieren können, in denen sich einige von ihnen besonders anreichern. Während sich Cr oder Fe bevorzugt in den Zonen anreicherten, die direkt vom fluvialen Abfluss beeinflusst sind (Mischungszonen der beiden Ästuare Odiel und Tinto), sind Zn und Ba in Zonen angereichert, wo es keinen direkten fluvialen Einfluss gibt (Subsystem Punta Umbría). Diese Metalle konzentrieren sich nicht an der Oberfläche, sondern in den Sedimenten, die zum Teil bis in eine Tiefe von 70 Zentimeter nachgewiesen werden können. Sie beeinflussen damit den gesamten Horizont der im Boden lebenden Fauna. Darüber hinaus kommen hohe Konzentrationen an Nährstoffen hinzu, die an einigen Stellen zu ungewöhnlich hohen Werten an Chlorophyll geführt haben.

In den 1980er Jahren setzte das Umweltministerium der Andalusischen Regionalregierung einen Generalplan zur Korrektur der Verschmutzung der Ría ein, der 1997 abgeschlossen war. Seit diesem Zeitpunkt hat sich die Qualität des Wassers erheblich verbessert, und es hat eine partielle Erholung des Lebens im Ästuar begonnen. (Quelle: LÓPEZ GONZÁLEZ ET AL. 2009)

Ein Forschungsprojekt, das bis 2019 von den Universitäten von Huelva und Granada durchgeführt wurde, hat gezeigt, dass die wesentlichen Verunreinigungen in der Ría de Huelva, also dem Mündungsgebiet von Río Tinto und Río Odiel, wesentlich durch die Anlagen zur Schwefelgewinnung entstanden, die es hier seit dem Ende der 1960er Jahre bis 2010 gab. Nach neuesten Informationen sollen die verunreinigten Flächen durch die Firma Fertiberia ab 2020 restauriert werden. (Quellen: www.efe.com)

(25) Marismas – Landschaften im Gezeitenbereich

261 Die Marismas von El Rocío im Doñana-Nationalpark liegen zwar einige Kilometer weit im Inland,
aber sie werden in der Regenzeit immer noch geflutet. Bei ihnen handelt es sich eher um eine
Brack- bis Süßwassermarsch. Am Westufer des Río Odiel und entlang der Küste von Huelva bis
262 Ayamonte gibt es mehrere Stellen, an denen man Marschen im direkten Gezeitenbereich ansehen
263 kann. Sie sind durch flache, bewachsene Inseln gekennzeichnet, die von Prielen umflossen werden. Hier gibt es noch viele kleine, zum Teil malerische Fischerorte. In Isla de Cristina wird Tunfisch zu hochwertigen Konserven verarbeitet. Nördlich von Isla Cristina wird im Ästuar von Río Cabreras und Caño de la Cruz in Salinen Salz gewonnen.

Abb. 261. Blick von der Uferpromenade in El Rocío nahe der Kirche über die Marismas: Mai 2003 (oben), Oktober 2008 (unten)

Marschen unterliegen der Wellendynamik, die von den Gezeiten abhängt und saisonal sehr unterschiedlich ist. Bei einer Marschinsel können verschiedene Zonen unterschieden werden, die mit den verschiedenen Wasserständen zusammenhängen. Sie entstehen, wenn die fluvio-marinen Ablagerungen so hoch geworden sind, dass sie mehr als 93 Prozent der Zeit nicht von Wasser überflutet werden können.

Die Marschinsel wächst durch Anla- 264
gerung von Sedimenten, die nach dem Ablaufen des Wassers am Rand der Vegetation liegen bleiben. Sie enthalten einen hohen Anteil an organischen Bestandteilen. Der starke Bewuchs der Marschen hat einen doppelten Effekt. Einerseits reduziert sich dadurch die Wellengeschwindigkeit, andererseits erleichtert sie die chemische Ausfällung und das Absetzen des feinen Sediments, das im Wasser transportiert wird. Durch die über einen sehr langen Zeitraum erfolgte Ablagerung und die Bioturbation haben die Sedimente hier eine eher orangene Farbe.

Anfahrt:

Von Sevilla aus über die A-49 bis zur Abfahrt Cartaya, durch den Ort durchfahren Richtung El Rompido (Stop 1). Zurück nach Cartaya, dort auf die N-431 Richtung Lepe wechseln, dort nach El Terrón abbiegen (Stop 2)

Koordinaten:

Stop 1: Leuchtturm in El Rompido
37°13'6,27" N, 7°7'37,14" W

Stop 2: Abzweig zum Weg nach Nueva Umbría
37°13'24,21" N, 7°10'38,65" W

Zeitaufwand (ohne Anfahrt)**:** 1 Tag

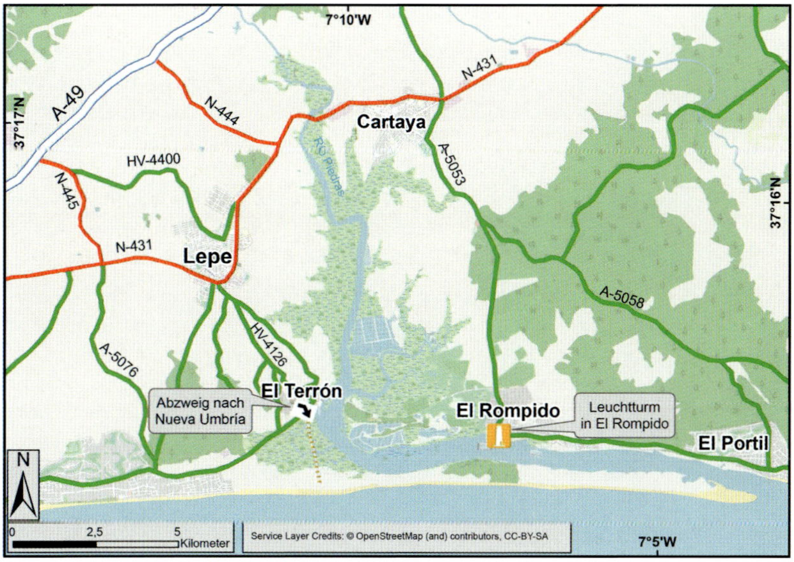

Abb. 262. Übersichtskarte von El Rompido und der Landzunge Nueva Umbría

Abb. 263. Marismas bei El Terrón (2009). Die Salzmarsch im direkten Gezeitenbereich wird von Pflanzen bewachsen, die Salzwasser vertragen, so genannte Halophyten. Dazu gehören Spartina, Salicornia und Sarcocornia. Im Ästuar des Odiel ist diese Zone durch einen pH von 4,5 gekennzeichnet.

Diese heutigen Landschaften zeigen uns, woraus sandig-tonige Gesteine mit hohem Gehalt an organischen Bestandteilen entstanden sind, zum Beispiel Muttergesteine für Erdöl und Erdgas.

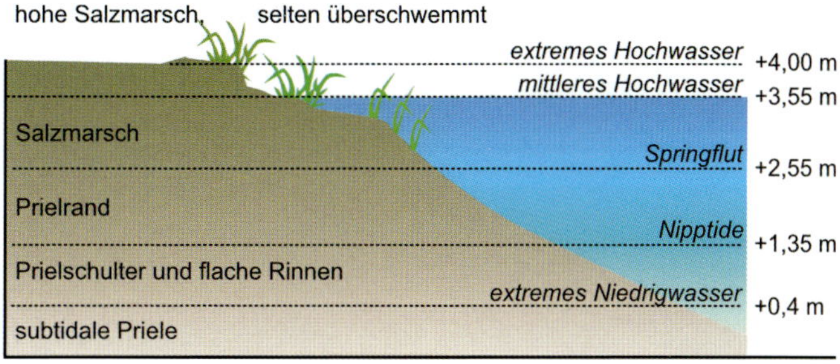

Abb. 264. Aufbau einer Marschinsel (nach López González 2009). Im Besucherzentrum Anastasio Senra im Naturschutzgebiet (Paraje Natural) »Marismas del Odiel« werden zu dem Lebensraum der Marschen zusätzliche Informationen vermittelt (e-mail: anastasiosenra@egmasa.es).

Abb. 265. Das Leuchtturm-Ensemble in El Rompido

Stop 1: Ría del Piedras und die Landzunge (flecha) Nueva Umbría

Am Beispiel der Entwicklung des Mündungsgebietes des Rio Piedras (siehe Kasten 11) wird deutlich, was passiert, wenn die Meeresströmungen auf natürliche Weise die Küsten formen. Es macht eindrücklich klar, warum die Mündungen des Guadiana und des ebenfalls sehr kurzen Flusses Cabreras, der bei Isla Cristina in den Atlantik mündet, in großem Stil mit Wellenbrechanlagen gegen die natürlichen Störmungen geschützt wurden, auch wenn dadurch andere Strömungen auftreten.

Der relativ kurze Fluss Piedras kommt aus dem südwestlichen Andévalo und hatte auch in der Vergangenheit nur in den Wintermonaten eine genügende Fließkraft, um gegen die nach Osten gerichtete Küstenströmung anzukommen. Die Auswertung von Schiffskarten hat ergeben, dass sich bereits Mitte des 19. Jahrhunderts vor der Mündung des Piedras Sandbänke gebildet hatten, die zu Inseln anwuchsen (Isla de Palo, Isla de Levante). In der 2. Hälfte des 19. Jahrhunderts wurde die Isla de Levante zerstört, während sich die Isla de Palo nach Osten ausdehnte. Bis zur Mitte des 20. Jahrhunderts hatte sich die Landzunge mit rund 30 Meter pro Jahr nach Osten entwickelt (siehe auch Abb. 257).

Besonders nach dem Bau des Stausees *Embalse del Piedras* (1968) hat die Fließkraft des Unterlaufs in dem ohnehin flachen Gelände weiter erheblich nachgelassen. Als Folge ist die Landzunge inzwischen mehr als 12 Kilometer lang und reicht bis zum Küstenort El Potríl.

Der Touristenort El Rompido liegt auf dem östlichen Ufer des Río del Piedras. In einem Gastronomie- und Einkaufszentrum
nahe der Leuchttürme gibt es eine 265
Aussichtsplattform, von der man einen guten Blick auf den Fluss und die vorgelagerte Landzunge Nueva Umbría hat. Entlang der Straße nach El Potríl (Richtung
Osten) gibt es eine weitere Aus- 266
sichtsplattform, von der aus man bei gutem Wetter einen Blick auf die Spitze der Landzunge werfen kann. Im Ort gibt es eine Fähre, die bei Hochwasser zur Landzunge fährt, um Wanderer und Sonnenanbeter dort abzusetzen beziehungsweise abzuholen.

Abb. 266. Blick von El Rompido nach Südwesten (oben bei Niedrigwasser, 2015, unten bei hoher Tide, 2016). Die Halbinsel Nueva Umbría liegt jeweils im Bild oben.

Stop 2: Wanderung auf die Landzuge Nueva Umbría

Durch das Wachsen der Landzunge Nueva Umbría verlor der Fischerort El Terrón stark an Bedeutung. Die Fischerboote dürfen einen gewissen Tiefgang nicht überschreiten und müssen jetzt erst einmal die Landzunge passieren, um in das offene Wasser des Atlantiks zu gelangen.

Von El Terrón aus gibt es einen Wanderweg auf die Landzunge Nueva Umbría. Er ist etwa 1,7 Kilometer lang und führt über eine kleine Insel und durch die Marismas von Catalán im Südwesten von El Terrón bis zu den Dünen des Strandes Nueva Umbría und auf die Landzunge selbst. Diese gut halbstündige Wanderung (ohne Pausen) vermittelt eine Vorstellung von der
267 Entwicklung der Lagune, die das Gebiet der heutigen
268 Doñana ausmacht.

Abb. 267. Grasnelke (Clavellina, Armeria pungens) (Foto: F. Tessensohn)

Der Weg führt durch mehrere Ökosysteme. Die Wanderdünen sind zum Teil mit Stranddistel (Cardo de Mar, *Eryngium maritimum*) und Strandhafer (Barrón, *Ammophila arenaria*) bewachsen. Zwischen Marsch und Strand folgt eine Zone mit einem progressiven Wechsel der strauchigen Vegetation von weißblühendem Ginster (Retama blanca, *R. monosperma*), Mastixstrauch (Lentisco, *Pistacia lentiscus*), und Thymian (*Thymus carnosus*). In den Marschen überwiegt halophyte Vegetation wie Schlickgräser (Espartina maritima, *Spartina maritima*, *Spartina desiflora*) sowie verschiedene Queller (Almajos, *Salicornia ramosissima*, *Sarcocornia* spp., *Arthrocnemum* spp.) und Strandflieder (*Limoniastrum*, *Limoniastrum monopetalum*).

Abb. 268. *Dünenvegetation auf der Landzunge Nueva Umbría*

(26) Doñana – natürlicher Landschaftswandel unter Schutz gestellt

Das Gebiet, das heute den Doñana-Nationalpark umfasst, ist ein gutes Beispiel für den natürlichen Wandel einer Landschaft, umfassend nachzulesen bei JACOBY (1999). Für die Doñana, wie wir sie heute kennen, begann die Geschichte vor wenigen tausend Jahren nach dem Ende der letzten großen Eiszeit. Noch vor der römischen Zeit war aus einer weiten Meeresbucht eine Lagune geworden (Wanderziele (25); Kasten 10). Im Laufe von sechs Jahrhunderten entwickelte sich diese Lagune erst zu einem See und dann zu einer Salzmarsch. Fortschreitende Verlandung durch die Sedimente, die der Guadalquivir, aber auch der Guadiamar, heranschafften, ließ daraus eine Süßwassermarsch werden. Seit der Guadalquivir die Marsch saisonal nicht mehr überschwemmt, trocknet sie im Sommer aus. Wir stellen diese Landschaften bei 3 Stops vor, die mit Geschichten am Rand gekoppelt sind (Wanderziel (27)).

269 Der Nationalpark kann von mehreren Richtungen aus besucht werden. Nur das Kerngebiet ist für
die Öffentlichkeit weitgehend verschlossen und kann höchstens in geführten Gruppen besucht
270 werden. Die Doñana weist drei völlig verschiedene Großlebensraumtypen auf: den mediterranen

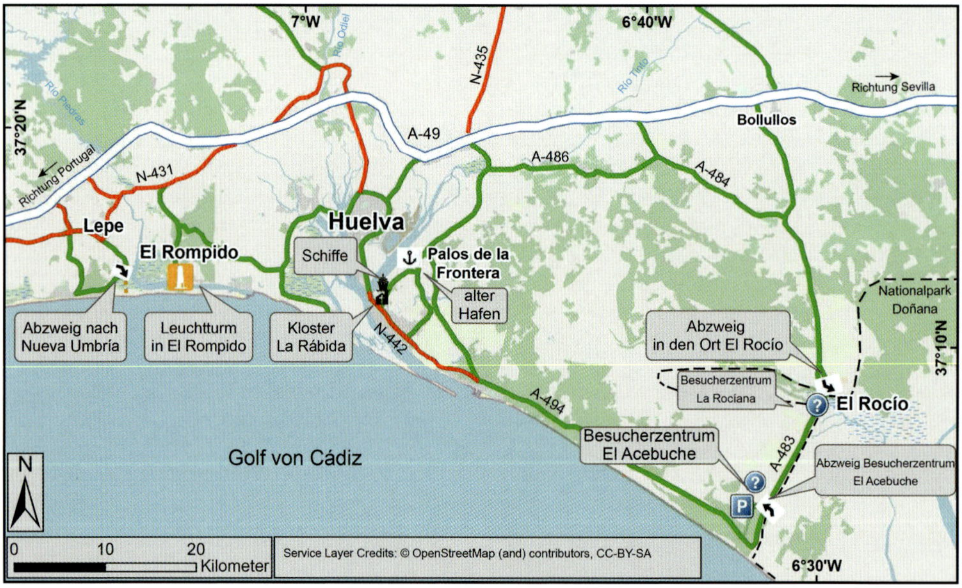

Abb. 269. Übersichtskarte zu den Wanderzielen (29) bis (30)

Anfahrt:

Von Sevilla auf der A-49 Richtung Huelva, bei Bollullos del Condado auf die A-483 Richtung Süden abbiegen (ausgeschildert). In der Provinz Huelva gibt es 2 Besucherzentren

Koordinaten:

Stop 1: Eingang La Rociana
37°7'25,42" N, 6°29'47,04" W

Stop 2 El Acebuche: Abzweig an der Straß
37°2'44,81" N, 6°33'1,18" W

Parkplatz
37°2'44,81" N, 6°33'59,42" W

Stop 3: Hauptabzweig in den Ort El Rocío
37°8'3,82" N, 6°29'16,75" W

Zeitaufwand (ohne Anfahrt):

1/2 Tag, mit Fahrt durch die Dünen entsprechend länger

nur El Rocío: circa 2–3 Stunden (Einkehrmöglichkeiten)

Abb. 270. Mediterraner Buschwald mit Pinien (links oben) und mit Strauchvegetation (links unten) in der Umgebung von La Rociana und El Acebuche; Brackwassermarsch am Guadalquivirufer (rechts oben); Abkühlung der Füße im Atlantik (rechts unten).

Buschwald auf sandigem Untergrund um die Besucherzentren La Rociana, Palacio del Acebrón und El Acebuche; den strandnahen Wanderdünengürtel, der nur vom Strand aus oder auf einer geführten Tour erreichbar ist, sowie die flachen, periodisch überschwemmten Marismas (Marschen), das „Wahrzeichen“ Doñanas, die vor allem bei El Rocío sowie von Aznalcázar in der nördlichen Doñana angesehen werden können.

Geologisch-geomorphologisch kann das Gebiet des Nationalparks Doñana in fünf verschiedene Dünensysteme unterteilt werden (vgl. RODRÍGUEZ RAMÍREZ 2009). Westlich der Feuchtgebiete befinden sich von El Rocío aus bis Matalascañas drei jünger werdende Generationen der Wanderdünen, die bereits stabilisiert sind. Sie entstanden in den zwei Jahrtausenden v. Chr. Die meerwärts bis zur Mündung des Guadalquivir anschließenden Wanderdünen sind jung und noch aktiv. Sie entwickelten sich in den vergangenen 2000 Jahren. Begünstigt wurde diese Entwicklung durch die zunehmende Verlandung der Marismas im Hinterland sowie die Ausbaggerung des Unterlaufs des Guadalquivirs. Solange der Guadalquivir genügend Kraft hat, den Sand, der sich vor seiner Mündung ansammelt, wegzuspülen, wird der Dünengürtel nicht weiter nach Südosten wachsen können.

Der Strand- und Wanderdünengürtel hat im Bereich des Nationalparks eine Breite bis zu 5 Kilometer 271
und eine Länge von rund 25 Kilometer. In die Wanderdünen kommt man allerdings nur mit einer geführten Tour mit Allrad-betriebenen Fahrzeugen von El Acebuche aus, wo man die Fahrt auch

Abb. 271. Der Wanderdünengürtel des Nationalparks Doñana kann nur bei einer geführten Tour erlebt werden. In den Tälern der Dünen wurden Pinien angepflanzt, um den Dünen Einhalt zu bieten. Der Wind treibt den Sand aber immer wieder Richtung Inland und begräbt auf diese Weise mit der Zeit die Waldstreifen aus Pinien

buchen muss. Aber es gibt auch so genug zu sehen und am Ende kann man seine heiß gelaufenen Füße im Atlantik baden.

Zugang zum Atlantik besteht vor allem bei Matalascañas mit seinem breiten Sandstrand. Diese riesige Siedlung ist nicht schön, aber durch sie ist dieser Küstenstreifen gut erschlossen und es gibt strandnahe Gastronomie. Im Westen der Siedlung befindet sich ein Relikt aus dem 16. Jahrhundert, der Torre de Almenara. Er gehört zu einem Beobachtungssystem, das im 16. Jahrhundert an der gesamten iberischen Küste gegen Piraten aufgebaut worden war.

Das weitläufige und fast unberührte Areal des Doñana-Nationalparks beherbergt mehrere Luchs-Populationen (im Zentrum El Acebuche kann eine davon per Videokamera beobachtet werden) und sogar Königsadler. Daneben ist die Doñana Durchgangsgebiet für Zugvögel, die über die Straße von Gibraltar von und nach Afrika unterwegs sind und nach wie vor als Vogelbeobachtungsgebiet weltweit berühmt.

Seit der Jahrtausendwende nachlassende Niederschläge durch den Klimawandel, aber vor allem die im Westen angrenzende Landwirtschaft mit Obst- und Gemüseanbau, die erhebliche Wassermengen benötigt, führen allmählich dazu, dass die vernassten Flächen der Doñana austrocknen.

(27) Geschichten am Rand

Vom Jagdgebiet der Doña Ana zum UNESO-Weltnaturerbe

Der Name Doñana beziehungsweise Coto Doñana geht in das 16. Jahrhundert zurück. Coto bezeichnet ein Jagdgebiet und Doñana ist eine Zusammenziehung von Doña Ana. Coto Doñana meinte also zunächst das Jagdgebiet von Doña Ana.

Die Geschichte des Gebietes hängt mit den Jagdvorlieben des spanischen Königshauses seit 1262 zusammen. In diesem Jahr hatte König Alfons X. „der Weise" das Gebiet für das christliche Spanien aus den Händen der Mauren zurückerobert. Die enormen Tierbestände waren der Grund, es zum königlichen Jagdgebiet zu erklären. In den Folgejahren wechselten Teile des Gebietes die Besitzer, meist in Auszeichnung für erfolgreiche Schlachten. Ende des 16. Jahrhunderts war ein Großteil des Gebietes im Besitz des Grafen von Medina Sidonia. Er hatte 1585 die Marsch rund um Madre de las Marismas gekauft und seiner Frau Ana Gómez de Silva Mendoza eine Jagdvilla gebaut, die heute als Palacio de Doñana bekannt ist. Etwa um 1588 wurde die Gegend „Los Bosques de Doña Ana" (der Wald der Gräfin Ana) genannt. Im allgemeinen Sprachgebrauch wurde daraus „Coto de Doña Ana" und bald nur noch Doñana.

1928 gelangten Teile des Gebietes in den Besitz der Familie Gonzalez in Jerez. Auch sie nutzte das Gebiet fast ausschließlich für Jagdzwecke. Um Wilderer abzuhalten, waren berittene *Guardas* (Jagdwächter) im Einsatz. Das über Jahrhunderte bestehende enorme Interesse an (geregelten) Jagden war letztlich ausschlaggebend für den fast paradiesischen Zustand, in dem sich das Gebiet noch Ende der 1940er Jahre befand, als es dann sehr schnell in den Blick der Weltöffentlichkeit geriet. Die Staatsregierung unter Franco wollte hier Eukalyptusplantagen anbauen. Dieses Vorhaben wurde 1953 zugunsten des Anbaus der heimischen Schirmpinie aufgegeben. Statt dessen ging es nun um den Schutz der Doñana in Form eines Nationalparks. Das Interesse daran wurde vor allem durch Vogelbeobachter geweckt.

Auslöser für diese Bewegung waren die Bücher „Wild Spain" (1893) und „Unexplored Spain" (1910) von den Briten ABEL CHAPMAN und WALTER J. BUCK (nach heutigen Maßstäben wilde Jäger und Eiersammler). Sie lenkten darin wohl erstmals außerhalb Spaniens das naturkundliche Interesse auf die Doñana. Der spanische Ökologe DR. J. A. VALVERDE setzte sich ab 1961 öffentlich für den dauerhaften Schutz des Gebietes ein. 1964 kaufte der spanische Forschungsrat C.S.I.C. mit finanzieller Hilfe des WWF die 6800 Hektar große Kernparzelle des dann 1969 mit 37425 Hektar ausgewiesenen Nationalparks. 1978 erfolgten eine beträchtliche Erweiterung auf insgesamt 73000 Hektar, neue und den natürlichen Gegebenheiten besser gerecht werdende Grenzziehungen und eine bessere Ausstattung der Forschungsmittel. 1980 wurde die Doñana zum UNESCO-Biosphärenreservat deklariert und seit 1994 ist der Doñana-Nationalpark ein UNESCO-Welterbe der Natur.

Für weiterführende Informationen empfehlen wir JACOBY 1999.

Ausflug 1: El Rocío

272 Heute ist El Rocío vor allem als Wallfahrtsort bekannt und wird im Grunde nur dafür genutzt. Jährlich zu Pfingsten wird hier die *Virgen del Rocío* geehrt. Darüber hinaus ist der Ort für Vogelbeobachter ein El Dorado, denn er liegt nahe an den Überschwemmungsgebieten, den Marismas.

Ursprünglich lag der Ort am damaligen Weg von der phönizischen Stadt Cádiz zu den Minen am Río Tinto. Als später König Alfons X. (er regierte von 1252 bis 1284) hier häufig jagde, ließ er in El

Anfahrt Ausflug 1:
Von Sevilla auf der A-49 Richtung Huelva, bei Bollullos del Condado auf die A-483 Richtung Süden abbiegen (ausgeschildert).

Koordinaten:
Hauptabzweig in den Ort El Rocío
37°8'3,82" N, 6°29'16,75" W

Zeitaufwand (ohne Anfahrt): 2–3 Stunden

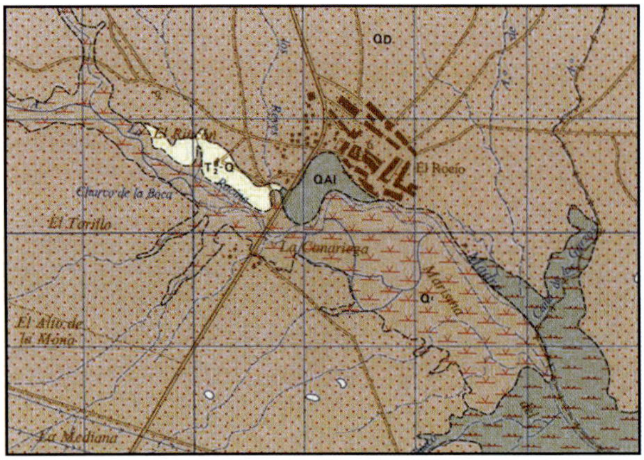

Abb. 272. Geologische Karte um El Rocío (aus MAGNA50-1018). Bis auf die rot gepunkteten Bereiche und den gelben Fleck werden weite Teile der Doñana im Frühjahr durch die Regenfälle mehr oder weniger tief überflutet.

Rocío einen Schrein für die Heilige Jungfrau Maria errichten. Da die Einsiedelei nahe der Handelsroute zu den Städten Sevilla und Niebla lag, verbreitete sich ihre Berühmtheit schnell. Sie wurde die Patronin von Almonte. 273

Im Jahr 1654 wurde die fromme Bruderschaft (Hermandad) von Almonte in El Rocío gegründet. Zu dieser Zeit nahm die Pilgerfahrt ihre heutige Form an. Benachbarte Orte gründeten nach und nach ihre eigenen Bruderschaften und bauten ihre Unterkünfte für die Pilgerzeit in El Rocío.

In der Woche vor Pfingsten durchqueren Zehntausende von Menschen mit ihren Pferden und Kutschen den Guadalquivir bei Sanlúcar de Barrameda und reisen auf alten Pfaden durch die Wälder und Dünen der Doñana nach El Rocío. Hunderttausende kommen auf anderen Wegen hierher und über mehrere Wochen ist das Umland von leuchtend bunten Kutschen aus ganz Spanien geprägt: Das sind die Rocieros und das ist die Pilgerfahrt von El Rocío. Am Pfingstsonntag sind mehr als eine Million Menschen hier. Dann wird in einer emotionsreichen Prozession die Jungfrau Maria, *Nuestra Señora del Rocío*, durch das Dorf getragen.

274 El Rocío sieht heute noch so aus wie die Orte, die in der neuen Welt von den spanischen Eroberern angelegt wurden. Die breiten Straßen im Ort sind nicht asphaltiert, sondern sie sind - für die Pferde der Reiter und der Kutschen – mit Sand bedeckt. Die dazugehörigen Cowboystiefel stammen zum Beispiel aus Valverde del Camino, dem Ort mit den Bänken, auf denen die Geschichte von Christoph Columbus erzählt wird (siehe Abb. 281). Auch viele der Ausdrücke aus dem Cowboyleben stammen aus dem Spanischen: Rodeo von rodear (umrunden); Lasso von lazo (Schlinge); Mustang von mesteño (wild); Stampede von estampida (Donnerrollen).

Für weitereführende Informationen empfehlen wir JACOBY 1999.

Abb. 273. Azulejos-Bild der Jungfrau von El Rocío am Portal der Kirche

Abb. 274. »Straße« in El Rocío. Vor den Häusern befinden sich Anbindestellen für die Pferde.

Ausflug 2: Das Kloster La Rábida und die Schiffe des Columbus – Wo Weltgeschichte geschrieben wurde

Die nicht beabsichtigte Entdeckung des Kontinents Amerika durch Christoph Kolumbus ist auch mit Andalusien verknüpft. Im Kloster Santa María de La Rábida, am Ostufer nahe der Mündung des 275
Río Tinto in den Río Odiel auf einem eiszeitlichen Geestkern gelegen, verhandelte Columbus bereits 1486 mit Abgesandten der Könige Isabella und Ferdinand über sein Projekt, einfach nach Westen zu segeln, um so Indien zu erreichen. Die Idee war nicht sofort positiv aufgenommen worden, aber mit fortschreitenden Erfolgen bei der Belagerung von Granada 1491/92 waren die Könige freund-licher gestimmt. Im August 1492 machte sich Columbus mit den drei Schiffen *Santa María*, *Niña* und *Pinta* und knapp 100 Seeleuten von Palos de la Frontera aus auf den Weg nach Westen (Stop 1).

Abb. 275. Übersicht der Stops um das Kloster La Rábida (GoogleEarth)

Die abenteuerliche Fahrt von Christus Columbus und weiteren rund 100 Seeleuten nach Westen, um einen kürzeren Seeweg nach Indien zu finden, hat das Weltbild seit dem 16. Jahrhundert grundsätzlich verändert (siehe QR-Code Aufbruch, S. 163). Dieser geschichtlich ausgerichtete Ausflug bietet aber auch geologische und klimatische Aspekte, die für die Entwicklung dieses Küstenstreifens von Bedeutung sind.

Stop 1: Der Hafen von Palos de la Frontera nahe der Mündung des Río Odiel

276 Er ist längst verlandet. Er lag zwischen der Baumreihe in der Bildmitte und den Bäumen unterhalb der Weinberge und hatte wohl schon vor 500 Jahren nicht viel Tiefgang. An der Stelle, an der Columbus in See stach, um den Westweg nach Indien zu suchen und einen neuen Kontinent entdeckte, wurde anlässlich des 500. Jahrestages der Entdeckung Amerikas eine Tafel installiert.

Abb. 276. Stop 1: Die verlandete Hafenanlage bei Palos de la Frontera

Anfahrt Ausflug 2:

Von Sevilla auf der A-49 Richtung Huelva, an der Abfahrt Trigueros Richtung Moguer und Mazagón.

Stop 1: am Ortseingang von Palos de la Frontera. Anschließend zurück auf die HU-494 und den Abzweig zum Kloster La Rábida nehmen (Stop 2). Von dort aus den Schildern „Muelle“ (Schiffsanlegestelle) folgen (Stop 3).

Koordinaten:

Stop 1: Hafen Palos de la Frontera
37°13'53,03" N, 6°53'27,31" W

Stop 2: Kloster La Rábida
37°12'28,02" N, 6°55'32,84" W

Stop 3: Schiffe
37°12'39,36" W, 6°55'39,39" W

Zeitaufwand (ohne Anfahrt):

Stop 1: maximal 30 Minuten

Stop 2: 1 Stunde

Stop 3: 1 Stunde

Abb. 277. *Stop 1: An diesem Brunnen wurde das Wasser, das die Seeleute auf die Schiffe mitnahmen, geweiht.*

Erhalten ist der Brunnen, aus dem das geweihte 277
Wasser stammte, das die Seeleute auf die Schiffe mitnahmen. Hier steht auch das Denkmal der Brüder Pinzón, die beide Kapitäne auf den Schiffen *Santa María* und *Pinta* waren. Das Schiff *La Niña* kam aus Moguer.

Die ersten gesicherten Angaben zum Ort Palos de la Frontera stammen aus dem Jahr 1322, als Alfons X. das Gut an Alonso Carro abgab. Seine geographische Lage, der fruchtbare Schwemmlandboden und gutes Unternehmertum führten dazu, dass der Ort rasch wuchs. Im Jahr 1492, dem Jahr des Aufbruchs von Christoph Columbus und Seeleuten aus der Region, hatte die Stadt bereits 2000 Einwohner. Sie verfügte über eine lange Seefahrertradition und äußerst erfahrene Schiffswerkstätten. Auf der Werft von Palos wurden Schiffe für lange Seereisen ins Mittelmeer, aber auch zu den Kanarischen Inseln und der Westküste Afrikas gebaut.

Zunehmende Verlandung, wahrscheinlich durch vermehrten Sedimenteintrag aus dem hügeligen Hinterland, ließ den kleinen Hafen in wenigen Jahrhunderten komplett verlanden.

Stop 2: Das Franziskanerkloster Santa Maria de la Rábida

278 Das Kloster wurde im 15. Jahrhundert gegründet und steht am östlichen Ufer der Mündung des
Río Tinto in den Río Odiel auf einem eiszeitlichen Geestkern. Hier führte Christoph Columbus
279 Verhandlungen mit den Abgesandten der spanischen Königin Isabella, um seine Suche von Indien
über den Weg nach Westen zu finanzieren. Vom Kloster aus ist die aus Granit gefertigte Statue von Christoph Columbus (Entwurf von Gertrude Vanderbilt Withney, 1929) an der Mündung des Río Odiel in den Atlantik zu sehen.

Im Jahre 1485 kam Christoph Columbus das erste Mal nach Palos. Er erreichte, zusammen mit seinem Sohn Diego, den bedeutendsten Hafen der Iberischen Halbinsel an der südwestlichen Atlantikküste von Portugal aus per Schiff. Bei seinem zweiten Besuch in La Rábida im Jahr 1491 waren die Verhandlungen mit den Abgesandten der Königin so weit fortgeschritten, dass das Vorhaben konkrete Züge annahm. Nach der Eroberung des von den Mauren besetzten Granada im Januar 1492 wurde im Mai 1492 die Vereinbarung unterzeichnet und sofort mit den letzten Vorbereitungen begonnen.

Abb. 278. *Das Kloster La Rábida*

Abb. 279. *Das Verhandlungszimmer in La Rábida*

Abb. 280. Die Nachbauten der drei Schiffe im Museumspark (links) und Columbus im Bauch der »Santa María« (rechts)

Stop 3: Die Schiffe des Columbus

Am 3. August 1492 stach Christoph Columbus mit den drei Schiffen „Santa Maria", „Pinta" und „Niña" *280*
von Palos de la Frontera aus in See. Am 15. März 1493 kehrte Christoph Columbus mit den beiden Schiffen „Pinta" und „Niña" wieder nach Palos zurück. Die Schiffe, mit denen Christoph Columbus und seine Seeleute über den Atlantik fuhren, wurden zur Weltausstellung 1992 (500 Jahre nach der Entdeckung Amerikas) in Sevilla nachgebaut und sind unterhalb des Klosters in einem Museumspark („Muelle") ausgestellt. Sie liegen am Ufer des Río Tinto in einer nachgestellten Karibik-Szenerie. Alle Schiffe können begangen werden (wenn sie nicht gerade restauriert werden). Es ist unglaublich, in welchen Nussschalen die Seeleute die Fahrt über das Meer wagten.

Im Interpretationszentrum (Eintritt) gibt es eine ausführliche Ausstellung über die Seefahrt vor und nach dieseer Entdeckung und einige Aspekte der Entdeckung des neuen Kontinents. Ein kleines historisch-künstlerisches Detail: Die Geschichte der ungeplanten Entdeckung von Amerika ist auf acht Bänken auf der Plaza im Ort Valverde del Camino, circa 50 Kilometer nördlich von La Rábida *281*
an der N-435 gelegen, in Azulejos-Technik dargestellt. Nach einer Renovierung des Platzes (zwischen 2014 und 2015) wurden von den ursprünglich 8 Bänken 4 wieder aufgestellt.

Aufbruch nach Westen

Abb. 281. Eine der noch erhaltenen 4 Bänke in Azulejos-Technik.

Kurzer Abriss der neuzeitlichen Bergbaugeschichte Andalusiens

Besitzrechte und technischer Fortschritt

Unter König Juan I. ging 1386 das Bergrecht auf den Staat bzw. den König über. Dieser vergab dann das Recht zum Abbau auf Gold, Silber, Zinnober, Kupfer, Blei und Zinn an seine Untertanen, erhielt vom Gewinn allerdings zwei Drittel. Hier erfolgte erstmals die Unterteilung in „Boden“ (Grund) und „Untergrund“, wie wir es heute noch kennen. Damit blieb der Reichtum an Bodenschätzen im Besitz des Staates bzw. des Königs, der die Konzessionen zum Abbau erteilte. Gefördert wurde diese Entwicklung durch eine einheitliche Sprache sowie ein einheitliches Recht für ganz Spanien durch König Alfons X., der von 1252 bis 1284 regierte.

Bis zur Mitte des 16. Jahrhunderts fand aufgrund permanenter Kriege nur wenig Bergbau statt. Der 1555 unter Philipp II. begonnene Abbau auf Silber in der Mine Guadalcanal war das Signal für weitere Bergbauaktivitäten im Westen von Sevilla bis in die 70er Jahre des 16. Jahrhunderts. Im 17. Jahrhundert wurden weitere Minen für Silber und Gold geöffnet. Inzwischen betrug die Abgabe für den Staat (König) 50 Prozent.

In der Neuzeit erfuhr der Bergbau im Iberischen Pyritgürtel eine erste Blüte von Mitte des 18. Jahrhunderts bis in die 1970er Jahre. Allein in dieser Zeit wurden in Riotinto rund 30 000 Tonnen Kupfer gewonnen (Wanderziel 1). Bis weit in das 19. Jahrhundert hinein wurden neue Erzvorkommen
282 entdeckt und es wurde in großem Stil mit dem Abbau begonnen. Durch neue Explorationsmethoden
283 wurden auch im 20. Jahrhundert weitere Erzvorkommen entdeckt, die zum Teil noch in Produktion sind, aber zum Teil auch bereits wieder geschlossen wurden.

Dennoch wurde der Reichtum an Bodenschätzen in Spanien nicht für die industrielle Entwicklung genutzt. Es mangelte weitgehend an einheimischem Kapital, denn durch die jahrhundertelange Bevorzugung des Adels hatte sich keine kapitalkräftige Bürgerschicht entwickeln können. Es fehlte aber auch an Ideen für den Aufbau von Unternehmen. So fanden ausländische Interessenten sowohl in Spanien als auch in Portugal gute Investitionsmöglichkeiten vor. In beiden Staaten lag zum Beispiel der Eisenbahnbau vollständig in den Händen ausländischer Kapitalgesellschaften. Darüber hinaus verkaufte der Staat gerade im 19. Jahrhundert die Schürfrechte für die wichtigsten Bodenschätze unter anderen an diese ausländischen Unternehmen (aus Breuer 2008):

- 1835 erwarb die Familie Rothschild die Quecksilberminen von Almadén.
- 1853 begann das noch heute bestehende belgische Unternehmen Compagnie Royale Asturienne des Mines mit dem Abbau der Kohlenlagerstätten von Aviles in Asturien.
- 1866 übernahm die englische Gesellschaft The Tharsis Sulphur and Copper Company die Ausbeutung der Kupferminen von Tharsis.
- 1873 gingen die Abbaurechte von Riotinto an das britische Unternehmen Rio Tinto Company Limited.
- 1881 nahm die französische Société Minière et Métallurgie de Peñarroya den Bleiabbau in der Sierra Morena auf.

Bis 1954 blieben die Briten Besitzer der Riotinto-Minen, gefolgt von anderen großen Bergbauunternehmen. In den Jahren 1960 bis 1991 ging die Zahl der Beschäftigten von über 6500 auf 943 zurück. Heute sind nur noch wenige Minen im Betrieb. Seit 2017 wird im Tagebau am Cerro Colorado wieder Pyriterz abgebaut. Die Reserven der heute noch aktiven Minen im Pyritgürtel werden auf 1700 Millionen Tonnen geschätzt. Darunter sind die 8 Riesenlagerstätten mit mehr als 100 Millionen Tonnen Sulfiderzen (Riotinto, Tharsis, La Zarza, Sotiel-Migollas, Aznalcollar-Los Frailes sowie Masa Valverde in Spanien, Aljustrel und Neves-Corvo in Portugal), 44 Lagerstätten mit mehr als 1 Million Tonnen und hunderte kleinerer Vorkommen.

Im 17. Jahrhundert erkannte der Ingenieur ALVARO ALONSO BARBA die Verbindung zwischen den mittel- und südamerikanischen Gold- und Silberlagerstätten, vor allem Potosí in Peru, und dem Lagerstättenbezirk Riotinto. Sie besteht in der mineralischen Zusammensetzung der Pyriterze von Riotinto, auch wenn sie für die damalige Zeit gegenüber den überseeischen Lagerstätten, deren Silbergehalt höher und leichter zu gewinnen war, als weniger wertvoll galten. Beide Lagerstättentypen sind an ähnliche geologische Bildungsbedingungen geknüpft. Mit seinem 1640 veröffentlichten Werk „El Arte de los Metales" (Die Kunst der Metalle; aufbauend auf dem etwa ein Jahrhundert früher in Deutschland erschienenen Werk „De Re Metallica" von GEORG AGRICOLA (1494–1555), dem „Vater der Mineralogie"), konnten vergleichbare Lagerstätten systematisch und mit technischem Sachverstand gesucht, bewertet und ausgebeutet werden.

Abb. 282. Blick in den Cerro Colorado, Minas de Riotinto (1980)

Abb. 283. Blick von Peña del Hierro Richtung Minas de Riotinto (2016). Im Vordergrund planierte Abraumhalden.

Kasten 14: De Re Metallica

Das Berg- und Hüttenwesen, wie Agricola es in seinem 1556 erstmals erschienenen Werk darstellt, war damals eine junge Wissenschaft. In zwölf Bänden beschrieb er alles, was mit Bergbau und metallurgischen Verfahren zusammenhängt und damals Stand der Technik war: die Verwendung der Wasser- und Windkraft, den Betrieb der Gebläseöfen und Schmelzherde, den Transport der Erze, die Gewinnung von Soda, Schwefel und Alaun, aber auch die Verwaltung, die Pflichten der Beamten und Bergwerksunternehmen sowie Krankheiten und Unglücksfälle der Bergleute. Dieses Werk blieb bis ins 18. Jahrhundert das grundlegende Handbuch des Berg- und Hüttenwesens in Mitteleuropa.

Abb. 284. Blick in die seit Jahren nicht mehr genutzten Aufbereitungsanlagen im Bergbaurevier Riotinto (2018).

Bergbau und Naturzerstörung

Bereits vor der Erfindung von Maschinen, die nicht nur mit Wasser oder Wind, sondern mit Öl (Diesel) angetrieben werden, wurde die Umgebung der Bergwerke durch den Bergbau beeinflusst, kontaminiert und die Gesundheit der Bergleute beeinträchtigt. Aber erst der technische Fortschritt der industriellen Revolution erlaubte Bergbau in großem Maßstab. Fein verteiltes Erz, wie es in den Lagerstätten vom Typ Riotinto vorkommt, wird oberflächlich in großem Stil abgebaut und hinterlässt eine verwüstete Landschaft.

Spurenelemente wie Antimon und Cadmium sind in den Erzmineralen sulfidisch gebunden. Wenn sie durch den Bergbau an die Luft kommen, werden sie vom Sauerstoff sofort angegriffen. Kommt noch Wasser hinzu, dann werden die frei gesetzten Spurenstoffe gelöst und ausgewaschen. Das Wasser wird sauer und das Leben darin erstirbt (Kasten 2, S. 24). Bei kleinräumigem Bergbau in solchen Lagerstätten bleiben die Auswirkungen auf einen Bach oder Fluss und damit eine kleinere Region beschränkt. Bergbau im Maßstab von Riotinto (Wanderziel 1) hat ein Gebiet von über 200 Quadratkilometern verwüstet.

Das Erz wurde mit riesigen Lastwagen aus bis zu 300 Meter tiefen Tagebauanlagen geholt und auf
284 Halden gekippt, bis es in die Anlagen zur Aufbereitung transportiert wurde. Auf den Halden unterlag das Gestein bereits der Zersetzung wie oben beschrieben. Um die fein verteilten Bestandteile aus dem Gestein zu extrahieren, sind vor allem chemische Reaktionen notwendig. Zur Herauslösung beispielsweise von Gold wird Zyankali verwendet. Die Abfälle aus dieser Aufbereitung wurden in riesigen Becken gelagert. Um Kupfer zu extrahieren, wird zunächst Wasser durch die Halden geleitet, das dann in Becken gelangt, in denen Eisenteile liegen. Kupfer hat die Eigenschaft, an Eisen wieder zu kristalliseren. Wird das Kupfer zusammen mit dem Eisen geschmolzen, kann das Kupfer abgeschöpft werden.

Ein Unfall und seine Folgen

Der industrielle Abbau der Kupfererze vom Riotinto-Typ erfolgte seit dem letzten Viertel des 19. Jahrhunderts bis zum Ende des 20. Jahrhunderts. Allerdings flossen die Einnahmen aus diesen Bergwerken nicht dem spanischen Staat zu, denn der hatte im Laufe des 19. Jahrhunderts viele Abbaurechte an ausländische Unternehmen verkauft. Als die Bergwerke Ende der 1990er Jahre nach einer Umweltkatastrophe geschlossen wurden, fielen die Anlagen und verwüsteten Landschaften an den spanischen Staat zurück, der nun dafür aufkommen muss.

Abb. 285. Blick in die aufgelassenen Anlagen von Aznalcóllar (2003). Nachdem einer der Schlammteiche dieser Mine gebrochen war und den Nationalpark Doñana gefährdete, kam der Bergbau in der Provinz Huelva zum Erliegen.

Insbesondere der großräumige Abbau im 20. Jahrhundert hinterließ verwüstete Landschaften (Wanderziel 1 und 2). Die Aufbereitungsanlagen zur Extraktion von Gold, Silber und Kupfer bedeckten große Areale und verschmutzten das Gebiet weiträumig. Die in den vulkanischen Tuffen, dem Nebengestein der Hauptvererzungen, fein verteilten Pyrit- und Kupferkieskristalle oxidierten unter atmosphärischen Bedingungen unter Freisetzung von Schwefel und anderen zum Teil toxischen Beimengungen. Insbesondere der Río Tinto, aber auch der Río Odiel und kleinere Flüsse und Bäche sind hiervon betroffen.

Vor allem das Unglück von Aznalcóllar führte dazu, nach den Umweltauswirkungen der Bergbautätigkeit im Pyritgürtel zu fragen. Im April 1998 war der Damm eines Schlammteichs gebrochen und eine toxische Mischung aus Aufbereitungsschlamm ergoss sich in das Vogelschutzgebiet der Doñana. In der Folge wurde der Nationalpark Doñana zum Weltkulturerbe erklärt (Wanderziel 26),
die Mine Aznalcóllar geschlossen und zum Beispiel in Riotinto und Tharsis begannen umfangreiche 285
Aufräumarbeiten.

Die langfristigen Auswirkungen des toxischen Schlamms in den Oberflächengewässern und in Böden im nördlichen Doñana-Nationalpark sind auch Jahre nach dem Unglück nachweisbar. Die Schwermetallkonzentrationen sind nach wie vor erhöht, aber es ist keine flächendeckende Belastung, sondern es handelt sich eher um punktförmige Kontaminationen. Der Schlamm hat sich wohl nicht wieder abgesetzt, sondern wurde weiter Richtung Meer transportiert und auf diese Weise verdünnt. Entsprechend der jeweiligen geochemischen Löslichkeit gingen innerhalb von vier Jahren die Konzentrationen von Cadmium, Kupfer und Zink um 75 Prozent zurück, Blei und Antimon waren im gleichen Zeitraum erst um 15 Prozent reduziert. In tieferen Bodenhorizonten können Cadmium und Zink bei höheren pH-Werten in Eisenoxiden gebunden werden. Beobachtungen zeigen, dass die Schwermetallkonzentrationen langsam in die Tiefe wandern.

Ausblick

An vielen Stellen wurde in Andalusien zum Teil seit altersher Bergbau betrieben, wie viele der Wanderziele in diesem Band verdeutlichen. Im Laufe der Jahrtausende hatte der geologische Untergrund für die kulturelle Entwicklung und den technischen Fortschritt immer eine große, wenn auch wechselnde Bedeutung. Auch wenn der Erzreichtum der Sierra Morena herausragend war, profitierten auch die Bewohner des Betischen Gebirges von den Reichtümern aus der Erde. Darauf werden wir in den beiden Folgebänden unserer Andalusien-Trilogie eingehen.

Glossar und Stichwortverzeichnis

Die Zahlen am Ende eine Eintrags verweisen auf Seiten im Text, fett gedruckte Zahlen verweisen auf Informationskästen.

Geologisch-tektonisch

Akkretionskeil: auch Anwachskeil. Er entsteht vor der kontinentalen Kruste, unter die an einer Subduktionszone ozeanische Kruste geschoben wird. Die auf dieser ozeanischen Kruste abgelagerte Sedimentschicht wird nicht immer komplett ins Erdinnere transportiert, sondern bleibt vor der kontinentalen Kruste hängen und wird dort sukzessive voreinander abgelagert (Kasten 4). • 40, 42–**45**

Alpidische Gebirgsbildung (auch Orogenese): Sie erzeugte in einem Zeitrahmen seit der Oberkreide bis ins obere Miozän die mediterranen Kettengebirge der Betischen Kordilleren und der Alpen. Zu ihr gehört auch die Bildung des Himalaja. In Europa hatte diese Gebirgsbildung vor etwa 11 Millionen Jahren ihren Höhepunkt; sie klingt seitdem aus. • 10, 11, 13, 81, 103, 124, 126

Armorikanischer Quarzit: Aus einem sehr reinen Quarzsand an der Küste des Krustensplitters (Terrane) Armorika entstanden. Armorica lag bis zum Oberkarbon am Nordrand von Gondwana und wurde durch die Variszische Gebirgsbildung zwischen Gondwana und Laurussia eingequetscht. Armorikanische Gesteine kommen heute vor allem in der Bretagne, untergeordnet auf der Iberischen Halbinsel vor. • 118, 120, 121

Amphibolit: Metamorphes Gestein mit einem hohen Anteil an Amphibolen. • 62, 66, 67, 78

Antimon: Schwermetall, chem. Sb, das in der Sulfidvererzung des Pyritgürtels vorkommt. • 16, 25, 166

Arsen: Schwermetall, chem. As, das in der Sulfidvererzung des Pyritgürtels vorkommt. • 16, 25, 178, 179

Baryt: Bariumsulfat ($BaSO_4$), auch Schwerspat genannt; kommt vor allem in spätmagmatischen Erzgängen und Klüften, aber auch als Linsen in Karbonatgesteinen vor. • 76

Basalt: Basisches vulkanisches Gestein, das bevorzugt an Mittelozeanischen Rücken, aber auch an Hotspots (z. B. Hawaii) aus dem Erdinnern aufsteigt. • 28, 29, 38–40, 48, 49

Batholith: Großer Intrusionskörper, der nahe der Erdoberfläche mit mehr als 10 Quadratkilometer Ausdehnung vorkommt. • 57, 71, 78, 88, 89, 102–104, 107, 108, 112

Becken: Eine Einsenkung im Kilometerbereich, die mit Sediment aufgefüllt wurde; kann sowohl terrestrische als auch marine Sedimente enthalten. • 8, 10, 11, 41, 60, 72, 78, 80, 82–84, 88, 89, 94, 96, 100, 102, 117, 122, 124, 130, 136, 138–140, 142

-entwicklung: Sie kann durch die Lagerung der angehäuften Sedimente rekonstruiert werden. • 126

-sedimente: Sie stammen von den Beckenrändern, an denen sich Hochgebiete befanden. • 130

Bergbau (-werk): Abbau von nutzbaren Rohstoffen, sowohl Erze als auch Lockersedimente; kann sowohl über Tage (oberirdisch) als auch unter Tage (unterirdisch) erfolgen. • 9, 15, 17–22, 26, 32, 34, 58, 61, 72, 75, 77, 88, 89, 95, 97, 98, 103, 112, 114, 115, 118, 166

-geschichte: Auch Bergwerksgeschichte. Beschreibt die historische Entwicklung eines Bergbaureviers. • 15, 94, 112, 114

Betikum: Die Gesamtheit der Gesteinsformationen, die die Betischen Kordilleren aufbauen. • 10, 11, 127

Betische Kordilleren: Auch Betisches Gebirge. Das Kettengebirge, das im Verlauf der Alpidischen Gebirgsbildung am Südrand von Iberia entstanden ist. • 8, 10, 11, 17, 102, 103, 124, 126–128, 138

Bleiglanz: Bleisulfid (PbS), eine Schwermetallverbindung die in der Sulfidvererzung des Pyritgürtels vorkommt und die viele der anderen Schwermetalle enthält, unter anderem auch Gold und Silber. • 18, 22, 94, 98, 113

Boudins: Durch tektonische Dehnung erzeugte Auslängung einer markanten Schicht (oftmals Karbonat, aber auch Silikate) bis zum Reissen. Noch im leicht plastischen Zustand verheilen diese Brüche durch das umlagernde Material, oftmals ebenfalls Karbonat. Im Anschnitt sieht die Reihe dieser Bruchstücke aus wie aneinanderhängende Würste, woher die Bezeichnung stammt. • 51, 75

Bronze: Eine Legierung aus Kupfer (mind. 60 %) und Zinn sowie gegebenenfalls anderen Metallen, zum Beispiel Blei oder Arsen. Durch Hinzufügen von Zinn werden Gegenstände aus Kupfer härter und haltbarer. • 38, 146

Cadmium: Schwermetall, chem. Cd, das in der Sulfidvererzung des Pyritgürtels vorkommt. • 16, 25

Dacit / Dazit: Vulkanisches Gestein mit makroskopisch erkennbaren Feldspat-Einsprenglingen (porphyrisch). Das graue Gestein entstammt einer zähflüssigen Lava. • 17, 26

Dehnung (-stektonik): Damit werden Strukturen erklärt, die entstehen, wenn die kontinentale oder ozeanische Kruste gedehnt wird, weil angrenzende Gebiete durch Auflast schwerer werden (Decken werden übereinander geschoben) und dadurch Risse entstehen, die sich zu Gräben erweitern können. Sie kann auch zu einer Beckenentwicklung führen. • 11, 81, 88, 102, 126

Devon: Zeitabschnitt des Paläozoikums (vor ca. 417 bis 359 Millionen Jahren). • 9, 14, 17, 28, 29, 35, 40, 48, 63, 66, 67, 70, 79, 88, 95, 114

Diabas: Vulkanisches Gestein basaltisch-dioritischer Zusammensetzung mit makroskopisch erkennbaren Feldspat-Einsprenglingen, hier im Sinne von Paläovulkanit gebraucht. • 68, 75, 93

Diadictiden: Diese Vierfüßler, die wie eine Mischung aus Amphibie und Reptil aussahen, gelten als die ältesten pflanzenfressenden Landwirbeltiere. • 124

Diagenese: Chemische Veränderungen von Gesteinen nach der Ablagerung, meist durch Lösungen verursacht, die durch die Poren des Gesteins zirkulieren und bestimmte Elemente anreichern. • 75

Diorit: Magmatisches Gestein mit hohem Feldspat-Anteil. • 40, 47, 48

Dolomit: Karbonat mit einem Anteil von Magnesium, chemische Formel ($CaMg[CO_3]_2$). Die Entstehung ist noch nicht völlig geklärt. Bei der so genannten Dolomitisierung kommt es zur Umwandlung von Anhydrit ($CaSO_4$) oder Calcit ($CaCO_3$) unter Volumenabnahme zur Bildung von Dolomit. • 56

Eisen (-erz): Metall, chem. Fe, kommt in sulfidischer Bindung, zum Beispiel FeS_2 Pyrit, und in oxidischer Bindung, zum Beispiel Fe_2O_3 Hämatit, vor. • 9, 14-18, 22, 24, 25, 36, 38, 58, 59, 75, 76, 78, 94, 96, 98, 166

-oxide: Eisen oxidiert unter atmosphärischen Bedingungen leicht zu Rost. Es sind 16 Eisenoxide und Oxyhydroxide bekannt. • 57, 75

Eiserner Hut: Oxidationszone über einer eisenhaltigen Erzlagerstätte. • 18, 23, 27

Erosion: Vorgang der Abtragung von höher gelegenen terrestrischen Krustenteilen. Die Zerkleinerung des Gesteins geschieht auf physikalische Weise durch die Einwirkung von Wind, Wasser und Temperaturwechsel. Bei der chemischen Verwitterung werden vor allem in Karbonatgesteinen Calzium-Anteile aus dem Mineralverbund gelöst und widerstandfähigere Anteile bleiben (zunächst) erhalten. Erosion erzeugt Sedimente. • 28, 57, 68, 70, 76, 77, 104, 109, 118, 121, 124, 128, 130

Erzanreicherungen: Natürliche Ansammlung von Erzmineralen, die abbauwürdig sein können. • 17

Flussterrassen: Ein Fließgewässer strebt immer danach, den Meeresspiegel zu erreichen. Deshalb gräbt es sich mit der Zeit seinen Weg bis zur Küste. Steigender oder fallender Meeresspiegel führt zu schnellerer oder langsamerer Einkerbung in den Untergrund. Jede weitere Vertiefung des Flussbettes führt am Ufer zu einer Art Schulter, einer Terrasse. • 136, 138, 139

Flysch: Eine marin-sedimentäre Wechselfolge von Tonsteinen und grobkörnigeren Gesteinen (typischerweise Sandsteine). Sie sind oftmals nachträglich verformt (gefaltet) und sind an Gebirgsbildungen gekoppelt. • 17, 37, 88

Fossil (ien): Im Sediment konservierte Tier- und/oder Pflanzenteile. • 53. 54. 87, 97, 116, 118, 136

Fumarole: Spätvulkanische Erscheinung in Form von schwefelhaltigen Gasaustritten. • 26

Gabbro: Basisches Tiefengestein mit hohem Gehalt an Plagioklas und Klinopyroxenen (Kasten 5). • 40, 41, **47**-49, 67

Gangart, -vererzung: Spätmarmatische Erscheinung. Es handelt sich um Mineralausscheidungen in Klüften, die sich im Zuge der Intrusion von Magmatiten im Nebengestein gebildet haben. • 89, 98

Gebirgsbildung: Auch Orogenese. Der Prozess, durch den im fortgeschrittenen Subduktionsstadium zwei Kontinentmassen miteinander kollidieren und Krustengesteine übereinander gestapelt werden. • 8-14, 17, 32, 35, 37, 40-42, 48, 60, 69, 77, 81-83, 87, 88, 92, 94, 102-104, 107, 118, 120, 124, 126, 130

Gneis: Metamorphes Gestein mit unterschiedlich mächtigen hellen und dunklen Lagen, die durch Ansammlung heller und dunkler Minerale während des Metamorphoseprozesses entstanden sind. • 62, 82, 88, 92, 100

Gondwana: Superkontinent, in dem in der Zeit von circa 600 Millionen Jahren bis circa 300 Millionen Jahre vor heute alle heutigen Südkontinente vereint waren. • 8, 10, 40, 85, 117, 118

Graben: Ein über mehrere Kilometer langer und breiter Bruch in der Erdkruste, dessen Schultern sich relativ heben und dessen Mittelteil sich relativ absenkt. Gräben können relativ symmetrisch, aber auch asymmetrisch mit nur einer ausgeprägten Grabenschulter vorkommen. • 10

Granit: Magmatisches Gestein, auch Tiefen- oder Intrusivgestein genannt. Diese Gesteine steigen als Magma in die Erdkruste auf, kühlen dort ab und kristallisieren dabei aus. Sie erreichen die Erdoberfläche erst lange Zeit nach ihrer Bildung durch die Erosion der über ihnen befindlichen Gesteinsschichten. (Kasten 5). • 8, 9, 13, 40-43, **47**, 48, 58, 60, 62, 66, 68-70, **71**, 72, 78, 79, 89, 90, 93, 99, 100, 104-112, 114

-intrusion: Der Vorgang des Magmenaufstiegs. • 49, 60, 102

-verwitterung: Die mineralische Zusammensetzung von Graniten führt zu charakteristischen Verwitterungsformen (Kasten 6). • **47**, 49, 69

Granodiorit: Dunkle Varietät eines Granits, mit dem er meist in Batholithen vorkommt. Plagioklas überwiegt gegenüber anderen Feldspäten, an dunklen Mineralen kommen Hornblende und Biotit vor (Kasten 5). • 41, **47**, 56, 57, 107

Grauwacke: Meist grauer Sandstein mit hohem Feldspatanteil, auch als „schmutziger Sandstein“ bezeichnet. • 14, 17, 35–36, 103, 106, 110, 115, 117, 118, 125

Grundgebirge: Deformierte Krustengesteine, über denen wenig bis gar nicht deformierte Sedimentgesteine lagern. • 60

Harnisch: Mit meist Glimmermineralen verheilte Störungsfläche, an der zwei Gesteinsblöcke aneinander vorbei geschoben wurden. Mit dem Finger oder bei entsprechendem Lichteinfall kann die Bewegungsrichtung identifiziert werden. • 84, 87

Hiatus: Geologische Schichtlücke, also ein Zeitabschnitt, der nicht durch entsprechende Sedimentgesteine überliefert ist. Die zeitliche Lücke wird entweder durch Erosion bereits abgelagerter Schichten oder durch Nicht-Ablagerung verursacht. In der Stratigraphie ist der Begriff eng verknüpft mit dem der Diskordanz. Diskordanzen kennzeichnen jedoch die geometrische Beziehung von Schichtpaketen, während der Begriff Hiatus einzig auf das (fehlende) zeitliche Intervall angewendet wird (nach Wikipedia). • 129

Höhle: Unterirdischer Hohlraum, vor allem in Karbonatgesteinen durch Kalklösung entstanden. • 50, 52, 53, 62–65, 77, 118, 119

Hornstein: Feinstkörniger kieseliger Sedimentit, der nach der Ablagerung durch Aufheizung weitgehend rekristallisiert wurde. Im Unterschied zu Quarzit entstand Hornstein aus kieseligem Material, zum Beispiel kieseligen Schalen von Mikrofossilien. • 69, 70

Hydrothermale Lösungen: Spätmagmatische, auch spätvulkanische Erscheinungen. Die durch das Magma beziehungsweise die Lava aufgeheizten Lösungen bringen Metallionen mit, die an geeigneten Stellen auskristallisieren. • 15, 26, 27, 56, 57, 90, 98

Hydrothermale (Skarn-) Vererzung: Spätmagmatische Erscheinung, die durch aufgeheizte Lösungen im Nebengestein eines Magmakörpers (Pluton) verursacht wird. • 58, 98

Intramontanes Becken: Weites Hochtal innerhalb eines Gebirges. • 13, 85, 94

Intrusion: Aufstieg von Magma in die Erdkruste. • 9, 13, 41, 57, 60, 89, 90, 103, 112

Intrusivgestein: Magmatisches Gestein, das in der Erdkruste erstarrt ist. • 66, 67, 78, 88

Jaspis: Feinstkristallines Silikat (SiO_2), auch als Chalcedon oder Achat bekannt. Eingelagerte Metallionen färben das Gestein meist in rötlichen bis gelblichen Farben. Der Bruch ist eher splittrig und matt. • 14, 17

Kalkgestein: Besteht vor allem aus chemisch ausgefälltem oder durch Kalk-haltige Fossilienschalen angereichertem $CaCO_3$ (Kalziumkarbonat). • 50, 52, 75–77, 86

Kalksilikatgestein: Durch Metamorphose oder Metasomatose (Verdrängung) erfolgte Mischung von Kalk- ($CaCO_3$) und Silikat- (SiO_2) Anteilen. Das Ergebnis wird *Skarn* genannt. Ein Kalk-Silikat-Gestein hat mehr als 50-prozentige Silikat-haltige Minerale. • siehe „Skarn (-vererzung)“

Kalkstein: Meist dichtes Sediment, das überwiegend aus $CaCO_3$ besteht. Je nach Partikelgröße und Farbton kann auf Bildungsbedingungen geschlossen werden. • 57, 61, 73, 75–79, 88, 89

Kambrium: Zeitabschnitt in der Erdgeschichte, in dem irdisches Leben im eigentlichen Sinn begann (vor ca. 542 bis 488 Millionen Jahren). • 41, 50, 52, 56, 60, 64–66, 72, 73, 76, 77, 84, 87, 88

Känozoikum: Die Erdneuzeit beginnt vor 65 Millionen Jahren mit dem Paläogen, das Paläozän, Eozän und Oligozän umfasst, dem Neogen, das in Miozän und Pleistozän unterteilt wird, sowie dem Holozän, das heutige Erdzeitalter. • 11, 126, 127

Karbon: Erdzeitalter des Paläozoikums, vor circa 359 bis 296 Millionen Jahren. • 9, 17, 28, 35, 40, 42, 44, 57, 61, 66, 85, 88, 89, 94, 97, 102, 103, 106, 107, 109, 110, 112, 114, 118, 125

Karbonat: Ein Gestein, das vor allem aus $CaCO_3$ besteht. Mischungen mit Magnesium (Mg) werden Dolomit genannt. • 10, 51, 58, 59, 73, 74, 76, 81, 84, 86, 87, 103, 113

Karst (-erscheinungen): Durch Lösungsvorgänge in leicht löslichen Gesteinen (Kalk, Gips, Salz) entstandene Landschaftsformen. Dazu gehören Höhlen, Dolinen (Einbruchskrater über Höhlen) und Karstquellen. Der Begriff stammt von einem Gebirge im Hinterland von Triest, wo diese Landschaftsformen erstmals beschrieben wurden. • 52, 64, 65, 75–77

Kettengebirge: Wenn durch die Kollision von Krustenblöcken Berge und Täler in Längsrichtung entstehen, sprechen Geologen von Ketten. • 11

Konglomerat: Verfestigter Schotter mit deutlich gerundeten Geröllen. • 60, 62, 64, 66, 68, 80, 81, 82, 83, 86, 87, 106, 110, 111, 118, 122, 123, 131, 138

Kontaktmetamorphose: Im direkten Nebengestein eines Intrusivgesteins kommt es durch die Aufheizung zu Mineralneu- bis -umbildungen. • 58, 107

Kontinent: Landmasse, die im wesentlichen über dem Meeresspiegel liegt. Allerdings gehören auch die Schelfgebiete zu einem Kontinent. Am so genannten Kontinentalabhang geht es dann in die Tiefsee, die aus ozeanischer Kruste besteht.

Kupfer: Metall, chem. Cu, Wertmetall, das in der Sulfidvererzung des Pyritgürtels vorkommt. Zusammen mit Arsen (As) oder Zinn (Sn) entstehen Legierungen, die Bronze genannt werden. • 16–18, 22, 24, 38, 57, 58, 89, 94, 98, 99, 103, 112, 166, 167

Kupferkies: Eisenhaltiges Kupfermineral ($CuFeS_2$), das vor allem in vulkanisch gebildeten Erzen vorkommt. • 18, 22, 26, 56, 98, 113, 179

Küstendynamik: Durch Meeresströmungen verursachte Entwicklung von Küsten, vor allem im Gezeitenbereich. • 148, 149

Lagerstätte: Anhäufung von Mineralen oder Stoffen, die als Rohstoffe genutzt werden können. • 9, 14, 15, 18, 56, 112

Laurussia: Kontinentblock, der alle Nordkontinente umfasste. Er wurde zusammen mit dem Südkontinenteblock Gondwana durch die Variszische Gebirgsbildung zum Superkontinent Pangäa zusammengeschweißt. • 10, 85

Lepidodendron: Schuppenbaum, der bis zu 30 Meter hoch wurde und ein charakteristisches Stammmuster aufweist. Zusammen mit anderen Pflanzen bilden sie die Grundlage der mächtigen Karbonkohle-Vorkommen. • 97

Magma: Heißer Gesteinsbrei, der die Erdoberfläche nicht erreicht, sondern in der Erdkruste bleibt und dort auskristallisiert. • 14, 40, 41, 45, 47, 57, 60, 71, 94

Magmatit: In der Erdkruste erstarrter Gesteinsbrei, der durch Auftrieb Richtung Erdoberfläche aufgestiegen war. Sie entstehen bevorzugt am Ende einer Gebirgsbildung, wenn die Erdkruste durch die durch Kollision aufgetürmten Gesteinspakete eingedrückt wird und dadurch im Untergrund eine Temperaturerhöhung sowie Aufstiegswege für das Magma erfolgen.

Magnetit: Eisenhaltiges Mineral (Fe_3O_4), das magnetisch reagiert. • 41, 56, 58, 98

Mangan (-oxide, -erz): Das Schwermetall Mangan, chem. Mn, geht vor allem mit Sauerstoff Verbindungen ein, die gegen Säuren nicht sehr stabil sind. Bekannteste Formen sind Dendrite, vor allem in Kalksteinen, oder Wüstenlack, ein Überzug von Eisen- und Manganoxiden , der unter ariden Bedingungen entsteht. • 14, 17, 25, 33

Marmor: Durch Aufheizung und Neukristallisation aus Kalkstein entstanden. Chemisch bleibt es bei $CaCO_3$. • 41, 50, 51, 54–56, 61–65, 72–77, 80, 89

Medusa: Quallenart (Kasten 9). • 87

Mesozoikum: Zeitabschnitt der Erdgeschichte zwischen Paläozoikum (Erdaltertum) und Känozoikum (Erdneuzeit), vor circa 249 bis 65 Millionen Jahren. Umfasst die erdgeschichtlichen Zeitalter Trias, Jura und Kreide. • 10, 102, 124, 126, 127

Metallüberzüge auf Geröll: Sie entstehen, wenn das Fließgewässer, in oder an denen sie liegen, mit Metallionen angereichert ist und dessen Wasserstand periodisch (jahreszeitlich) schwankt. In trockeneren Zeiten, wenn der Wasserstand fällt, trocknet das Wasser auf den Geröllen und es kristallisieren Minerale aus, vor allem als Salze. • 25, 37

Metamorphose: Aufheizungsvorgang im Untergrund, vor allem durch Auflast oder Magmatismus erzeugt, der zur Neubildung von Mineralen sowie zur Umstrukturierung des Gesteinsgefüges führt. • 41, 58, 91, 107, 118

Metamorphit. Ein Gestein, dessen Mineralbestand durch Aufheizung verändert wurde. • 67, 89, 90

Metavulkanit: Ein durch Metamorphose verändertes vulkanisches Gestein. • 84, 87

Mineralisation: Anreicherung von Mineralen aus Lösungen, die durch magmatische oder vulkanische Aktivität in Klüfte und Gänge eindringen und dort auskristallisieren. • 24, 57

Miozän: Zeitabschnitt des Känozoikums, vor ca. 24 bis 5,3 Millionen Jahren. Im Miozän fand die Hauptphase der Alpidischen Gebirgsbildung statt. • 11, 127–130, 134, 138, 140, 142, 144

Muttergestein: Sand- oder Kalkstein mit hohem Gehalt an organischem Material, aus dem sich durch erhöhten Druck und Temperatur Kohlenwasserstoffe anreichern. • 152

Neogen (siehe auch Känozoikum): Umfasst die Abschnitte Miozän und Pliozän (entspricht dem früheren oberen Tertiär). • 8

Neoproterozoikum: Der jüngste Zeitabschnitt des Archaikums, vor circa 1000 bis 542 Millionen Jahren. • 116, 117

Ophit: dunkelgrüner, dichter Gesteinskörper basaltischer Zusammensetzung mit großen ungeregelt angeordneten Plagioklasen. • 124

Ordovizium: Zeitabschnitt des Paläozoikums, vor circa 488 bis 444 Millionen Jahren. • 102, 103, 117, 118, 120

Orogenese: Gebirgsbildung. Vorgang, bei dem durch Kollision zweier Krustenblöcke die beteiligten Gesteinsschichten gegeneinander und übereinander gestapelt werden. • 9, 11, 12, 14, 41, 57, 76, 85, 89, 91, 94

Oxidationszone: Der Atmosphäre ausgesetzter Teil eines Erzkörpers. • 17, 18, 26, 27, 32

Ozeanboden: Besteht aus basaltischem Gestein, auf dem sich feinkörnige Sedimente ablagern. • 12

Paläorelief: Topographie in der erdgeschichtlichen Vergangenheit, die durch jüngere Gesteine (Sedimente) verdeckt wurde. • 80

Paläozoikum: Erdaltertum, vor circa 542 bis 251 Millionen Jahren. Umfasst die Erdzeitalter Kambrium, Ordovizium, Silur, Devon, Karbon und Perm. • 9, 11, 40, 62, 78, 81, 88, 102, 109

Pangäa: Superkontinent, in dem zwischen etwa 320 bis 160 Millionen Jahren (Oberkarbon bis Jura) alle heutigen Kontinente der Erde vereinigt waren. Er war am Ende des Variszikums durch die Kollision der zwei Großkontinente Gondwana im Süden und Laurussia im Norden entstanden. • 10, 85

Pb-Ag-Vererzung: Anreicherung von Blei- und Silber-haltigen Mineralen durch Magnetismus. • 112f

Pegmatit: Spätmagmatische Ausbildung grobkristalliner Gänge, meist in Verbindung mit Granitintrusionen. • 89–93

Permo (-trias): Jüngstes Erdzeitalter des Paläozoikums, vor circa 296 bis 251 Millionen Jahren. In Andalusien ist die Grenze zwischen Perm und Trias wegen der einheitlichen Sedimente meist nicht genau zu ziehen. Deshalb sprechen Geologen von Permotrias. Es handelt sich um rote tonige Sedimentschichten, die im Perm Rotliegend genannt werden und in der Trias den Beginn des Buntsandsteins markieren (Kasten 8). • 13, 61, 66, 68, 79, 80, **81**, 82–84, 86, 87, 103, 106, 114, 122–125

Perm (otriassische)-Konglomerate und Rotsedimente: Terrestrische Sedimente, die am Iberischen Südrand abgelagert wurden (Kasten 8). • 60, 61, 68, **81**, 83, 87, 102–104, 122–125

Phanerozoikum: Erdzeitalter, in denen es nachgewiesenes Leben gibt (Kambrium bis heute). • 87

Phyllit: Metamorphes feinkörniges Gestein. • 17, 66

Plattentektonik: Das global-tektonische Konzept entstand in den 1960er Jahren. Es erklärt die Wanderung von Kontinenten und die Deformation von Gesteinen als Konsequenz von Plattenbewegungen. Sie geht auf eine Veröffentlichung von Alfred Wegener zurück. • 37

Pleistozän: Eiszeitalter; älterer Abschnitt des Holozäns (1,8 Mio. Jahre bis 10000 v.h.). • 55, 64, 110, 127, 131, 139, 139

Pliozän: Jüngster Abschnitt des Neogens vor circa 5,33 bis 2,58 Millionen Jahren. • 11, 54, 78, 126–129, 138

Pluton: In der Lithosphäre erkalteter Magmakörper. • 56, 58, 78, 90, 103, 108

Plutonismus: Vorgang der Intrusion und Erstarrung von Magma in der Lithosphäre.

Plutonit: Gestein, das aus erkaltendem Magma in der Lithosphäre entstanden ist. • 9, 40, 89, 90

-intrusion: Aufstieg von geschmolzenem Gesteinsbrei in höhere Erdschichten. • 89, 90

Polje: Vertiefung an der Erdoberfläche, die durch Einbruch einer Karsthöhle entstanden ist. • 64

porphyrisch: ungeregelt angeordnete große Einzelkristalle in einer dichten Grundmasse. • 83, 107–109

postorogen: Nach einer Gebirgsbildung entstanden. • 8, 84, 100, 110, 122, 126, 127, 130

Präkambrium: Erdzeitalter, das um 550 Millionen Jahre vor heute endete. • 9, 40, 41, 60, 61, 66, 88, 90, 103

Pyrit: Kubisches Mineral aus Eisen und Schwefel (FeS_2). Ein Hauptbestandteil von sulfidischen Vererzungen. Wegen seiner Häufigkeit namensgebend für den Iberischen Pyritgürtel. • 9, 14, 15, 18, 20, 22–24, 26, 32, 34, 165, 167

Pyritgürtel: Im Süden der Iberischen Halbinsel gelegene Erzprovinz, in der von der Provinz Sevilla bis nach Portugal Pyriterz-Lagerstätten vorkommen. • 14, 15, 17, 20, 29, 48, 164

Pyroklastit: Bei einer Vulkaneruption ausgeworfenes Material. • 14, 17

Quarzit: Ein durch Aufheizung veränderter Sandstein. • 17, 41, 43, 44, 48, 62, 64, 66, 67, 72, 84, 87, 88, 91, 92, 103, 116–121

Quelle des Río Tinto: Die ursprüngliche Quelle des Rio Tinto wurde im Laufe des Bergbaus zerstört. Heute liegt sie nördlich von Riotinto in der Sierra Padre de Caro (Kasten 2). • **24**

Reduzierendes Milieu: Chemische Bedingungen, die sich unter sauerstoffarmen Verhältnissen einstellen, dass heißt es kommt zu Sauerstoff-reduzierenden Reaktionen, ideal für Sulfidvererzungen.

Restlösungen, -schmelze: Beim Auskristallisieren und Erkalten von Magma bleiben wässrige Lösungen übrig, die Ionen und Moleküle enthalten, die erst bei weiterem Abkühlen bzw. Konzentrationsverhältnissen auskristallisieren können. • 89

Rhyolit: Silikat-betontes Ergussgestein, das wegen seiner größeren Viskosität flächig ausfließt und erstarrt. • 17, 18

Riffkalk, -karbonat: Im Unterschied zu chemisch ausgefällten Karbonaten enthalten Riffkarbonate komplette oder Reste von Korallenstöcken. Riffkarbonate verwittern nicht so leicht wie chemisch ausgefällte Karbonate und bilden daher Härtlinge, die in der Landschaft gut zu erkennen sind. • 94, 97

Rift: Grabenartiger Einbruch der Erdkruste. • 10, 82

Roca Ostionera: Fossilreicher Kalksandstein aus dem oberen Miozän; vor allem als Baustein verwendet. • 129, 136

Rotsedimente: Terrestrisch gebildete tonige Ablagerungen. Mit zeitlichem Bezug stammen sie meist aus dem obersten Perm und der untersten Trias. • 61, 72, 80, 85, 86, 122

Sand: Sediment in der Korngröße zwischen 0,063 bis 2 Millimetern. • 14, 29, 40, 47, 49

-stein: Verfestigter Sand. • 9, 14, 17, 35, 47, 82, 84, 88, 104, 106, 117, 118, 120, 121, 124, 125, 134

Scherzone: Tektonisch verursachte Versetzung von Gesteinseinheiten als Folge von Schieferung. • 40, 44

Schiefer: Durch tektonisch bedingten horizontalen Druck verformte Sedimentschichtung. • 9, 14, 15, 17, 35, 36, 39, 48, 56, 57, 64, 66, 67, 70, 72, 78, 79, 82, 85, 87, 88, 90, 91, 93, 103, 104, 106, 110, 115–119

Schrägschichtung: Durch Wind oder Wasser erzeugte Ablagerung von Sediment, die in einem Winkel von der vorherigen Sedimentationsrichtung abweicht. • 9, 124

Schwermetalle: Nicht klar umrissene Definition für Metalle mit einer Dichte größer als 5,0 Gramm pro Kubikzentimeter. Viele sind für Menschen in bestimmten Mengen giftig, wie zum Beispiel Arsen, Blei, Cadmium oder Strontium. • 16, 24, 25, 148, 151, 167

Sediment: Durch Erosion zerkleinertes Gestein, das an einem Ort angehäuft wird.

-ation, -einheiten, -eintrag: Erfolgt dann, wenn das von Wind und Wasser transportiere Gesteinsmaterial abgesetzt wird, beispielsweise als Sand nahe der Küste oder als Tone in der Tiefsee. • 75, 76, 80, 82, 124, 127–129, 136, 146

Sigillaria: Typisches Bärlapp-Gewächs im Karbon. • 97

Silur: Erdzeitalter des Paläozoikums, vor circa 443 bis 417,5 Millionen Jahren. • 48, 85, 88, 89, 112

Skarn (-vererzung): Erzanreicherung im Nebengestein, oftmals Karbonat, eines Plutons. • 41, 57, 58, 98

Spurenfossilien: Im Sediment erhaltene Spuren von Lebewesen. • 87, 118

Stockwerksvererzung: Vulkane über Subduktionszonen sind an Metallen angereichert. Diese Metalle kristallisieren in einem bestimmten Niveau des Vulkanbaus aus und bilden dort eine netzartige Anreicherung. • 15, 18, 26, 27

Stratigraphie: Die Lehre von der Gesteinsabfolge über die Zeit. • 41, 61, 89, 103, 129

Subduktion (-szone): Stellen, an denen Erdkruste in das Erdinnere gezogen/geschoben wird (Kasten 4). • 13, 40, 42, 43, **45**, 48

Sulfiderz (-lagerstätte): Sie entstehen durch Vulkane über einer Subduktionszone. Die Metalle sind vor allem als Sulfide auskristallisiert (z. B. Pyrit, Kupferkies, Bleiglanz). • 18, 24

Tektonisches Fenster: Durch Erosion frei gelegtes älteres Gestein, das zum Vorschein kommt, wenn Gesteine, die darüber geschoben worden waren, entfernt wurden. • 117

Terrassen (-sedimente): Uferbereiche bzw. -sedimente eines Flusses, die im Laufe der Eintiefung am Ufer entstehen. • 136, 138–140

Tethys: Dieser Meeresarm entwickelte sich bereits wenige Millionen Jahre nach der Entstehung des Superkontinents Pangäa, in dem alle heutigen Kontinente vereinigt waren und reichte vom heutigen Pazifik nach Westen in Richtung des heutigen Atlantik. Ablagerungsort für die Sedimente des Mesozoikums. Durch die Alpidische Gebirgsbildung wurde das Meeresbecken wieder zugeschoben und neue Kollisionsgebirge entstanden, die Betischen Kordilleren, die Alpen und der Himalaja. • 10, 11, 126, 128

Tiefseesedimente: Besonders feine Sedimente, die sehr lange in der Wassersäule unterwegs waren. • 11

Tonalit: Erstarrungsgestein mit intermediärem chemischem Charakter (Kasten 5). • 41, **47**, 56

Travertin (-bildung, -terrassen): Kalkausscheidung aus fließendem Wasser, vor allem in Höhlen oder an Quellaustritten in karbonatischen Gesteinen. • 54, 55, 73, 74

Tortonium: Zeitabschnitt des Obermiozäns, vor circa 11 bis 7 Millionen Jahren. • 126, 128, 129, 136

Turbidit: Aus einem Suspensionsstrom entstandener gradierter Sandstein. Turbidite weisen auf starke Erosion und Sedimentation auf dem Festland hin. Diese Sedimente werden im Schelfbereich um die Kontinente abgelagert. Durch Gravitation oder ausgelöst durch Erdbeben beginnen die Sedimente auf dem leicht oder auch stärker geneigten Schelf zu rutschen. Wenn diese Sedimente über den Schelfabhang in die Tiefsee stürzen, bilden sie eine Sedimentwolke. Die gröberen Partikel werden als erste schneller nach unten fallen, gefolgt von weiteren Korngrößenfraktionen bis hin zu feinen Tonen. Turbidite weisen auf Gebirgsbildungsbedingungen hin (Kasten 3). • 9, 17, 35, **37**, 36, 136

Überschiebung: Durch tektonische Bewegungen übereinander geschobene Gesteinspakete, die an einem anderen Ort entstanden sind. • 41

Unterkambrium: Ältester Abschnitt des Phanerozoikums, vor circa. 545 bis 518 Millionen Jahren. • 84–87

Variszikum: Die Summe der Gesteinspakete, die während der Variszischen Gebirgsbildung zusammen- und übereinander geschoben wurden. • 13, 82, 102

Variszische Gebirgsbildung, Orogenese: Im Zuge der Variszischen Gebirgsbildung wurden durch plattentektonische Bewegungen der damalige Superkontinent Gondwana (mit allen heutigen Südkontinenten) und der Eurasische Kontinentblock im Norden durch Kollision zu dem Superkontinent Pangäa vereinigt. Zeitraum etwa ab Oberdevon (ca. 355 Millionen Jahre vor heute) bis spätes Oberkarbon (ca. 304 Millionen Jahre vor heute). • 10, 35, 41, 60, 61, 77, 88, 89, 94, 102

Vererzung (-szone): Ansammlung von Erzmineralen innerhalb eines Gesteins. • 9, 13–15, 17, 26, 27, 57, 89, 90, 96, 98

Verhüttung: Die Aufbereitung von Erzmineralen, um das gewünschte Metall zu extrahieren. • 89, 96

Verwitterung: Chemische oder/und physikalische Zersetzung von Gestein. • 9, 17, 26, 43, 47–50, 56, 70, 76, 77, 100, 109, 135

Verwitterungszone: Bereich eines Gesteins, in dem Verwitterung stattfindet (von außen nach innen gesehen). • 17, 22, 26

Vulkanismus: Vorgang, bei dem im Erdinnern aufgeschmolzenes Gestein bis an die Erdoberfläche austritt, sowohl untermeerisch als auch subaerisch. • 9, 41, 82

Vulkanische Gesteine, Laven, Tuffe: Lava ist der Gesteinsbrei, der durch den Vulkanschlot aus dem Erdinnern an die Erdoberfläche gelangt. Tuffe entstehen bei explosivem Vulkanismus. Wenn die heiße Lava mit Grundwasser in Kontakt kommt, erhitzt sie sich schlagartig und dadurch wird sowohl die Lava selbst als auch das Nebengestein zerspratzt. • 14, 17, 26, 28, 29, 39, 82

Vulkanit: Vulkanisches Gestein. • 15, 17, 83, 84, 87, 100, 124

Wellendynamik: Sie entsteht am Ufer von Gewässern, vor allem durch Luftbewegungen verursacht. Am Meeresstrand sind auch die Gezeiten beteiligt. Die Wellendynamik kann Gesteins- oder Gehäusepartikel weiter zerkleinern, eine Kalkschicht um Sandkörner wachsen lassen (Ooid-Bildung) oder Steilküsten erzeugen. • 148

Wollsackverwitterung: Für Granite typische Verwitterung, die an einer gewissen Klüftigkeit des Granits ansetzt (Kasten 6). • **47**, 70, 79

Zinkblende: Sphalerit (ZnS), häufiger Bestandteil in Sulfidlagerstätten. • 18, 22, 98, 113

Geokulturell, landschaftlich, klimatisch

[Archäologische] Ausgrabung • 38, 100, 119, 144

Ästuar • 150, 151

Bergbaurelikte • 20–23, 26, 27, 32, 36, 56-59, 65, 75–78, 91, 94–99, 112–115

Berrocal • 47, 56, 61, 62, 69, 70, 78, 79, 106

Bronzezeit • 16, 20, 38, 39, 54, 63, 64, 147, 162

Calvarienberg • 63

D/dehesa • 49, 50, 55, 61, 63, 78, 79, 84, 93, 104–106, 110

Delta • 147

Flussterrassen • 136-139

Höhle • 50, 52, 53, 62–65, 77, 118, 119

Korkeichen (-wälder) • 42. 56. 61. 77, 78, 84

Landzunge • 147, 149, 153, 155

Marismas/Marschen • 152, 156, 157

Mondlandschaft • 16

Neolithikum • 38, 39

Olivenhaine • 84, 110, 125, 127, 130, 133

Phönizier • 168

Quarzitrippen • 119, 120

Quelle • 24, 28, 35, 54, 55, 130, 131

Schwemmland • 146, 148

Siedlungs- und Bergbaugeschichte • 115

Stausee • 54, 81, 84–87, 104, 124f, 130, 132, 137, 149, 154

Steineichen(wälder) • 42, 61, 78, 79, 90, 104, 105

Verlade (-anlagen, -station) • 34, 36

Wanderdünen • 147, 148, 156, 157

Wasserfall • 61, 66, 68, 72–74, 120, 121

Geschichten am Rand

Almadén de la Plata (4) • 63

Almonaster la Real (3) • 46

Belmez (5) • 97

Carmona ((24), Ausflug 2) • 142

Córdoba ((23)) • 137

Das Museum zur Kultur der Olive (6) • 133

Das Kloster La Rábida und die Schiffe des Columbus ((27), Ausflug 2) • 161

El Rocío ((27), Ausflug 1) • 159

Itálica ((24), Ausflug 3) • 144

La Carolina (5) • 115

Medina Azahara ((15)) • 100

Mühlen am Fluss (1) • 30

Sevilla ((24), Ausflug 1) • 140

UNESCO-Welterbestädte Úbeda und Baeza ((22)) • 134

Wie aus dem Jagdgebiet der Doña Ana ein UNESO-Weltnaturerbe wurde ((27)) • 159

Historische Orte

Aldeaquemada • 120f
Almadén de la Plata • 61f
Almonaster la Real • 41–46
Andújar • 107ff
Aracena • 50ff
Ayamonte • 147
Aznalcóllar • 20, 167
Baeza • 132, 134–136
Cala • 41, 56-59
Calañas • 29
Campofrío • 48
Cardeña • 104ff
Carmona • 83, 127–129, 138, 142
Cazorla • 130
Cerro Muriano • 98f
Cimbarra • 116ff
Constantina • 60, 61, 72ff
Córdoba • 68, 89, 98, 100136
Cueva de los Muñecos • 118
Despeñaperros • 116ff
El Centenillo • 112ff
El Cerro del Hierro • 75ff
El Rocío • 160ff
Huelva (Onuba) • 19, 24, 27, 32f, 126f, 144, 147f, 150f, 158
Itálica • 144f
La Carolina • 112, 114, 115, 122, 125
La Rábida • 158, 161, 162
Linares • 103, 125
Los Covachos • 63ff
Los Guindos • 112
Marmolejo • 104, 106, 122, 123
Medina Azahara • 65, 100, 101
Minas de Cala • 56ff
Minas de Riotinto • 15, 18, 20, 165
Montoro • 122, 123, 131, 136
Niebla • 16
Palos de la Frontera • 147, 148, 161, 162
Peñarroya-Pueblonuevo • 94ff
Puebla de Guzmán • 34
Puerto de la Laja • 33ff
Sanlúcar de Barrameda • 126, 138, 147
Santa Elena • 116, 117
Santa Olalla de Cala • 56ff
Sevilla • 126, 138, 140
Tharsis • 16, 32
Úbeda • 122, 125, 134f
Virgen de la Cabeza • 107ff
Virgen de la Peña • 33
Zufre • 54ff

QR-Codes

Al-Andalus (23) • 137
Aufbruch nach Westen (27, Ausflug 3) • 163
Valencia • 17
Camino Polivalente (1, Auslug 1) • 19
Carmona-Erdbeben (24, Ausflug 2) • 143
Cerro del Hierro (10, Ausflug 3) • 77
Das römische Andalusien (24, Ausflug 3) • 145
Der iberische Südrand in der Permotrias (20, Ausflug 1) • 123
Der untere Guadalquivir ab dem mittleren Holozän • 139
Die Medusen von Constantina (11, Kasten 9) • 87
Itálica-Geophysik (24, Ausflug 3) • 145
Kupfermetallurgie • 16
La Carolina (18, Ausflug 2) • 112
Los Covachos (9, Ausflug 1) • 65
Medina Azahara (15) • 101
Mühlen am Fluss (1, Ausflug 4) • 30
Quarzite von Despeñaperros und Cimbarra (19, Ausflug 3) • 121
Steinzeit (3) • 38
UNESCO-Welterbestädte Úbeda und Baeza (22) • 134
Virgen de la Peña (2, Ausflug 2) • 32

Siehe auch: www.geokultur-erleben/AND47

Das über die QR-Codes verknüpfte ergänzende Online-Angebot wird nicht vom Verlag zur Verfügung gestellt sondern von den Autoren. Der Verlag Dr. Friedrich Pfeil kann folglich nicht garantieren, dass die QR-Codes dauerhaft gültig und die damit verknüpften Informationen zeitlich unbegrenzt zugänglich sind.

Literatur und Quellen

Geologische Entwicklung

FACULTAD DE CIENCIAS EXPERIMENTALES (ED.) (2008): Geología de Huelva. Lugares de Interés Geológico. 2da Edición. – Universidad de Huelva.

FRANKE, W. (2014): Topography of the Variscan orogen in Europe: failed-not collapsed. – IntJEarthSci (Geol Rundsch), 103: 1471–1499.

FRANKE, W. (2002): Die vereinigten Platten von Europa – Das Puzzlespiel der kontinentalen Erdkruste. – S. 30–34 in: Forschung Frankfurt 1–2/2002.

GENSKE, D.D. (2006): Ingenieurgeologie, Grundlagen und Anwendung. – Springer-Verlag Berlin Heidelberg

GEOLOGISCHE KARTEN 1:50000 MAGNA50 über www.igme.es.

Reicherter, K. (2001): Neotektonik und Paläoseismologie im nördlichen Gibraltarbogen. Habilitationsschrift FB Geowissenschaften Universität Hamburg.

REICHERTER, K. (1994): The Mesozoic tectono-sedimentary evolution of the central Betic Seaway (External Betic Cordillera, southern Spain). – Dissertation zur Erlangung des Grades eines Doktors der Naturwissenschaften der Geowissenschaftlichen Fakultät der Eberhard-Karls-Universität Tübingen.

SIERRO, F.J., GONZÁLEZ DELGADO, J.A., DABRIO, C.J., FLORES, J.A. & CIVIS, J. (1990): The Neogene of the Guadalquivir Basin (SW Spain). – Paleontologia i Evolució, Mem. Spec. 2: 209–250.

WALTER, R. (2014): Erdgeschichte. Die Geschichte der Kontinente, der Ozeane und des Lebens. 6. vollständig überarbeitete und erweiterte Auflage. – Schweizerbart Stuttgart.

"Unruhige Zeiten: Iberischer Pyritgürtel" (Wanderziele ① bis ③)

DELGADO DOMÍNGUEZ, A. (Coordinador) (2006) Catálogo del Museo Minero de Riotinto. – Consejería de Cultura, Junta de Andalucia.

DELGADO, J., BALANYÁ, J.C., DÍAZ AZPIROZ, M., EXPÓSITO, I., JIMÉNEZ, A., MORAL, F., RODRÍGUEZ-RODRÍGUEZ, M., (2020): La Faja Piríta Ibérica en la Sierra Norte (Sevilla): patrimonio histórico-minero e implicaciones medioambientales. – geolo(g)dia 20.

DONAIRE, T., VALENZUELA, A. Y PASCUAL, E. (2008): LIG 4. Evidencias de volcanismo antiguo en la cuenca MInera: el puente de los Cinco Ojos (norte de Zalamea la Real). – S. 104–105 in: Facultad de Ciencias Experimentales (Ed): Geología de Huelva. – Lugares de Interés Geológico. Universidad de Huelva.

GEOLOGISCHE KARTEN 1:50000 MAGNA50: Blatt 937 Cerro de Andévalo, 938 Nerva, 958 Puebla de Guzmán, 959 Calañas, 960 Valverde del Camino.

GÓMEZ RUIZ, R. (o. J.): Molinos en el Río Odiel. Un estudio de arqueología industrial en los límites de El Andévalo. – Junta de Andalucía, Consejería de Medio Ambiente.

GUMIEL MARTÍNEZ, P. Y MIRETE MAYO, S. (1999): Los yacimientos de sulfuros de la Faja Pirítica (38). – S. 224–229 in: DURÁN, J.J. Y NUCHE, R. (EDS.): Património Geológico de Andalucía. – Junta de Andalucía/ENRESA.

HUCH, M. (1982): Geologischer und geochemischer Rahmen der Sulfiderz-Lagerstätte „La Angostura“, Provinz Huelva, SW-Spanien. – Diplom-Arbeit, Freie Universität Berlin.

KLUGE, H.-J. (1984): Geologischer und geochemischer Rahmen der Sulfiderz-Lagerstätte „San Miguel“, Provinz Huelva, SW-Spanien. – Diplomarbeit, Freie Universität Berlin.

MANTERO, E.M. Y ALONSO CHAVES, F.M. (2008): LIG18. Geología de la corta minera Filon Norte (Tharsis). – S. 116–119 in: Facultad de Ciencias Experimentales (Ed): Geología de Huelva. – Lugares de Interés Geológico. Universidad de Huelva.

MORAL, F., BALANYÁ, J.C., DELGADO, J.M., DÍAZ, M., EXPÓSITO, I., FERNÁNDEZ, A. Y RODRÍGUEZ, M. (2018): La nueva minería metálica en Andalucia: mina de Las Cruces. – geolo(g)dia Sevilla 18.

MORENO, C. Y GONZÁLEZ, F. (2008): LIG19. Las cuarcitas de Virgen de la Peña: estos de un litoral de hace 360 milliones de años. – S. 120–121 in: Facultad de Ciencias Experimentales (Ed): Geología de Huelva. – Lugares de Interés Geológico. Universidad de Huelva.

MORENO, C. Y GONZÁLEZ, F. (2008): LIG 20. Turbidita del Culm: los afloramientos del Puerto de la Laja y Via Verde del Guadiana. – S. 122–123 in: Facultad de Ciencias Experimentales (Ed): Geología de Huelva. – Lugares de Interés Geológico. Universidad de Huelva.

RUÍZ DE ALMODÓVAR SEL, G. (2008): LIG13. Mina de San Miguel: un ejemplo fósil del subsuelo de una fumarola de fondo oceánico. – S. 102–103 in: Facultad de Ciencias Experimentales (Ed): Geología de Huelva. – Lugares de Interés Geológico. Universidad de Huelva.

SCHÜTZ, W. (1985): Magmatismus und Metallogenese im zentralen Teil des SW-iberischen Pyritgürtels, Prov. Huelva, Spanien. – X-Publikationen Berlin.

WAGENPLAST, P. (2003): Geologische Wanderungen in Andalusien: Der „Iberische Pyritgürtel" und die Magnetitlagerstätte Cala, Provinz Huelva. – Aufschluss 54: 35–41.

Internetadressen

www.ventanadelvisitante.es

http://geolodia.es

http://www.senderismohuelva.com/2014/03/mina-san-miguel.html

http://www.senderismohuelva.com/2014/03/mina-san-miguel.html

http://es.wikiloc.com (Camino Polivalente del Rio Tinto, Ruta Berrocal)

Infos zum Museum und der Bergwerksbahn: https://parquemineroriotinto.es

"Subduktion und Gebirgsbildung: Sierra de Aracena" (Wanderziele ④ bis ⑧)

CERÓN, J. C., MARTÓN ROSALES, W. & LÓPEZ CHICANO, M. (2008): LIG. 8 La Gruta de las Maravillas (Aracena). – S. 90–93 in: Facultad de Ciencias Experimentales (Ed): Geología de Huelva. – Lugares de Interés Geológico. Universidad de Huelva.

DÍAZ AZPIROZ, M., GIL TOJA, A., J. DEL VAL MELÚS, EXPÓSITO, I., VARGAS, M.A., GARCÍA, M., MORAL, F., BALAYÁ, J.C., RODRÍGUEZ, M. (2012): Colisión continental paleozóica y cantera romanas. Una ruta por Almadén de la Plata. – Geoparque Sierra Norte de Sevilla. geolo(g)dia 12.

DÍAZ AZPIROZ, M. & FERNÁNDEZ RODRÍGUEZ, C. (2008): LIG. 5 El contacto entre las metabasitas de Acebuches y los esquistos del Pulo do Lobo. – S. 84–85 in: Facultad de Ciencias Experimentales (Ed): Geología de Huelva. – Lugares de Interés Geológico. Universidad de Huelva.

FAJARDO DE LA FUENTE, A., TARÍN ALCÁLA-ZAMORA, A. Y MARÍN GALLARDO, M.A. (2004): Sierra de Aracena y Picos de Aroche. Recorrido natural y cultural. Guía la Sierra pueblo a pueblo. – GDR Sierra de Aracena y Picos de Aroche.

FRISCH, W. & MESCHEDE, M. (2005): Plattentektonik. Kontinentverschiebung und Gebirgsbildung. – Wissenschaftliche Buchgesellschaft Darmstadt.

GIL TOJA, A., EXPÓSITO, I., BALANYÁ, J.C., MORAL, F. Y RODRÍGUEZ, M. (2016): Los paisajes del Granito del Berrocal. Exposición del Tronco Fósil del Viar. – geolo(g)dia 16.

GÖBEL, F. & REINBOTH, F. (1972): Excentriques, eine wenig bekannte Form des Calcites. – Aufschluss 23: 113–124.

Guía Oficial Parque Natural de Sierra de Aracena y Picos de Aroche (2013): Edición Cornicabra – Almuerzo-Verlag.

HOYOS MENDEZ, F. J. & MANZANO GÓMEZ, R. (2005): Gruta de las Maravillas, Aracena-Huelva. – Ayuntamiento de Aracena.

Mapa Geológico de España 1:50000 MAGNA 50. Blatt 917 Aracena; Blatt 918 Santa Olalla de Cala; Blatt 938 Nerva; Blatt 939 El Castillo de las Guardas.

Mapa Topográfico de Andalucía 1:10000 Parque Natural Sierra de Aracena y Picos de Aroche. – Junta de Andalucía (1998).

Mapa Topográfico Nacional de España MTN 50 1:50000, Blatt 917 Aracena.

MARTÍN ROSALES, W., LÓPEZ CHICANO, M., RODRÍGUEZ, C. M. & PULIDO BOSCH, A. (1995): Morfología, Espeleotemas y Climatología de la Gruta de las Maravillas, Aracena (Huelva). – Espeleotemas, 5: 1–12.

Memória de la Mapa Geológico de España 1:50000 MAGNA 50. Blatt 917 Aracena, Blatt 918 Santa Olalla de Cala, Blatt 939 El Castillo de las Guardas (1978).

MORENO, C., GONZÁLEZ, F., SÁEZ, R., RUIZ DE ALMODÓVAR, G. (2010): Cascadas del Huésnar y Vía Verde. Sierra Norte de Sevilla. – geolo(g)día 10.

RODRÍGUEZ VIDAL, J. Y CÁCERES PURO, L. M. (2008): LIG. 11 La mesa travertina de Zufre; L.I.G. 12 Alteración granítica y berrocal del Cerro de la Grana (norte de Campofrío). – S. 98–101 in: Facultad de Ciencias Experimentales (Ed): Geología de Huelva. – Lugares de Interés Geológico. Universidad de Huelva.

RUIZ DE ALMODÓVAR SEL, G. (2008): LIG. 10 Minas de Cala: el resultado de la interacción entre fluidos hidrotermales y rocas carbonatadas. – S. 96–97 in: Facultad de Ciencias Experimentales (Ed): Geología de Huelva. – Lugares de Interés Geológico. Universidad de Huelva.

WAGENPLAST P. & REICHERTER K. (2001): Karst und Höhlen in Andalusien und Gibralter. – Aufschluss 52: 109–119.

Internetadressen

http://www.juntadeandalucia.es/medioambiente

http://www.ventanadelvisitante.es

http://rerb.oapn.es/ (Biosphärenreservate in Spanien)

"Alte Gesteine mit Granitintrusionen: Sierra Norte de Sevilla" (Wanderziele ⑨ bis ⑪)

BALANYÁ, J.C., BARCOS, L., BRUQUE, J.M., CORDERO, T., DÍAZ-AZPIROZ, M., EXPÓSITO, I., JIMÉNEZ, A., MARTÍN, J.M., MORAL, F., OLÍAS, M., ORTIZ, M.P. ORTIZ, R., PARRA, M., RODRÍGUEZ, M., VÁZQUEZ, M.A. (2013): Geología urbana de Sevilla. – geolo(g)dia 11 de mayo 2013.

DÍAZ AZPIROZ, M., GIL TOJA, A., DEL VAL MELÚS, J., EXPÓSITO, I., VARGAS, M.A., GARCÍA, M., MORAL, F., BALANYÁ, J.C., RODRÍGUEZ, M. (2012): Colisión continental paleozóica y canteras romanas. Una ruta por Almadén de la Plata (Geoparque Sierra Norte de Sevilla). – geolo(g)día 2012.

DÍAZ DEL OLMO, F. (1999): El Cerro del Hierro (58). – S. 324–327 in: Durán, J.J. y Nuche, R. (Eds.): Património Geoloógico de Andalucía. – Junta de Andalucía/ENRESA

EXPÓSITO, I., BALANYÁ, J.C., BARCOS, L., BRUQUE, J.M., DÍAZ-AZPIROZ, M., JIMÉNEZ-BONILLA, A., MORAL, F., PARRA, M., RODR´GUEZ, M., MONGE, G. (2015): La línea de costa del sur de Iberia a finales del Mioceno: un recorrido entre Lora del Río y la Puebla de los Infantes. – geolo(g)día 9 de mayo 2015.

GIBBONS, W. & MORENO, T. (2002): Perm-Trias am Südrand des Iberischen Massivs in intramontanen Becken. – London, S. 192.

GIBBONS, W. & MORENO, T. (2002): Perm-Becken des Río Viar. – London, S. 195.

GIL TOJA, A., EXPÓSITO, I., BALANYÁ, J.C., MORAL, F., RODRÍGUEZ, M. (2016): Los Paisajes del Granito del Berrocal. Exposición del Tronco fósil del Viar. – geolo(g)día 15 de mayo 2016.

Guía Oficial del Parque Natural Sierra Norte de Sevilla (2012): Edition Cornicabra. – Almuzara-Verlag.

Mapa Geológico de España 1:50000 MAGNA50 Blatt 920 Constantina (1972), Blatt 919 Almadén de la Plata (1972), Blatt 941 Ventas Quemadas (1972).

Mapa _Guia_PN_SierraNorte_(reverso).jpg (Quelle: Internet)

Mapa Topográfica Nacional de España (MTN50) 1:50000 Almadén de la Plata, Blatt 919 (12-37) (2004).

MAYORAL, E., LIÑAN, E., GÁMEZ VINTANED, J. A., GOZALO, R. (2008): Medusas del Cámbrico inferior de Constantina (Sevilla). – S. 46-57 in: MENOR, A.: Investigación científica y conservación en el Parque Natural Sierra Norte de Sevilla. – Sevilla.

MORAL, F., BALANYÁ, J.C., RODR´GUEZ-RODRÍGUEZ, M., EXPÓSITO, I., DÍAZ, M. (2011): Del Valle del Guadalquivir a Sierra Morena: Un recorrido por la Geología de la provincia de Sevilla. – geolo(g)día 8 de mayo de 2011.

MORENO, C., GONZÁLEZ, F., SAÉZ, R., RUIZ DE ALMODÓVAR, G. (2010): Sierra Norte de Sevilla: Cascadas del Huésnar y Vía Verde. – geolo(g)dia 2 mayo 2010.

MORENO, C., R. SAEZ, F. GONZÁLES (2008): Guía Geológica e Itinerarios: Parque Natural Sierra Norte de Sevilla. Parte III Rasgos Geológicos Generales del Parque de la Sierra Norte de Sevilla. Consejería de Medio Ambiente, Junta de Andalucía, Sevilla. Itinerario 1 *Cerro del Hierro*. Itinerario 4 *Paisajes Graníticos*. Itinerario 5 *Entorno del Cauce des Rio Viar*. Itinerario 6 *Recursos Geologicos*, Area 2, Punto 2.2 und 2.3. – über www.juntadeandalucia.es.

RODRÍGUEZ VIDAL, J. (1999): Covachos de Almadén de la Plata (58). – S. 320-323 in: Durán, J.J. y Nuche, R. (Eds.): Património Geoloógico de Andalucía. – Junta de Andalucía/ENRESA.

Internetadressen

http://www.juntadeandalucia.es/medioambiente/

http://www.geolodia.es

"Kollision und Dehnung: Sierra de Albarrana und Karbonbecken des Río Guadiato" (Wanderziele (12) bis (15))

BARRUCAND, M. & BEDNORZ, A. (2007): Maurische Architektur in Andalusien. – Taschen Verlag, Köln.

CAMAS ORTIZ, M.A., MELERO VARA, J., GONZÁLEZ BARRIOS, A.J., ÀLVAREZ VÁZQUEZ C. (2019): El Carbonífero de Córdoba y el Patrimonio Paleobotánico de su Real Jardín Botánico. – geolo(g)día 11 de Mayo 2019.

CAMAS ORTIZ, M.A. Y GONZÁLEZ BARRIOS, A.J. (2016): Córdoba, hace 10 milliones de años... – geolo(g)día 2016.

CANO SANCHIZ, J. M. (2012): La minería y la metalurgía del cobre como elementos de industrialización: análisis arqueológico del complejo británico de Cerro Muriano. – Univ. de Córdoba, Dept. de Historia del Arte, Arqueología y Música. PDF über http://medina.uco.es/search.

GIBBONS, W. & MORENO, T. (Eds., 2002): The Geology of Spain. – The Geological Society London, London.

HERNANDO LUNA, R. Y HERNANDO FERNÁNDEZ, J. L. (2003): La Cuenca Carbonífera de Peñarroya-Belmez-Espiel (Córdoba). Reseña geológico-mineral y corpus bibliográfico II. – Universidad de Córdoba, Córdoba.

HINTZEN-BOHLEN, B. (2006/2007): Andalusien. Kunst & Architektur. – Ullmann Publishing, Rheinbreitbach.

LOCUTURA, J., F. TORNOS, P. FLORIDO, L. BAEZA (1990): 6 Metallogeny. – S. 326-327 in: R.D. Dallmeyer & E. Martínez García (Eds.): Pre-Mesozoic Geology of Spain. – Springer-Verlag Berlin Heidelberg

Mapa Geológico de España 1:50000 MAGNA50 . Blatt 879 Peñarroya, Blatt 880 Espiel, Blatt 900 La Cardenchosa, Blatt 902 Adamuz sowie Erläuterungen zu diesen Blättern. – http://igme.es/cartografia/magna50.asp.

Mapa Topográfico Nacional de España 1:50 000 MTN50, Blatt 900 La Cardenchosa, Blatt 921 Las Navas de la Concepción.

MELERO, J., GONZÁLEZ BARRIOS, A.J., CAMAS, M.A. (2018): Córdoba hace 500 milliones de años: El registro de la explosión de vida en los mares del Cámbrico. – geolo(g)día 2018.

NUCHE DEL RIVERO, R. (1999): Las pegmatitas de Sierra Albarrana (22). – S 134–137 in: DURÁN, J.J. Y NUCHE, R. (EDS.): Património Geoloógico de Andalucía. – Junta de Andalucía/ENRESA.

PENCO VALENZIANO, F. (2010): Cerro Muriano. Sitio Histórico. Historia de la minería en Córdoba. – Almuzara-Verlag, Córdoba.

VALLEJO TRIANO, A. (o.J.): Madinat al-zahra. Official Guide to the Archeological Complex. – Junta de Andalucía, Sevilla.

WAGNER BOON, R. (1999): El Alto Guadiato (20). – S. 122–127 in: DURÁN, J.J. Y NUCHE, R. (EDS.): Património Geoloógico de Andalucía. – Junta de Andalucía/ENRESA.

Internetadressen

http:http://www.andalucia.org/de/kultureller-tourismus/besichtigungen/cordoba/museen/museo-historico-de-belmez-y-del-territorio-minero/)

http:http://www.minasdesierramorena.es

http://www.museodelcobre.es

"Blick in ein tiefes erdgeschichtliches Stockwerk: Der Batholith von Los Pedroches und sein Nebengestein" (Wanderziele 16 bis 20)

Geologische Karten MAGNA50, 1:50 000, Instituto Geológico y Minero de España, Blatt 862 Santa Elena, Blatt 883 Virgen de la Cabeza, Blatt 884 La Carolina, Blatt 904 Andújar, Blatt 905 Linares, Blatt 907 Villacarillo. – www.igme.es.

Geologische Karte 70 Linares 1:200 000, 2001–2004 (PDF). – Madrid.

Guía Oficial del Parque Natural Despeñaperros, Edition Capricorno. – Cornicabra, Sevilla.

Guía Oficial del Parque Natural Sierra de Cardeña y Montoro, Edition Capricorno. – Cornicabra, Sevilla.

GUMIEL, P. & ARRIBAS, A. (1990): Metallogeny, Chapter 2.5 – S. 170–219 in: R.D. Dallmeyer + E. Martínez García (Eds.): Pre-Mesozoic Geology of Iberia. – Springer-Verlag, Berlin Heidelberg.

Mapa Topográfico Nacional de España MTN50, 1:50 000. Blatt 863 Aldeaquemada, Blatt 862 Santa Elena, Blatt 884 La Carolina. – Madrid.

Memória de la Hoja Geológica de España MAGNA50. 862 Santa Elena, 883 Virgen de la Cabeza, 884 La Carolina, 904 Andújar, 905 Linares. – Instituto Geológico y Minero de España, Madrid.

Memoria Mapa Geológico de España 1:200 000, Hoja 70 Linares o.J. – www.igme.es.

MIRETE MAYO, S. Y GUMIEL MARTÍNEZ, P. (1999): El Distrito minero de Linares-La Carolina (40). – S. 238–241 in: DURÁN, J.J. Y NUCHE, R. (EDS.): Património Geoloógico de Andalucía. – Junta de Andalucía/ENRESA.

MOLINA CÁMARA, J.M. Y RUIZ ORTIZ, P.A. (1999): Despeñapaerros y la Cascada de la Cimbarra (39). – S. 234–237 in: DURÁN, J.J. Y NUCHE, R. (EDS.): Património Geoloógico de Andalucía. – Junta de Andalucía/ENRESA.

MORENO, C., SAEZ, R. Y GONZALES, F. (2008): Guía Geológica del Parque Natural Sierra Norte de Sevilla. – Consejería de Medio Ambiente, Junta de Andaluciía, Sevilla (www.juntadeandalucia.es).

REICHERTER, K. (1994): The Mesozoic tectono-sedimentary evolution of the central Betic Seaway (External Betic Cordillera, southern Spain). – Dissertation zur Erlangung des Grades eines Doktors der Naturwissenschaften der Geowissenschaftlichen Fakultät der Eberhard-Karls-Universität Tübingen.

SANCHEZ CARRETERO, R. EGUILUZ, L. PASCUAL, E. & CARRACEDO, M. (1990) Igneous Rocks, Chapter 4. – S. 292–313 in: R.D. Dallmeyer & E. Martínez García (Eds.): Pre-Mesozoic Geology of Iberia. – Springer-Verlag, Berlin Heidelberg.

WALTER, R. (2014): Erdgeschichte. Die Geschichte der Kontinente, der Ozeane und des Lebens. 6. vollständig überarbeitete und erweiterte Auflage. – Schweizerbart Stuttgart.

Internetadressen

Offizielle Führer der Naturparks: http://www.juntadeandalucia.es

Geologische Karten und Erläuterungen dazu: http://www.igme.es

Internetseiten für Bergbau-Kultur-Infos

http://www.minasdesierramorena.es

http://www.proyectoarrayanes.org

"Das Guadalquivir-Becken" (Wanderziele 21 bis 24)

BAENA-ESCUDERO, R., J.J. FERNÁNDEZ-CARO & I. GUERRERO-AMADOR (Eds., 2013): Recorridos Cuaternarios: Terrazas del Guadalquivir en el Sector Carmona-Sevilla y Paleosismología de Terremotos en Baelo-Claudia (Tarifa, Cádiz. – VIII Reunión de Cuaternario Ibérico, La Rinconada-Sevilla.

BALANYÁ, J.C., BARCOS, L., BRUQUE, J.M., CORDERO, T., DÍAZ-AZPIROZ, M., JIMÉNEZ, A., MARTÍN, J.M., MORAL, F., OLÍAS, M., ORTIZ, M.P., ORTIZ, R., PARRA, M., RODRÍGUEZ, M., VÁZQUEZ, M.A. (2013): Geología urbana de Sevilla. – geolo(g)dia 13 Sevilla.

CAMAS ORTIZ, M.A., GONZÁLEZ BARRIOS, A.J. (2016): Córdoba, hace 10 millones de años... – geolo(g)dia 16 Córdoba.

DELGADO RODRÍGUEZ, I. (2008): El estuario del río Piedras y la flecha de Nueva Umbría. – S. 162 163 in: Geología de Huelva. Lugares de Interés Geológico. – 2. Aufl, Facultad de Ciencias Experimentales Universidad de Huelva.

EXPÓSITO, I., BALANYÁ, J.C., BARCOS, L., BRUQUE, J.M., DÍAZ-AZPIROZ, M., JIMÉNEZ-BONILLA, A., MORAL, F., PARRA, M., RODRÍGUEZ, M. Y MONGE, G. (2015): La línea de costa del sur de Iberia a finales del Mioceno: un recorrido entre Lora del Río y la Puebla de los Infantes. – geolo(g)dia 15 Sevilla.

MAYORAL ALFARO, E. & ABAD DE LOS SANTONS, M. (2008): Geologia de la Cuenca del Guadalquivir. – S. 20–27 in: Geología de Huelva. Lugares de Interés Geológico. – 2. Aufl. Facultad de Ciencias Experimentales Universidad de Huelva.

PENCO VALENZUELA, F. & CUMPLID, J.L. (2008): Guadalquivir, un valle legendario. – Verlag Almuzara, Córdoba.

RUBIO CAMPOS, J.C., GONZÁLEZ RAMÓN, A. Y LÓPEZ GETA, J.A. (1999): Los Nacimientos del Guadalquivir y del Segura (46). – S. 266–269 in: DURÁN, J.J. Y NUCHE, R. (EDS.) Património Geoloógico de Andalucía. – Junta de Andalucía/ENRESA.

SCHULZ, H.-D. (2011): Geoarchäologie an den Küsten von Andalusien. – Mitteilungen der Berliner Gesellschaft für Anthropologie, Ethnologie und Urgeschichte 32: 155–170.

SIERRO, F.J., GONZÁLEZ DELGADO, J.A., DABRIO, C.J., FLORES, J.A. & CIVIS, J. (1990): The Neogene of the Guadalquivir Basin (SW Spain). – Paleontologia i Evolució, Mem. Spec. 2: 209–250.

SILVA, P.G., M.A. RODRIGUEZ PASCUA, J. GINER ROBLES, R. PEREZ LOPEZ, K. REICHERTER, T. BARDAJI, J.K. GOY, C. ZAZO (2013): Geological and Archaeological effects of the AD 1504 Carmona Earthquake (Guadalquivir valley, South Spain): preliminary data on probable seismic sources. – Cuaternario y Geomorfología, 27 (3–4): 109–125.

Úbeda y Baeza. Colección Turismo. – Editorial Fisa Escudo de Oro, S.A., www.eoro.com.

Geologische Karten 1:50000 (MAGNA 50). Blatt 904, 905, 906, 907, 923, 924, 925, 926, 942, 943, 944, 945, 946, 947, 962, 963, 964, 965, 966, 967, 980, 981, 982, 983, 984, 985, 986, 998, 999, 1000, 1001, 1002, 1003, 1004, 1017, 1018, 1019, 1020, 1033. – IGME, Madrid.

Internetadressen

http://www.andalucia.org/de/baeza-kultureller-tourismus-museo-de-la-cultura-del-olivo

http://www.donanavisitas.es

http://www.igme.es

http://www.ventanadelvisitante.es

"Doñana und Küstenentwicklung" (Wanderziele ㉕ bis ㉗)

EFE (2019) Estudio demuestra que la contaminación en la ría de Huelva es por las balsas de fosfoyesos. – 27 Jun. 2019, https://www.efe.com/efe/andalucia/huelva/estudio...

JACOBY, M. (1999): Ein Tag in der Doñana. Ein Führer durch den Doñana-Nationalpark, Spanien mit Erläuterungen zur Naturgeschichte, übersetzt und bearbeitet von Inka Wilden. – Selbstverlag.

LENZ, L. & WIEDERSICH, B. (1993): Grundlagen der Geologie und Landschaftsformen. – Deutscher Verlag für Grundstoffindustrie Leipzig Stuttgart

LÓPEZ GONZÁLEZ, N. (2008): Marismas en la costa de Huelva: el Paraje Natural Marismas del Odiel. – S. 158–159 in: Geología de Huelva. Lugares de Interés Geológico. – 2. Aufl. Facultad de Ciencias Experimentales Universidad de Huelva.

LÓPEZ GONZÁLEZ, N., BORREGO FLORES, J. & CARRO FLORES, B. (2008): La contaminación de la Ría de Huelva. – S. 68–69 in: Geología de Huelva. Lugares de Interés Geológico. – 2. Aufl. Facultad de Ciencias Experimentales Universidad de Huelva.

MORALES, J. A. & BORREGO FLORES, J. (2008): El litoral de Huelva: fisiografía y dinamica. – S. 28–34 in: Geología de Huelva. Lugares de Interés Geológico. – 2. Aufl, Facultad de Ciencias Experimentales Universidad de Huelva.

RODRIGUEZ RAMIREZ, A. (2008): Geomorfología del Parque Nacional de Doñana. – S. 150–151 in: Geología de Huelva. Lugares de Interés Geológico. – 2. Aufl, Facultad de Ciencias Experimentales Universidad de Huelva.

RODRÍGUEZ VIDAL, J. (1999): Doñana (36). – S. 214–219 in: DURÁN, J.J. Y NUCHE, R. (Eds) Património Geológico de Andalucía. – Junta de Andalucía/ENRESA

RODRÍGUEZ VIDAL, J. (1999): El Estuario de los ríos Tinto y Odiel (37). – S. 220–223 in: DURÁN, J.J. Y NUCHE, R. (Eds) Património Geológico de Andalucía. – Junta de Andalucía/ENRESA

Internetadressen

marismas del odiel. – über: https://de.andalucia.org/listing/marismas-del-odiel/15498103/

Kurzer Abriss der neuzeitlichen Bergbaugeschichte Andalusiens

AGRICOLA, G. (1928, 1977, 1980): Vom Berg- und Hüttenwesen. – Dünndruck-Ausgabe dtv Bibliothek. Deutscher Taschenbuch Verlag, München.

BREUER, T. (2008): Iberische Halbinsel. Spanien, Portugal. WBG-Länderkunden, Geographie. – Wissenschaftliche Buchgesellschaft Darmstadt

PINEDO VARA, I. (1963): Piritas de Huelva – Su historia, minería y approvechamiento. Editorial Summa. – 1003 S. S.L., Madrid.

Glossar

BAUER, J., TVRZ, F. (1976): Der Kosmos-Mineralienführer. Ein Bestimmungsbuch mit 576 Farbfotos. – KosmosNaturFührer, Frank'sche Verlagshandlung Stuttgart.

MARESCH, W., SCHERTL, H.-P., MEDENBACH, O. (2014): Gesteine. Systematik, Bestimmung, Entstehung. 2. vollst. neu bearb. Auflage. – Schweizerbart Stuttgart

OSCHMANN, W. (2016): Evolution der Erde. Geschichte der Erde und des Lebens. – Haupt Verlag Bern.

REUTHER, C.-D. (2012): Grundlagen der Tektonik. Kräften und Spannungen der Erde auf der Spur. – Springer Spektrum, Berlin.

WALTER, R. (2014): Erdgeschichte. Die Geschichte der Kontinente, der Ozeane und des Lebens. 6. vollst. überarb. und erweiterte Auflage. – Schweizerbart Stuttgart.

Über die Autoren

Monika Huch, Jahrgang 1948, studierte an der Freien Universität Berlin Geologie mit Schwerpunkt Lagerstättenkunde. In ihrer Diplomarbeit untersuchte sie eine kleine Pyriterzmine in der Region von Riotinto, Provinz Huelva, Andalusien. Seit 2003 ist sie jährlich mindestens ein Mal in Andalusien unterwegs. Im Rahmen der Erkundungen zu den in der Andalusien-Trilogie beschriebenen Wanderzielen hat sie inzwischen fast jeden Winkel von Andalusien bereist. Die leicht verständliche Vermittlung von geowissenschaftlichen Inhalten begann mit der Entwicklung und Erstellung des Geologischen Kalenders für die Deutsche Gesellschaft für Geowissenschaften (Ausgaben 2002 bis 2014). Zusammen mit Franz Tessensohn war sie seit 2013 Ko-Leiterin der Kurse „Geologie einfach verstehen" im Deutschen Erdölmuseum in Wietze. Seit 2020 leitet sie diese Kurse allein. Ebenfalls zusammen mit Franz Tessensohn hat sie im Pfeil-Verlag die Wanderungen in die Erdgeschichte von Mallorca (Band 30) und Menorca (Band 35) herausgegeben. Ihr Interesse sind die Entstehung und Entwicklung von Landschaften sowie die kulturelle Entwicklung einer Region verknüpft mit geologischen Gegebenheiten.

Klaus Reicherter wurde 1962 in Stuttgart geboren und wuchs im Hohenlohischen Land bei Weikersheim auf. Mit dem Umzug ins oberschwäbische Laupheim 1974 und damit aus dem Muschelkalk in quartäre und tertiäre geologische Schichten erwuchs das Interesse an Fossilien, zum Beispiel den Haifischzähnen der Baltringen-Schichten. Nach dem Abitur lag ein Diplom-Studium der Geologie und Paläontologie an der Universität Tübingen nahe, die Promotion über die paläogeographische Entwicklung der mesozoischen Tethys-Atlantik Verbindung erfolgte dann 1994. Von 1993–1996 bearbeitete er insgesamt 10 GK25 Blätter im östlichen Baden-Württemberg für das Geologische Landesamt, unter anderem die württembergischen Ries-Karten. Ab 1996 schlug er wieder die akademische Richtung ein, und wurde 2001 zum Thema Neotektonik und Paläoseismologie an der Universität Hamburg habilitiert. Nach Stationen in Leipzig und Hannover hat er seit 2006 eine unbefristete Professur „Neotektonik und Georisiken" an der RWTH Aachen inne.

Die Hauptinteressen von Klaus Reicherter sind Neotektonik und Geodynamik, Neotektonik, Paläoseismizität, tektonische Morphologie und Tsunami-Ablagerungen. Er untersucht seit mehr als drei Jahrzehnten die Auswirkungen aktiver Tektonik auf Landformen und hat rund 250 Publikationen veröffentlicht. Seine Forschungsgebiete sind aktuell neben dem südeuropäischen Mittelmeerraum von Portugal bis Griechenland, Namibia, Japan und Chile. Er leitete mehrere neotektonische und geologische Erdbebenexpeditionen in viele Teile der Welt sowie Paläotsunami-Expeditionen in Oman, Japan, Chile, Griechenland und Spanien. Andalusien besucht er jährlich mit Studierenden und in Forschungsprojekten und er ist immer wieder von der geologischen Vielfältigkeit Südspaniens fasziniert.